GEOMORFOLOGIA:

Exercícios, Técnicas e Aplicações

Leia também:

Antonio José Teixeira Guerra

Coletânea de Textos Geográficos de Antonio Teixeira Guerra
Novo Dicionário Geológico-Geomorfológico

Antonio José Teixeira Guerra e Sandra B. Cunha

Geomorfologia e Meio Ambiente
Geomorfologia: Uma Atualização de Bases e Conceitos
Impactos Ambientais Urbanos no Brasil

Antonio José Teixeira Guerra, Antonio S. Silva
e Rosângela Garrido M. Botelho

Erosão e Conservação dos Solos

Antonio José Teixeira Guerra e Mônica S. Marçal

Geomorfologia Ambiental

Sandra B. Cunha e Antonio José Teixeira Guerra

Avaliação e Perícia Ambiental
Geomorfologia: Exercícios, Técnicas e Aplicações
Geomorfologia do Brasil
A Questão Ambiental: Diferentes Abordagens

Antonio C. Vitte e Antonio José Teixeira Guerra

Reflexões sobre a Geografia Física no Brasil

Gustavo H. S. Araujo, Josimar R. Almeida
e Antonio José Teixeira Guerra

Gestão Ambiental de Áreas Degradadas

Antonio José Teixeira Guerra e Maria Célia Nunes Coelho

Unidades de Conservação:
Abordagens e Características Geográficas

Sandra Baptista da Cunha
e
Antonio José Teixeira Guerra
Organizadores

GEOMORFOLOGIA:
Exercícios, Técnicas e Aplicações

6ª EDIÇÃO

BERTRAND BRASIL

Capa: Leonardo Carvalho, utilizando foto da Praia do Atalaia, Arquipélago de Fernando de Noronha. Em primeiro plano observam-se os blocos de fonolito trabalhados pelo mar (1995).

2013
Impresso no Brasil
Printed in Brazil

CIP-Brasil. Catalogação na fonte
Sindicato Nacional dos Editores de Livros, RJ.

G298
6ª ed.

Geomorfologia: exercícios, técnicas e aplicações / Sandra Baptista da Cunha e Antonio José Teixeira Guerra, organizadores. – 6ª ed. – Rio de Janeiro; Bertrand Brasil, 2013.

Inclui bibliografia
ISBN 978-85-286-0548-8

1. Geomorfologia. 2. Geografia física. 3. Geologia estrutural. I. Cunha, Sandra Baptista da. II. Guerra, Antonio José Teixeira.

95-1594
CDD – 551.4
CDU – 551.4

EDITORA BERTRAND BRASIL LTDA.
Rua Argentina, 171 – 2º andar – São Cristóvão
20921-380 – Rio de Janeiro – RJ
Tel.: (0XX21) 2585-2070 Fax: (0XX21) 2585-2087

Sumário

Apresentação

A idéia de escrevermos esse livro surgiu com a boa receptividade da obra *Geomorfologia: Uma Atualização de Bases e Conceitos*. Constatamos que, além de um livro que tratasse de questões teóricas havia, ainda, uma lacuna no que diz respeito ao emprego desses conceitos, através de exercícios, técnicas e aplicações. Na literatura brasileira, os livros publicados nessa temática, até o momento, estão voltados para o ensino de 1º e 2º graus.

A presente obra não é apenas um livro dirigido aos cursos universitários de graduação e pós-graduação, mas também se propõe a estimular a discussão nos diferentes segmentos da Geomorfologia. O livro se destina aos usuários de Geomorfologia que utilizam esse ramo do saber de forma prática, como consultores e outros profissionais da área de Geociências, que atuam em projetos relacionados às questões ambientais.

Ao longo dos seus onze capítulos, os autores procuram introduzir alunos, professores, pesquisadores e consultores à importância que a Geomorfologia possui na compreensão das ciências da Terra, para fins acadêmicos e aplicados.

Os *Exercícios, Técnicas e Aplicações* contemplam uma ampla gama de conhecimentos geomorfológicos. Cada capítulo procurou trilhar, dentro do possível, uma seqüência que consideramos adequada e que se baseia nos itens: *Introdução; Exercícios, Técnicas e Aplicações; Questões de Auto-Avaliação* e uma *Bibliografia* de apoio.

Dessa forma, o livro *Geomorfologia: Exercícios, Técnicas e Aplicações* apresenta o estágio atual de conhecimentos geomorfológicos no país e pretende despertar o interesse daqueles que se preocupam com as questões práticas ambientais, analisadas sob o enfoque geomorfológico.

Os Organizadores

Prefácio

A publicação de um novo livro de exercícios e técnicas de trabalho em Geomorfologia — incluindo o ideário das aplicações de ciências — enseja a oportunidade rara para se repensar questões de método, escala e tempos, em pesquisas geocientíficas. Constitui, também, um momento de consolidação de um novo grupo de especialistas que, de ora para frente, vem se integrar, definitivamente, à comunidade dos geógrafos brasileiros.

Uma meditação preliminar se impõe: na medida que novas tecnologias oferecem documentação mais qualificada para o entendimento da compartimentação e formas de relevo, estrutura superficial da paisagem, fisiologia dos suportes ecológicos, em diferentes setores da crosta do planeta Terra, muito maiores são as responsabilidades dos pesquisadores. Não mais existem desculpas para erros de observação. Ainda que sejam perdoáveis erros de interpretação, em casos de alta complexidade.

Desde que as imagens de satélites passaram a nos fornecer cenários de amplos espaços das terras emersas, ampliaram-se as nossas possibilidades de entendimento e visualização, ao mesmo tempo em que nos tornamos mais expostos a críticas. A questão básica centrou-se no desafio da inserção das novas técnicas a uma metodologia cientificamente correta. Evidentemente não basta fazer a apologia dos novos tipos de documentos. Mas, nos cabe aprender retirar deles o maior número possível de informações seletivas, dirigidas para interpretações razoáveis e boas aplicações a serem desenvolvidas em conjunto com outros níveis de pesquisa e campos do conhecimento. Para tanto é necessário melhor se preparar na arte/ciência da observação. Desenvolver uma particular intuição para selecionar as melhores hipóteses e interpretações primárias, para depois, gradualmente, aperfeiçoá-las. Ter bom senso para escolher áreas do espaço-total-geomorfológico, viáveis para investigações detalhadas sobre o terreno. E, sobretudo, ter a humildade de se submeter a exercícios e técnicas prévias, que se projetem para a tarefa de potencializar o conhecimento científico.

Daí a importância implícita e explícita dos livros de texto e manuais de exercícios para a iniciação de jovens pesquisadores no campo das técnicas básicas de identificação e interpretação geomorfológica. Como é o caso da presente obra feita por uma equipe de especialistas, sob a coordenação de Sandra Baptista da Cunha e Antonio José Teixeira Guerra, sob o título de *Geomorfologia: Exercícios, Técnicas e Aplicações*.

As primeiras experiências do gênero foram ofertadas por geógrafos que estabeleceram ou sugeriram regras, ou diretrizes, para interpretação de cartas topográficas convencionais (De Martonne, Cholley, Tricart), ampliadas, depois, em densos livros dirigidos para os mais diversos campos da Geografia. Cito, sobretudo, a obra de Roger Brunet (*Le Croquis de Geógraphie, regionale et économique*, 1967); o livro de André Cholley (*Guide de l'étudiant de géographie*, 1942; a publicação coletiva de Tricart, Rochefort e Rimbert (*Travaux pratiques de géographie*, 1967); e o excelente trabalho (dito para o *Premier Cycle*) de Pierre Barrére e Micheline Cassou-Mounat (*Le document Geographique*, 1972). Para não listar os numerosos trabalhos americanos e franceses — relativos à fotointerpretação e às propostas de legendas para cartas geomorfológicas publicados na França e na Polônia. Merece registro especial o importante livro da iniciativa da NASA, intitulado *Geomorphology from Space — A Global Overview of Regional Landforms*, editado por Nicholas M. Short e Robert W. Blair, Jr. (Washington D.C., 1986).

O advento das fotografias aéreas, obtidas por levantamentos sistemáticos, em escalas adequadas, representou uma revolução prévia para os trabalhos de pesquisas geográficas, envolvendo, porém, dois problemas: a fragmentariedade relativa dos projetos de cobertura aerofotogramétrica; e, as limitações decorrentes de que o tempo de tomada das aerofotos nunca coincidia com a época de utilização dos documentos disponíveis. Fato grave, em face das variações paisagísticas e dos padrões de uso do espaço, e da chamada organização humana dos territórios. Para fins de pesquisas geomorfológicas, entretanto, as fotografias aéreas guardam sempre um interesse referencial e de detalhamento. Mesmo porque, à custa da estereoscopia, pode-se trazer a paisagem para o gabinete ou laboratório. E, assim, comodamente, examinar as feições geomorfológicas mais significativas. Nesse sentido, é evidente que não se pode negligenciar a importância das tarefas de fotointerpretação no treinamento profissional de jovens geógrafos, geólogos e agrônomos. E, sobretudo, no preparo para uma impensada adaptação ao tratamento interpretativo de novos produtos documentários (imagens de radar, imagens de satélites).

Quando nosso país foi submetido a levantamentos radarométricos de grande extensão, processou-se uma verdadeira revolução para melhor compreender os problemas geológicos e geomorfológicos de distantes áreas equatoriais, sempre recobertas por prateleiras sobrepostas de nuvens. O radar independia das nuvens, mesmo porque foi criado para sensoriar objetos através delas. E, assim, se pode obter cenários de grandes traços de terrenos, por um tipo de imagens, até certo ponto únicas para regiões nubladas, como a Amazônia brasileira, vista em seu conjunto e em um tempo recorde, à época dos levantamentos.

Mas, agora, quase no fim do século e do milênio, superando todo tipo de documentação acumulada no passado, temos bem implantada a tecnologia para obtenção de imagens ou cenários da superfície terrestre, por meio de satélites orbitais; dotados de grande capacidade de combinações espectrométricas e alto nível de resolução. Eliminou-se de vez o problema do "envelhecimento" documental, que tão cedo prejudicava o uso das aerofotos. As tomadas de cenas por satélites — para um só mesmo ponto ou área — passaram a ter a duração de apenas algumas semanas, fato que determinou uma ampliação incrível de aplicabilidades, as quais se estenderam das geociências para o gerenciamento, através de um novo potencial de monitoração. Sem falar dos satélites espaciais que envolvem interesse direto para o controle de situações dinâmicas da Troposfera; fato que transformou radicalmente as antigas e frágeis técnicas de previsão de tempo.

Na realidade, com o advento das tecnologias de sensoriamento remoto, através de tomadas contínuas — em períodos de tempo preestabelecidos — houve uma verdadeira revolução no modo de tratar os documentos primários, obtidos em cada passagem do satélite, fato que, associado com os recursos da informática, conduziu a uma multiplicação de visões, pelo correto aproveitamento das bandas espectrais, cruzadas entre si. Um procedimento que torna possível valorizar, diferencialmente, aspectos essenciais de um só e mesmo espaço geográfico, de qualquer região do mundo. Razão pela qual surgiram técnicas de geoprocessamento, que interessam um pouco a todos os campos científicos. E, até mesmo, para uma espionagem internacional aberta, que engendrou uma nova política. Esse um tipo de perigo: sem comentários. Outra conseqüência negativa reside no fato de que leigos — não preparados para dar um tratamento científico às imagens — entraram no circuito, de modo exclusivamente técnico. Que assim precisa ser entendido por instituições pouco esclarecidas. Daí decorrendo a importância reforçada que os geógrafos brasileiros passam a ter no campo das interpretações múltiplas dos documentos mais importantes que o século 20 produziu.

O grande elogio que faço ao livro que ora se edita reside exatamente nas diferentes abordagens geocientíficas dirigidas para o treinamento de novas gerações que estão recebendo o difícil encargo de fazer ciência básica. Encontrar aplicabilidades de interesse social amplo. Monitorar situações. E exigir maior seriedade no tratamento das coisas essenciais de seu país. Enfim, o que se pode concluir é que o livro, ora editado, possui grande atualidade e importância para o treinamento científico de jovens universitários, dedicados às ciências da Terra, da organização do espaço e do planejamento. Fato que honra todos os seus colaboradores, sem exceção.

— Aziz Ab' Saber

Os Autores

Jorge Soares Marques é doutor em Geografia pela Universidade Paulista Júlio de Mesquita Filho (UNESP-Rio Claro-São Paulo) e professor adjunto do Departamento de Geografia da Universidade Federal do Rio de Janeiro (Instituto de Geociências, Ilha do Fundão, Cidade Universitária, CEP 21940-590, Rio de Janeiro)

Nelson Ferreira Fernandes é doutor em Geologia pela Universidade da Califórnia (Berkeley) e professor adjunto de Departamento de Geografia da Universidade Federal do Rio de Janeiro (Instituto da Geociências, Ilha do Fundão, Cidade Universitária, CEP 21940-590, Rio de Janeiro)

Júlio César Horta de Almeida é mestre em Geologia pela Universidade Federal do Rio de Janeiro e professor assistente do Departamento de Geologia/Geofísica da Universidade do Estado do Rio de Janeiro (Instituto de Geociências, Rua São Francisco Xavier, 524 s/4006A, Maracanã, CEP 20559-900, Rio de Janeiro)

Ana Luiza Coelho Netto é doutora em Geografia pela Universidade de Leuven (Bélgica), pesquisadora do CNPq e professora adjunta do Departamento de Geografia da Universidade Federal do Rio de Janeiro (Instituto de Geociências, Ilha do Fundão, Cidade Universitária, CEP 21940-590, Rio de Janeiro)

André de Souza Avelar é mestrando do Programa de Engenharia Civil/Geotécnica/COPPE pela Universidade Federal do Rio de Janeiro e pesquisador do Laboratório de Geo-hidroecologia (Geoheco), do Departamento de Geografia da Universidade Federal do Rio de Janeiro (Instituto de Geociências, Ilha do Fundão, Cidade Universitária, CEP 21940-590, Rio de Janeiro)

Antonio José Teixeira Guerra é doutor em Geografia pela Universidade de Londres (Inglaterra), pesquisador do CNPq e professor adjunto do Departamento de Geografia da Universidade Federal do Rio de Janeiro (Instituto de Geociências, Ilha do Fundão, Cidade Universitária, CEP 21940-590, Rio de Janeiro)

Sandra Baptista da Cunha é doutora em Geografia pela Universidade Clássica de Lisboa (Portugal), pesquisadora do CNPq e professora adjunta do Departamento de Geografia da Universidade Federal do Rio de Janeiro (Instituto de Geociências, Ilha do Fundão, Cidade Universitária, CEP 21940-590, Rio de Janeiro)

Dieter Muehe é doutor em Geografia pela Universidade de Kiel (Alemanha) e professor adjunto do Departamento de Geografia da Universidade Federal do Rio de Janeiro (Instituto de Geociências, Ilha do Fundão, Cidade Universitária, CEP 21940-590, Rio de Janeiro)

Heinz Charles Kohler é doutor em Geografia pela Universidade de São Paulo (USP), pesquisador do CNPq e professor adjunto do Departamento de Geografia da Universidade Federal de Minas Gerais (Rua Gustavo da Silveira, 1034, Santa Inês, CEP 31080-010, Belo Horizonte, Minas Gerais)

José Flávio Morais Castro é mestre em Geografia pela Universidade de São Paulo (USP), professor assistente do Departamento de Cartografia e Análise de Informação Geográfica, IGCE (UNESP, Caixa Postal 178, CEP 13506-900, Rio Claro, São Paulo)

Josilda Rodrigues da Silva Moura é doutora em Geografia pela Universidade Federal do Rio de Janeiro, pesquisadora do CNPq e professora adjunta do Departamento de Geografia da Universidade Federal do Rio de Janeiro (Instituto de Geociências, Ilha do Fundão, Cidade Universitária, CEP 21940-540, Rio de Janeiro)

Cláudio Limeira Mello é mestre em Geologia pela Universidade Federal do Rio de Janeiro, professor assistente do Departamento de Geologia da Universidade Federal do Rio de Janeiro (Instituto de Geociências, Ilha do Fundão, Cidade Universitária, CEP 21940-590, Rio de Janeiro)

Mauro Sérgio Fernandes Argento é doutor em Geografia pela Universidade Paulista Júlio de Mesquita Filho (UNESP — Rio Claro-SP), pesquisador do CNPq e professor adjunto do Departamento de Geografia da Universidade Federal do Rio de Janeiro (Instituto de Geociências, Ilha do Fundão, Cidade Universitária, CEP 21940-590, Rio de Janeiro)

Carla Bernadete Madureira Cruz é mestre em Sistemas e Computação/Cartografia Automatizada pelo Instituto Militar de Engenharia (IME-RJ), bolsista do CNPq e doutoranda do Programa de Pós-Graduação em Geografia da Universidade Federal do Rio de Janeiro (Instituto de Geociências, Ilha do Fundão, Cidade Universitária, CEP 21940-590, Rio de Janeiro)

Jorge Xavier da Silva é doutor em Geografia pela Universidade de Luisiânia (Estados Unidos), pesquisador do CNPq e professor titular do Departamento de Geografia da Universidade Federal do Rio de Janeiro (Instituto de Geociências, Ilha do Fundão, Cidade Universitária, CEP 21940-590, Rio de Janeiro)

Luís Fernando Barbosa de Almeira é mestre em Sistemas e Computação pelo Instituto Militar de Engenharia (IME-RJ) e professor visitante do Departamento de Geografia da Universidade Federal do Rio de Janeiro (Instituto de Geociências, Ilha do Fundão, Cidade Universitária, CEP 21940-590, Rio de Janeiro)

Luiz Mendes de Carvalho Filho é mestre em Geografia pela Universidade Federal do Rio de Janeiro e técnico administrativo do Laboratório de Geoprocessamento do Departamento de Geografia da Universidade Federal do Rio de Janeiro (Instituto de Geociências, Ilha do Fundão, Cidade Universitária, CEP 21940-590, Rio de Janeiro)

Jurandyr Luciano Sanches Ross é doutor em Geografia pela Universidade de São Paulo (USP) e professor assistente doutor do Departamento de Geografia da Faculdade de Filosofia, Letras e Ciências Humanas da Universidade de São Paulo (Caixa Postal 8105, CEP 05508-900, São Paulo)

Isabel Cristina Moroz é geógrafa pela Universidade de São Paulo, técnica especialista de apoio ao ensino e pesquisa do Laboratório de Geomorfologia do Departamento de Geografia da Universidade de São Paulo (Caixa Postal 8105, CEP 05508-900, São Paulo)

CAPÍTULO 1

Ciência Geomorfológica

Jorge Soares Marques

1. Valor dos Exercícios em Geomorfologia

Os resultados a serem alcançados por qualquer atividade humana dependem de uma gama ampla de fatores, merecendo destaque aqueles que dizem respeito à capacitação dos indivíduos e aos meios que lhes são disponíveis.

A capacitação dos indivíduos passa, necessariamente, por um processo de formação, no qual interagem os valores inerentes aos seus dotes pessoais, como ser racional, e os relacionados à qualidade e adequação da preparação a que ele foi submetido.

Os meios disponíveis, via de regra, podem ser encarados como tudo aquilo que possa viabilizar, ou favorecer, um desempenho apropriado e eficiente para atingir melhores resultados. As facilidades de acesso aos conhecimentos existentes, as possibilidades de uso de novas tecnologias e as disponibilidades de recursos materiais são exemplos, entre outros, de meios que normalmente estimulam e permitem aos indivíduos chegarem mais rapidamente aos objetivos desejados.

É impossível pensar que uma única pessoa possa dominar o conhecimento necessário para executar todas as atividades humanas. Esse fato, ao longo do tempo, contribuiu significativamente para a tipificação de cada atividade, fazendo surgir profissões específicas que se classificam em grandes conjuntos por suas origens, características e finalidades. A partir desse ponto, é possível entender que a cada atividade estão atreladas questões e objetivos próprios, individualizadores de sua existência. Entretanto, hoje percebe-se que junto à verticalização do conhecimento, imprescindível para o seu aprimoramento, é preciso manter uma vivência constante com as demais atividades, visando estabelecer reciprocidade na troca de experiências e na ampliação dos horizontes dos resultados.

Compreende-se, portanto, que para se trabalhar plenamente com a Geomorfologia é importante receber uma formação específica, capaz de habilitar para o entendimento de tudo aquilo que se refere às formas de relevo e aos processos responsáveis pela existência delas. Do mesmo modo, é essencial ter a percepção de que a Geomorfologia está inserida num universo maior, no qual se executam a produção e a aplicação dos conhecimentos científicos, devendo nele assimilar fundamentos, receber e fornecer contribuições.

O caminho a ser trilhado pelo aprendizado parte da constatação da existência de um certo nível de conhecimentos, teóricos e práticos, que deverá ser retransmitido de uma forma organizada. Isto, seguindo uma orientação capaz não só de selecionar os conteúdos fundamentais e relevantes a serem incorporados, como também fornecer as informações básicas indispensáveis para o domínio e discernimento do valor e do uso desses conhecimentos. É recomendável treinar o raciocínio, pensar nas dificuldades que devem ser suplantadas e estar atento às novas linhas de trabalho a serem desbravadas.

Nesse processo, adquirir uma boa base teórica é fundamental, porém não é tudo. É comum existirem dificuldades na hora de decidir quais os procedimentos mais adequados para realizar trabalhos e mesmo para implementá-los, quando não se tem o domínio e a prática do uso de métodos e técnicas. Há, inclusive, uma frase popular bastante exemplificadora: "Falar é fácil, fazer é que é difícil". Na verdade, teoria e prática devem estar o mais possível entrelaçadas no andamento do aprendizado e no desempenho da atividade profissional, pois ambas são importantes.

Por sua vez, o exercício é o modo mais direto de ganhar e solidificar o conhecimento prático, permitindo incorporar o aprendizado do que deve ser feito para atingir o resultado procurado.

Para a Geomorfologia existem práticas de gabinete, laboratório e campo a serem exercitadas, que irão constituir o lastro requerido para o aprimoramento profissional.

Este capítulo tem o intuito de atingir um âmbito mais geral, fornecer informações, chamar a atenção para aspectos que estão implícitos na prática dos mais experientes, e fazer com que os iniciantes possam vivenciá-los no dia a dia de seu aprendizado. Cada item abordado deve ser visto como um ponto de partida, e os exercícios apresentados, como incentivos à reflexão do seu valor.

1.1. Utilização dos Conhecimentos Teóricos

A assimilação dos conhecimentos teóricos, através de leituras, é uma das práticas mais difundidas. Intuitivamente, somos levados, na procura de livros, a escolher aqueles que sejam os mais atualizados e tenham os melhores conteúdos, seguindo, quase sempre, a orientação de pessoas mais experientes.

Qual o objetivo de ler esses livros? Parece óbvio responder que será incorporar conhecimentos teóricos, porém, isso não é tudo. O hábito da leitura, por si só, é uma fonte inesgotável de exercícios. Faz com que a mente trabalhe armazenando informações e, principalmente, favorece o desenvolvimento do pensamento crítico, na medida em que pode estabelecer o cotejo entre o nosso conhecimento e o conteúdo lido. Induz o surgimento de uma sistemática de procedimentos úteis como o fichamento da leitura, mantendo as anotações organizadas em arquivos (papel ou computador), como recurso objetivo e rápido para novas consultas. Leva ao aprimoramento da capacidade de discernir aquilo que é mais importante e fundamental. Oferece referências para auto-avaliações do nível dos nossos conhecimentos e do valor do que estamos absorvendo. Traz à tona dúvidas e estimula novas leituras.

Ao ler sobre a erosão provocada pelo escoamento superficial das águas das chuvas e passar a saber suas principais causas e conseqüências, como realizar um trabalho abordando esse tema? Como juntar o conteúdo teórico que foi apreendido aos conhecimentos de natureza prática? Se não há experiência da prática é necessário produzi-la.

Nossas observações empíricas e iniciativas, com erros e acertos para encontrar o caminho apropriado da utilização do conhecimento teórico, podem ser usadas. Entretanto, é nossa obrigação procurar saber se existem métodos e técnicas já testados, que oferecem as opções aceitas e pertinentes para alcançar os fins almejados. Pela consulta aos trabalhos recentes sobre o tema é possível detectar quais os procedimentos novos, ou os que são usualmente empregados, e investir no seu aprendizado. Ao invés de apenas tentar redescobrir, temos a opção de usar a mente para avaliar qual o melhor caminho, para fazer adaptações, caso sejam necessárias, e para obter respaldo na iniciativa de criar novas formas de realizar o trabalho.

Cabe chamar a atenção para as grandes teorias. São construções teóricas de maior complexidade que não precisam, necessariamente, ser comprovadas, mas que, através do tempo, podem ser mantidas, refutadas ou mesmo superadas por outras mais recentes. Em vários campos do conhecimento coexistem várias teorias aceitas que frontalmente se opõem ou não. Para que servem essas teorias? São elas que apóiam e lastreiam a direção dos nossos trabalhos. Na Geomorfologia, atualmente, não é mais objetivo classificar o relevo como jovem, maduro ou senil. Isto ocorreu nos trabalhos que se apoiavam na Teoria do Ciclo Geomorfológico. Hoje, a evolução do relevo é vista freqüentemente numa perspectiva de Equilíbrio Dinâmico ou numa concepção mais avançada onde ela é considerada como o estado mais provável dentro de um contexto teórico probabilístico.

A teoria é, ao mesmo tempo, um referencial e um respaldo ao desenvolvimento de nossas investigações, que deverá ser coerente com ela, inclusive no uso de terminologias. Se a teoria fundamenta e orienta a prática, não menos verdade é considerar que a prática pode fornecer resultados que reafirmem ou contestem a teoria. Teoria e prática devem interagir favorecendo o desenvolvimento de ambas e, conseqüentemente, aprimorando o nível de conhecimento humano.

Exercício: Escolha um texto de seu interesse, como por exemplo um dos capítulos do livro *Geomorfologia: Uma Atualização de Bases e Conceitos* (Guerra e Cunha, 1995), que será utilizado como nossa referência.

Organize uma ficha, como um formulário a ser preenchido, no qual serão colocadas as informações pertinentes à identificação do texto e ao conteúdo a ser retirado dele ao longo da leitura.

Na identificação do texto procure verificar, através da bibliografia apresentada no livro, quais os itens que constarão de sua ficha (título, autor, etc.), dando atenção às especificidades inerentes aos tipos de publicação: livros, periódicos, anais de congresso, separatas etc.

Quanto aos itens relacionados à leitura, podem ser subdivididos em três grupos, que estão presentes como partes principais de qualquer trabalho: um "início", um "meio" e um "fim".

O "início" mostra as razões maiores do autor como suas motivações, seus objetivos, a importância que atribui ao trabalho, as bases conceituais utilizadas e o modo empregado na elaboração de sua obra. O "conteúdo" diz respeito ao próprio desenvolvimento do trabalho. Nele são inseridos dados, informações, definições, discussões de questões formuladas, análises de diferentes naturezas e tudo aquilo que decorre da aplicação de Metodologias, Métodos e Técnicas. O "fim" é o lugar das conclusões. É ali que estão os resultados, as informações relativas às hipóteses ou às questões formuladas, estabelecendo o fecho do trabalho quanto aos seus objetivos, com base no conteúdo desenvolvido. Poderá conter, também, considerações, recomendações, avaliações, prognósticos e indicações de novos temas ou caminhos a serem perseguidos em novas pesquisas.

Sua ficha, nesses itens relativos à leitura, registrará, de forma sintética, tudo que existe de mais importante no texto, incluindo, quando julgar necessário, transcrições de definições, fórmulas, ou mesmo frases e parágrafos, permitindo acessá-los para seus trabalhos futuros.

Com o mesmo intuito, são úteis anotações referentes à presença no texto de mapas, quadros, tabelas, gráficos e ilustrações diversas, com suas respectivas fontes de origem. Seus comentários e críticas deverão ter lugar de destaque. A elaboração de um resumo do trabalho lido, contendo sua avaliação, é mais uma prática recomendável.

Quanto a bibliografia apresentada, após seleção pelo valor e interesse, ela deverá constar em sua ficha.

Agora, leia o capítulo escolhido, fazendo o fichamento, e depois responda:

- Que conteúdo teórico você considerou mais importante para o seu conhecimento?
- De acordo com o autor, quais e de quem são os trabalhos a serem consultados para maior compreensão desse assunto?
- Como situar esse texto em relação às teorias geomorfológicas?
- Há informações de como devem ser realizados trabalhos aplicados nesse tema? Quais? Existem orientações do autor nesse sentido? Quais?

1.2. Universo de Situações Práticas a Enfrentar

Mesmo dominando os conhecimentos e procedimentos indispensáveis à realização de um trabalho, nem sempre as situações encontradas são exatamente iguais ao que já foi visto em teoria ou em prática anterior. Tais situações implicam em tomarmos decisões que deverão ser apoiadas em atitudes lógicas e respaldadas pela explicitação dos motivos e critérios adotados. A busca de soluções transforma-se num exercício cujos resultados ampliam nossa experiência e, conseqüentemente, nossa capacitação para enfrentar novos níveis de dificuldades.

Vejamos um exemplo. Existem regras estabelecidas para a instalação de um Posto Fluviométrico que tenha como objetivo medir a vazão de um canal fluvial. A escolha de um lugar em que o perfil transversal do canal seja o mais estável possível é uma dessas regras, pois garante que a seção úmida do canal só será afetada, em sua área, pela elevação do nível das águas e não pela ação de processos erosivos e deposicionais. Isso possibilita que seja feito um único levantamento da topografia do perfil transversal e, daí por diante, bastará mensurar o nível das águas e sua velocidade para calcular a vazão. Desse modo, o local mais apropriado deverá ser constituído pelo afloramento de uma rocha extremamente resistente à erosão e ao fluxo de água que por ali passa, sempre tenha energia suficiente para carregar a carga que está transportando, ou na prática, um lugar com características bem próximas a essas. Na Geomorfologia, o interesse em medir a vazão em canais fluviais está em relacioná-la com a dinâmica de erosão e deposição, ou seja, trabalhar em locais em que esses processos alteram as características do perfil. Seria possível instalar um posto numa curva de um canal meandrante? Claro que sim, desde que, para cada momento de mensuração da velocidade e do nível das águas, seja feito novamente o perfil transversal. Transposto esse problema, acabaríamos verificando que em momentos mais extremos de ação dos processos seria impraticável fazer o perfil. Que fazer? Estabelecer um novo procedimento nessas situações: levantaremos o perfil depois de cessar a condição extrema de erosão ou deposição.

Em que medida agimos sempre do mesmo modo? Isto também é função do nível de generalização que adotamos. Quando mudamos nossas referências e escalas de tempo e espaço, caminhamos para caracterizar formas e processos com maior detalhe ou não, indo a encontro de situações mais gerais ou mais particulares. Pela origem duas praias são semelhantes; entretanto, algumas de suas características podem ser diferentes. Ao definirmos o significado do ambiente praia estamos reunindo todas elas num mesmo conjunto. Ao estudarmos cada praia verificamos a existência de características que as individualizam entre si, por exemplo, a posição geográfica.

Disto resulta que, ao estudarmos formas e processos, precisamos estar preparados para discernir quais os procedimentos passíveis de utilização, face aos nossos objetivos e a nossa capacidade de reconhecer a variabilidade dos aspectos que envolvem os objetivos de nossas pesquisas.

Saber até onde podemos aplicar leis gerais e tratamentos específicos torna-se uma necessidade, face ao universo amplo de situações geradas pelas similaridades ou diferenças que nossas perspectivas e interesses procuram detectar.

Exercício: Você está lembrado das duas últimas praias onde esteve? Faça uma relação das características de ambas. Como auxílio, leve em conta: localização, forma, tamanho, tipos de sedimentos, ondas, marés, profundidade e temperatura das águas, relevo continental próximo, vegetação, ocupação humana, poluição etc.

Compare as duas praias. Elas são semelhantes? Justifique sua resposta.

Apenas sua capacidade de observação não bastaria se esta questão fosse o objetivo de uma pesquisa, mas já seria um bom início no sentido de saber por onde começar, na busca dos procedimentos adequados e necessários para caracterizar e definir as semelhanças ou as diferenças existentes. Este exercício poderia também ser feito para baixadas costeiras, canais fluviais, dunas, encostas, vales etc.

1.3. Aprendizado de Métodos e Técnicas

Numa concepção bastante simples, podemos entender método como o modo ou maneira de atingirmos um determinado fim ou de executar um determinado trabalho. Assim também, técnica pode ser vista como um ou mais processos que viabilizam a aplicação do método.

Existem vários métodos para elaborar, sobre um papel, blocos diagramas representativos do relevo. Entretanto, qualquer que seja a escolha, será sempre necessário o emprego de técnicas de desenho para construí-los.

Para o uso apropriado de instrumentos e equipamentos existem técnicas específicas. A utilização de um trado para recolhimento de amostras pode ser parte integrante de vários métodos de trabalho de campo.

Os métodos representam o domínio do saber "como fazer" e as técnicas o domínio do "fazer". Sem conhecê-los, torna-se inviável o planejamento e a execução de qualquer pesquisa.

Convém lembrar que trabalhamos com a Ciência. Deste modo o "como fazer" tem um suporte que o antecede e o orienta derivado do método científico. É recomendável investir mais em estudos como o da Lógica e da Epistemologia. É necessário entender que métodos e técnicas não são aplicados aleatoriamente, pois fazem parte de um contexto mais amplo e abrangente que caracteriza o domínio das metodologias. Numa pesquisa os vários métodos e técnicas empregados devem estar articulados, correspondendo às várias etapas a serem trilhadas para alcançar o objetivo final. Nesse bojo amplo há que ser considerada, ainda, a orientação que conduz o raciocínio num caminho regido pelo uso de métodos, tais como, o dedutivo, o indutivo e o dialético.

Não devem ser esquecidas, também, as questões ligadas aos conteúdos ideológicos, que alimentam e permeiam as decisões sobre "o que fazer", "para que fazer" e "como fazer".

Quanto às técnicas, seu aprendizado é mais direto e concreto pois, via de regra, envolvem um trabalho mais mecânico e repetitivo, com o uso de instrumentos ou equipamentos. Algumas são bastante simples, como subdividir amostras, outras mais complexas, como obter amostras indeformadas de espessos depósitos sedimentares bastante estratificados. Para elas convergem aperfeiçoamentos e inovações tecnológicas que permitem ampliar o valor de seus resultados, mas obrigam ao constante investimento em novos aprendizados.

Em cada campo de atividade humana existe um "mínimo" necessário de conhecimento para que o indivíduo possa atuar de forma efetiva. Normalmente esse "mínimo" é formado por uma base teórica e o domínio dos métodos e técnicas mais utilizadas. Como exemplo, não é possível hoje conceber um geomorfólogo que não tenha conhecimentos básicos sobre o valor e o uso da interpretação de fotos e imagens ou do geoprocessamento.

Exercício: Utilize outro texto do livro indicado, ou qualquer outro de seu interesse, e responda:

- Que métodos e técnicas são citados ou apresentados pelo autor?
- Você saberia aplicar todos esses métodos?
- Você sabe usar todos os instrumentos e equipamentos citados no texto?
- Pela bibliografia é possível identificar fontes de consulta para iniciar o aprendizado desses métodos e técnicas?

2. *Sistematização de Procedimentos*

Podemos aquilatar a qualidade de um trabalho científico pela avaliação da clareza de seus propósitos, da base teórica que lhe deu respaldo, do uso adequado de métodos e técnicas e do valor de seus resultados. Não menos importante é reconhecer se o seu conteúdo é atualizado, se reúne as contribuições dos principais autores que se dedicam ao assunto e se utilizou os mais modernos meios disponíveis.

A perspectiva de poder produzir um trabalho de qualidade, como já foi visto, é dependente de dotes pessoais e de um processo de formação bem orientado. Nesse processo é importante incorporar uma sistemática de procedimentos de caráter prático que são evocados a cada etapa de nossas tarefas. Na verdade, esses procedimentos constituem a aplicação de um exercício contínuo de aperfeiçoamento, que aos poucos vão sendo assimilados e empregados sistematicamente, tal qual um reflexo condicionado, durante a preparação e desenvolvimento de nossos trabalhos. É como se tivéssemos obrigações a cumprir antes de executar algo.

2.1. Temas e Bibliografia

Como saber se o trabalho que pretendemos fazer é original? Como saber se já realizaram um trabalho semelhante ao que estamos planejando? Como usufruir da experiência acumulada sobre o assunto que pesquisamos?

As respostas estão na consulta à bibliografia disponível, a ser feita de modo organizado. Exemplificando:

- Quem são os principais pesquisadores numa determinada temática? Serão aqueles citados com mais freqüência nos livros e periódicos recentes. Nessa busca encontraremos, pelos títulos dos trabalhos, outras informações importantes, tais como: o tipo de contribuição que cada autor apresenta; os aspectos que têm sido mais abordados; se o tema possui aplicações e as principais fontes de referência para o seu estudo teórico.

- Quando devemos parar de procurar novas indicações bibliográficas relativas à pesquisa que estamos iniciando? Os autores principais estão presentes em todos os trabalhos. Se é nosso intuito esgotar a bibliografia, a hora de parar é aquela em que as novas consultas começam a apresentar grande número de autores e respectivos títulos por nós já identificados.

- Como saber o que está sendo feito no exterior? O primeiro caminho leva às bibliotecas onde, através de livros e periódicos, obtemos a resposta. Outro caminho é consultar os trabalhos dos principais autores nacionais que, de certa forma, por estarem atualizados, selecionam e divulgam essas informações em seus trabalhos e bibliografias.

- Como saberemos se existem trabalhos de Geomorfologia, ou que abordem estudos de outras características ambientais, de um determinado local? Iniciar consultando catálogos ou fichários de títulos em bibliotecas pelo nome do lugar. Podemos ampliar nossas buscas, procurando também pelo nome de lugares próximos mais conhecidos e da área maior onde o local está inserido, assim como pelo nome de qualquer acidente geográfico mais expressivo no local (Exemplo: GARGAÚ, no município de São João da Barra — RJ próximo de Campos — RJ, no Norte Fluminense, no Delta do Rio Paraíba do Sul). Outra solução seria começar do mais geral, de uma área bem maior (Exemplo: em publicações para o Sudeste Brasileiro pegar indicações sobre o Estado do Rio de Janeiro; da bibliografia para este Estado pegar indicações para o Norte Fluminense e daí em direção a GARGAÚ). Esses procedimentos também são válidos para busca de temáticas muito especializadas.

Temos que criar o hábito de consultar a bibliografia. Ela não é apenas um rol de trabalhos usados pelo autor. Há uma grande quantidade de informações valiosas a serem extraídas dela.

Exercício: Consultando (Guerra e Cunha, 1995), responda:

- Quais os autores, no Brasil, que se dedicam ao estudo do relevo calcário?

- Que autores estrangeiros podem ser consultados sobre processos erosivos nas encostas?

- Quais os mais recentes trabalhos sobre hidrologia de encostas?

- Que bibliografia pode ser consultada para aprofundar conhecimentos sobre a Teoria das Placas Tectônicas?

2.2. Elaboração de Trabalhos: Relatórios e Projetos

A elaboração de um trabalho científico é uma atividade inerente ao pesquisador, mas não é a única. Elaborar Relatórios e Projetos também faz parte do nosso dia a dia.

Fazer um relatório, para um iniciante, constitui também um primeiro exercício. Nele irá aprender a transformar uma sistemática de trabalho numa expressão escrita. O modelo mais simples é a descrição que contenha as instruções que recebeu para fazer alguma coisa e como essa coisa foi feita. O detalhamento da descrição, contendo todos os passos da tarefa realizada e os resultados obtidos, permitirá avaliar se tudo foi bem feito, se os resultados são confiáveis e se métodos e técnicas aprendidos foram assimilados. Com tarefas mais complexas os relatórios vão ficando mais sofisticados, passando o relator a ampliar sua participação com análises, interpretações e avaliações de resultados.

Sistematicamente, o aprendizado vai sendo realizado, criando uma vivência com as práticas de pesquisa, até possibilitar, em seu conteúdo, uma visão sintética e objetiva de tudo aquilo que resulta do início ao fim de uma pesquisa.

O fichamento da leitura que você realizou nada mais é do que um tipo de relatório no qual você apresenta o resultado de seu trabalho. Quando bem feito pode ser transformado numa resenha ou comentário crítico a ser publicado.

O formato do relatório pode variar, mas o valor dele sempre está aferido a sua clareza, organização, conteúdo, propriedade com que demonstra o trabalho realizado e seus resultados.

Por sua vez, um Projeto de Pesquisa é uma descrição do que e como pretendemos fazer, do planejamento que iremos seguir, das condições e dos meios que dispomos e iremos precisar, das justificativas que temos para dar importância ao trabalho e da capacidade que possuímos para realizá-lo. Para elaborarmos um projeto temos que possuir uma visão clara de onde partiremos e onde queremos chegar, incluindo o tempo que levaremos e as etapas que serão cumpridas (cronograma). Envolve, ainda, prever custos, planejar a participação de pessoal e definir relações a serem estabelecidas entre pesquisadores, instituições e áreas de conhecimento. Dele irão emergir monografias, teses, artigos, livros e comunicações científicas diversas.

Para um iniciante, a elaboração de um projeto é mais difícil do que um relatório. Neste descrevemos algo que aprendemos. Para elaborar um projeto temos que saber, previamente, tudo que será feito, com todas as implicações envolvidas.

Cada projeto elaborado não deixa de ser um exercício, que vai permitindo um domínio cada vez maior dessa prática.

Exercício: Quando ocorrer chuvas e você estiver em casa, procure observá-las. Estime a intensidade delas (muito fraca, fraca, média, forte e muito forte). Cronometre o início da chuva, o momento que começar a ocorrer o escoamento de águas na rua e o momento em que o volume das águas atingirem o máximo. Anote as observações. Faça um relatório comparando as diversas chuvas observadas. Você estará aprendendo a fazer um relatório e, ao mesmo tempo, aprendendo os primeiros passos para determinar a recorrência dos piques de cheias em seu bairro, ou seja, o tempo que levaria cada chuva para produzir seu máximo de escoamento. Depois disso, você poderia procurar saber mais sobre escoamento de águas em áreas urbanas e iniciar a elaboração de um projeto para pesquisar esse assunto. Você poderá seguir o roteiro: título, objetivos, justificativas, metodologia, bibliografia e cronograma.

2.3. *Precisão e Erro*

A Ciência tem o compromisso permanente de procurar sempre um melhor desempenho, para apresentar resultados cada vez mais precisos, gerando confiabilidade maior para seus diagnósticos e prognósticos.

Por mais atenção e cuidado que se tenha, os erros são inevitáveis. Alguns são aceitáveis, outros invalidam os trabalhos que estamos realizando. A repetição da prática promove melhoria de nosso desempenho, na medida em que detectamos nossos erros e sistematicamente procuramos corrigi-los. Existem erros promovidos por nossa própria atuação, outros derivados do nível de precisão dos equipamentos e instrumentos utilizados e, ainda outros, resultantes de comportamentos não controlados, ou não conhecidos, de fatores que interferem nos fenômenos que estamos estudando.

Conferir cálculos e repetir medições são práticas que ajudam a diminuir nossos erros. Avanços tecnológicos propiciam o aparecimento de equipamentos e instrumentos com níveis de precisão cada vez maiores.

Os erros que representam parcelas não conhecidas dos fenômenos nem sempre são indesejáveis. Nesse caso, tornam-se objetos de pesquisas que poderão aumentar o nível de conhecimento que temos desses fenômenos e de seus controles. Vejamos um caso. Partindo da avaliação de que um tipo de solo, cultivado com um determinado produto, apresenta um valor elevado de taxa de erosão e em um determinado lugar esse valor é muito baixo, teremos que admitir que ali atua algum fator que é responsável por esse "erro". A identificação desse fator abriria perspectivas para o controle de erosão em toda a área que estava sendo estudada. A explicação poderia estar relacionada à técnica de plantio ali empregada, ou ao não uso de mecanização ou ao emprego de procedimentos de conservação do solo.

Outro caso a ser citado refere-se ao controle geológico das formas de relevo. Em lugares onde os controles são muito fortes, os processos geomorfológicos geram formas mais determinadas, portanto com erros menores. Onde não existem esses controles, há tendências de maior diversidade de formas, ocorrendo menor determinação e maior erro.

Manusear uma grande quantidade de dados e informações representava, no passado, dificuldades e riscos de produzir erros. Com o computador, esse problema vem sendo sanado, tornando mais rápido o trabalho e aumentando o grau de precisão como no caso de cálculos. Isto não quer dizer que as possibilidades de erro desapareceram. Novos tipos de erros surgiram, como os existentes em programas, muitas vezes de difícil identificação.

Não só com o computador, mas sempre que possível, em qualquer tarefa, é recomendável fazer testes que nos garantam que tudo está funcionando bem. Aferir instrumentos e testar programas, com dados que produzem resultados conhecidos, são exemplos de práticas a serem adotadas rotineiramente.

É nossa obrigação diminuir o nível de erro, entretanto, é muito importante que possamos identificá-lo e fazê-lo aparecer, de forma explícita, como elemento de aferição do valor de nosso trabalho e como ponto de partida para o surgimento de contribuições que possam superá-lo, ao fazer dele objeto de nossa atenção. Em síntese, o erro significa o quanto fizemos de errado ou o quanto ainda não conhecemos.

Exercício: Volte a um dos textos já lidos e identifique nele questões relativas aos erros. Em cada uma das questões apontadas, descreva a natureza do erro e as dificuldades que existem para superá-lo.

Exercício: Para um determinado local medimos a quantidade de chuva que ali caiu, a quantidade de água infiltrada, escoada na superfície e evaporada. O total precipitado deverá ser igual à soma dos outros totais, mas certamente não conseguiremos alcançar esse resultado. Explique por quê? Qual a medida que deverá apresentar maior erro e por quê? Qual a medida mais precisa? (Procure analisar como são feitas cada uma das medidas.)

2.4. Tarefas de Campo, Laboratório e Gabinete

Campo, laboratório e gabinete são os ambientes onde se desenvolvem os trabalhos de Geomorfologia. No campo e no laboratório a maioria das atividades é de caráter prático. Enquanto o gabinete é o local de pensar mais em questões teóricas, o campo representa o contato direto com a realidade: as formas de relevo e a ação dos processos.

Embora em cada um desses ambientes existam atividades e procedimentos específicos, os trabalhos geomorfológicos requerem que haja uma integração entre eles. Um trabalho de campo, planejado no gabinete, ao ser executado traz tarefas para o laboratório que as conclui, levando os resultados ao gabinete. Há toda uma dinâmica de interligação, em função das características de desenvolvimento de cada trabalho.

Para realizar uma saída ao campo é necessário um bom planejamento, mesmo que ela seja apenas para o reconhecimento de uma área. É preciso desenvolver uma logística que assegure a presença do pessoal em campo e a execução das tarefas programadas. Objetivos e disponibilidades de recursos irão nortear a programação, o tempo de duração e a avaliação dos custos.

Os procedimentos no campo deverão obedecer a uma sistemática que valorize os cuidados com os registros das informações e regras para recolhimento, identificação e guarda das amostras. Usar uma caderneta para anotações é sempre recomendável. É indispensável definir previamente as tarefas a serem executadas, porque elas demandam materiais e instrumentos que deverão ser levados. Também a definição da época para a realização do trabalho é importante, devendo estar atrelada às condições mais favoráveis de tempo, embora possa ser realizada em momentos ou períodos desfavoráveis em função do interesse de acompanhar ações de processos.

Do campo as amostras vão para o laboratório onde são submetidas a diversos processos de análise, buscando caracterizar os materiais que compõem as formas ou os que estão sendo trabalhados pelos processos geomorfológicos.

No campo e no laboratório uma grande quantidade de métodos e técnicas é empregada, cada um com suas finalidades e regras de execução. Para os iniciantes, alguns conhecimentos e aprendizagens de caráter mais geral lhes são logo transmitidos. No campo, as práticas da observação, do recolhimento de amostras, do trabalho com a topografia e do manuseio de instrumentos e equipamentos. No laboratório, as práticas de preparação de amostras, de análises granulométricas, de lidar com produtos químicos, de manusear aparelhos e instrumentos diversos.

Merece destaque uma prática que no momento se expande: o estabelecimento de áreas-piloto, para diferentes temas e escalas, acompanhando ou induzindo a ação dos processos, fazendo do campo o laboratório.

Por sua vez, o gabinete também se transforma em laboratório, quando atividades de caráter prático nele são realizadas. Atualmente, com o desenvolvimento da informática, abriram-se espaços para pesquisas relativas à modelagem matemática, tratamento digital de imagens de satélite e cartografia computadorizada, que se expandem contando com o apoio de equipamentos de computação cada vez mais sofisticados.

Concatenar e integrar tarefas nos três ambientes e obedecer à sistemática de trabalho de cada procedimento são experiências que aos poucos vão sendo incorporadas em nossa formação.

Exercício: Quais os métodos e técnicas que precisaram ser empregados, em campo e laboratório, para obter dados relativos à vazão e à carga transportada em canais fluviais?

3. Reciprocidade das Relações com as Áreas afins à Geomorfologia

No final deste século o Meio Ambiente e a Comunicação assumiram grande valorização. Em ambos, existe uma importante perspectiva que é o caráter de integração, presente numa visão holística necessária para a compreensão de seus significados.

Entender o Meio Ambiente passa por conhecer o comportamento conjunto e integrado dos elementos que o formam. Entender as comunicações hoje significa visualizar as potencialidades das relações que existem com a interligação de seus atores, incluindo todos os meios disponíveis.

Ainda, com relação a Comunicação, seu desenvolvimento, fortemente acelerado pelos extraordinários avanços tecnológicos, tem repercussões sem precedentes nas atividades humanas e, significativamente, no campo das ciências. Exemplo disto é a possibilidade da realização de trabalhos conjuntos entre centros de pesquisa, que interagem com o apoio de redes de computação.

A Geomorfologia, como qualquer outro campo de atividade, beneficia-se dos recursos atuais da Comunicação e, em particular, da importância que está sendo conferida ao Meio Ambiente. Nesse sentido, é indispensável lembrar que seus objetos de estudos, o relevo e seus processos geradores, têm, na explicação de suas existências e evoluções, a necessidade de conhecimentos relativos à contribuição de fatores como a Geologia, o Clima, a Topografia, o Solo, a Hidrologia, a Biologia e o Homem. A Geomorfologia é beneficiada pelo avanço do nível de conhecimento sobre cada um desses fatores e dos estudos ambientais do qual todos fazem parte. Neste caso, a recíproca é verdadeira, na medida em que o conhecimento geomorfológico é colocado à disposição para a melhor compreensão de cada fator e do todo ambiental.

3.1. Acompanhamento dos Avanços Científicos e Tecnológicos

Dentro de um ritmo exponencial, inovações surgem em todos os setores da atividade humana, fazendo com que o espaço de tempo entre o antigo e o aparecimento do novo seja cada vez menor. Em certas áreas a velocidade é tão grande que enquanto muitos ainda estão no aprendizado de uma inovação, ela já está sendo ultrapassada.

Profissionalmente é importante estarmos atentos ao que acontece de novo. Portanto, é necessário ler as publicações recentes, participar de reuniões científicas como simpósios e congressos, ter acesso aos novos catálogos de instrumentos e equipamentos disponíveis no mercado e não deixar de travar contato com tudo aquilo que diz respeito aos trabalhos executados nas áreas mais afins ao nosso campo de atuação.

Nosso primeiro contato com os avanços científicos e tecnológicos é feito no sentido de entendê-los, procurando saber dos seus valores e das formas de utilizá-los. Quando se trata de conhecimento teórico, ele pode ser imediatamente empregado. Quando, entretanto, seu uso é dependente de possuirmos novos instrumentos ou equipamentos, demoraremos mais tempo para utilizá-los, em função da existência ou não dos meios para adquiri-los e da necessidade de aprender a lidar com eles.

Para as novas gerações é gratificante saber que cada vez mais podem contar com esse extraordinário progresso científico e tecnológico. Todavia, passam a ter ciência do grande desafio a ser enfrentado: caminhar para dominar o espaço mais avançado do seu campo de atuação e, daí por diante, promover ou acompanhar o ritmo veloz das inovações.

Exercício: No livro referenciado (Guerra e Cunha, 1995), procure respostas para as seguintes questões:

- Existem relações entre os novos conhecimentos sobre a atuação das forças internas e a Geomorfologia do Quaternário?

- Geoprocessamento e mapeamento geomorfológico estão relacionados na teoria e na prática? Explique.

3.2. *Geomorfologia na Solução dos Problemas Ambientais*

Diagnosticar e apresentar soluções para os problemas ambientais sempre vai envolver a participação de profissionais de diversas áreas. O papel e a importância de cada um dependerá do tipo de ambiente, dos problemas existentes e de diretrizes que podem ser preestabelecidas para o futuro desse lugar.

Exemplificando: pretende-se recuperar uma área degradada do Sudeste Brasileiro com sérios problemas de erosão; o objetivo poderá ser recuperá-la com reflorestamento ou para novamente lhe dar um uso agrícola; o engenheiro florestal seria indispensável no primeiro caso, e o agrônomo, no segundo; outros profissionais, como o geomorfólogo, teriam importância em ambos os casos.

Apesar dessas especificidades, sabemos que quase sempre determinados especialistas são mais freqüentemente chamados. A razão disso tem haver com a necessidade de conhecer as características e os comportamentos dos principais componentes do ambiente. Os problemas ambientais podem não estar diretamente ligados à Geomorfologia, mas em todos os ambientes teremos um relevo, processos geomorfológicos atuando e interações com os demais componentes.

Quando os processos geomorfológicos atuam estão promovendo ações em direção à evolução do relevo. Ao construírem ou destruírem formas, os processos mobilizam materiais. A intensificação ou o amortecimento da atuação desses processos podem ser provocados pelas próprias condições naturais ou por interferências antrópicas, promovendo o aumento ou diminuição da erosão ou da deposição, mantendo ou modificando as formas de relevo, constituindo-se em causas ou efeitos de instabilidade ambiental. A atuação antrópica ou mudanças das condições ambientais podem modificar o modo de atuação dos processos ou promover a atuação de outros, provocando também situações de impactos ambientais.

Se os problemas ambientais estão relacionados às atuações desses processos, a participação do geomorfólogo torna-se importante, não apenas no diagnóstico, mas, também, na avaliação de tendências e na identificação dos controles que devem ser acionados para superar esses problemas. Cabe lembrar que essas situações quase sempre implicam em ativar mecanismos de monitoramento.

Exercício: Qual o relevo de seu bairro (ou da área em que você reside)?

- Quais os processos geomorfológicos que atuam de modo mais expressivo no seu bairro (ou da área em que você reside)?

- Que problemas ambientais existem no seu bairro (ou na área em que você reside) e como se relacionam com a Geomorfologia? Eles estão aumentando? Por quê? Qual seria a forma de controle?

É necessário lembrar que os problemas de uma área podem ser conseqüência do que está ocorrendo em outras áreas (Exemplo: o desmatamento da Serra do Mar, favorecendo a erosão, intensifica os processos de deposição de sedimentos na Baía de Guanabara.)

3.3. *Novas Idéias e Novos Instrumentos*

Não podemos acreditar que sempre teremos soluções prontas para aplicar em nossos problemas, e os mais modernos instrumentos e equipamentos a nossa disposição.

Quando se fala em áreas tropicais o nível de conhecimento sobre elas é, muitas vezes, pequeno. Na Amazônia vastas áreas são pouco conhecidas, o mesmo ocorrendo em nossa grande área de plataforma continental. A questão da Biodiversidade, que valoriza as regiões tropicais, é algo relativamente recente e pouco estudada.

Essas situações nos levam a pensar que nem sempre podemos utilizar modelos importados, oriundos de outros ambientes, outras realidades. Se existem caminhos para criar modelos, podemos adquirir o conhecimento necessário para criar nossos próprios modelos.

Ao invés de ter como resultado os valores de variáveis que não são importantes em nossos ambientes, é preferível investir na pesquisa para identificar quais as variáveis que definem nossos ambientes e, a partir delas, construir nossos modelos geomorfológicos.

Se no nível teórico podemos utilizar nossa experiência para produzir e aprimorar iniciativas práticas, o mesmo pode ocorrer para superar a falta de instrumentos que viabilizem nossas pesquisas. Trata-se de pensar em tecnologias alternativas, que nos permitam superar limitações. Pior que fazer com as limitações existentes é deixar de fazer.

Não há restrição ao uso de estimativas, desde que sejam apresentados os critérios adotados e o nível de erro associado a sua obtenção e projeção.

Exemplificando: se estivermos, a partir de canais fluviais, recolhendo informações quanto ao volume de águas e sedimentos mobilizados relacionados às chuvas, como poderemos obter o volume da chuva se não existirem postos pluviométricos nas áreas da bacia? Se não possuímos pluviômetros a solução será utilizar recipientes padronizados para servirem de coletores de chuva, agregando algumas melhorias que os façam atuar de modo mais eficiente (por exemplo, baldes com escala de volume). Certamente seus valores absolutos não terão extrema precisão, mas, em termos comparativos serão bastante significativos e viabilizarão nosso trabalho.

Exercício: Procure observar um pluviômetro e entender as características que o padronizam. Imagine uma forma alternativa de reproduzi-lo. Como ele seria? Onde você o colocaria no campo?

4. Diagnósticos e Prognósticos

Ao estudarmos, numa determinada área, as formas de relevo e os processos geomorfológicos que ali ocorrem, estamos realizando um trabalho que visa entender uma situação do tempo presente. Um diagnóstico completo implicaria, ainda, em verificar o nível de contribuição que o passado poderia ter imprimido ao quadro atual. Munidos desse diagnóstico, seria possível tentar projetar situações futuras, apresentar prognósticos. Nesse caso, o grau de acerto estaria aferido, entre outras causas, ao valor dos conhecimentos obtidos, a adequação dos procedimentos utilizados, a precisão do trabalho, a escala de projeção e aos níveis de incerteza associados aos fatores que determinam o comportamento do objeto estudado.

Para o presente e o passado temos fatos, testemunhos e interpretações que podem consubstanciar projeções para o futuro. Os homens comuns também realizam previsões, entretanto, sem os compromissos que têm aqueles que lidam com as ciências. Para estes, antever o futuro faz parte de seus trabalhos e constitui um fim a ser alcançado, com um nível de erro cada vez menor. Deles se exige apresentar e comprovar as bases que lhes permitiram construir as previsões para, por exemplo, decidirmos como planificar melhores condições de vida para a sociedade ou para criar condições de enfrentar futuros desastres.

Diagnósticos e prognósticos assumem condições de maior ou menor dificuldade de serem produzidos em função da natureza e da complexidade das questões a serem tratadas. A ocorrência e o comportamento de fenômenos naturais, de um modo geral, são bem mais previsíveis do que fenômenos que envolvem a participação do homem.

Podemos prever, com certa segurança, quais os efeitos para as áreas costeiras decorrentes de uma elevação do nível do mar. Se a questão fosse existir uma melhoria das condições sócio-econômicas de populações que vivem nas áreas costeiras, isso não determinaria, necessariamente, os tipos de modificação ou interferência, que iriam ser produzidas nos processos geomorfológicos ali atuantes.

A elaboração de diagnósticos e prognósticos constituem tarefas presentes nos trabalhos geomorfológicos envolvendo diversos aspectos, entre eles, a aplicação de procedimentos de natureza prática, a importância do reconhecimento de causas e efeitos, escalas e a identificação de tendências.

4.1. Institucionalização de Procedimentos

Ao decidirmos, academicamente, pelo desenvolvimento de um trabalho, podemos optar por conduzi-lo com objetivos que visem a sua aplicação. Essa iniciativa poderá surgir por estarmos conscientes do valor da contribuição a ser oferecida, na resolução de questões de interesse da sociedade. Reproduzindo experiências que obtiveram êxito ou apresentando facetas inovadoras, somos levados a focalizar, com muita freqüência, situações que representam problemas de grande repercussão, tais como, inundações, desmoronamentos e erosão dos solos. Dessa forma, estaremos oferecendo nossa contribuição "espontânea" que, pelo seu valor, ficará à disposição para ser aplicada e, ao mesmo tempo, estará fazendo avançar o conhecimento geomorfológico. Outra forma seria produzir um trabalho a ser aplicado, para atender diretamente a uma demanda. Nesse caso nossos objetivos seriam conduzidos pelo que de nós estariam precisando.

Nas diversas profissões, dependendo do tipo, do porte e da freqüência da demanda por trabalhos aplicados, há repercussões no estabelecimento de perfis profissionais, que agregam competências para o exercício dessas atividades, e na formação acadêmica, que incorpora novos conteúdos nos currículos escolares buscando maior capacitação.

De um modo geral, essa demanda induzida poderá ser muito diversificada quanto às temáticas. Poderá, também, dependendo da sua necessidade, amplitude e importância para setores públicos e privados, alcançar um porte que justifique o estabelecimento de diretrizes que pré-definem seus objetivos, a presença de conteúdos e os modos de abordá-los, os profissionais envolvidos, assim como as diferentes obrigações a serem atendidas para o planejamento, implantação e gerenciamento de projetos. A criação de Planos Diretores para Municípios e Relatórios de Impactos Ambientais são exemplos de demandas que incorporam elementos dessas perspectivas.

A repetição da prática de uso de um trabalho aplicado, cujos resultados mostram-se adequados e capazes de atender aos objetivos estabelecidos, acaba por criar vínculos efetivos com a profissão e seus profissionais, incorporando e institucionalizando procedimentos que passam a ser convencionalmente utilizados.

Exercício: Existe um plano diretor para o seu município? Procure obtê-lo. Caso não exista, procure o de outro município. Leia-o e verifique onde caberia a participação do geomorfólogo e qual o tipo de trabalho a ser feito. Ao final da leitura terá uma visão das possibilidades de sua participação em trabalhos desse tipo.

4.2. *Identificação de Causas e Efeitos*

Ao observarmos uma paisagem identificamos os seus componentes, muitas vezes com certa facilidade; porém, explicar por que eles existem ou assumem determinados aspectos é uma tarefa mais difícil.

Depois de observarmos o desmoronamento de uma encosta podemos descrevê-lo; entretanto, teremos que ir bem mais adiante na procura das causas desse evento. Nossos conhecimentos teóricos nos ajudam a levantar hipóteses. O próximo passo é usar meios que permitam comprová-las ou abandoná-las. Queremos explicações e vamos encontrá-las, estudando as características daquela encosta e os processos que nela atuam, buscando saber em função de que elementos o evento ocorre e qual o nível de participação e importância de cada um deles.

O estudo de várias ocorrências do mesmo tipo de evento permitirá discriminar os aspectos que são comuns em todos e os que são específicos. Devemos ter em mente, ainda, que esses aspectos, mesmo os comuns, não se apresentam necessariamente com valores iguais, eles são variáveis, assim como o relacionamento entre eles pode ocorrer de modo e importância diferente em cada caso. O crescente domínio desses conhecimentos viabiliza a criação de modelos explicativos, passíveis de serem aplicados para diagnosticar as causas de fenômenos que pretendemos estudar e para estabelecermos previsões quanto a ocorrência deles em outros lugares ou no mesmo local num tempo futuro. Conclui-se, portanto, pela disponibilidade de dois caminhos: trabalhar com efeitos para determinar causa ou trabalhar com causas para determinar efeitos.

Devemos ter alguns cuidados na caracterização do que iremos tomar como causa ou efeito, pois um mesmo tipo de aspecto pode assumir comportamentos e posições diversas, dependendo da situação existente. Vejamos dois exemplos:

- Há encadeamentos entre processos, possibilitando que o efeito de um transforme-se na causa do outro. O desmatamento pode provocar como efeito a erosão dos solos, que por sua vez poderá ser a causa para promover o entulhamento dos canais fluviais pela chegada de sedimentos.

- Um mesmo aspecto pode comportar-se como uma causa que atua em direções diferentes. A presença da vegetação pode ser considerada uma das causas da estabilidade de uma encosta, por promover o controle da distribuição das águas pluviais. A vegetação pode ser considerada causa da instabilidade de uma encosta, por acelerar com suas raízes a desagregação mecânica de rochas que estejam fraturadas. Ao detectarmos causas e efeitos estaremos, ainda, abrindo perspectivas quanto ao reconhecimento da importância deles em diferentes escalas e na definição do tempo de suas existências.

Exercício: No texto lido, questões relativas à determinação de causas e efeitos são abordadas? Para que formas e processos? A partir do conteúdo do texto é possível estabelecer previsões? Como?

4.3. Questões Relacionadas às Escalas

Os trabalhos geomorfológicos são produzidos em diferentes escalas e em cada uma delas encontramos formas e processos que lhes são pertinentes.

Na escala temporal temos situações aferidas a uma curta duração, como as feições praiais passíveis de serem construídas e destruídas em algumas horas e, também, processos como a erosão e deposição em canais efêmeros operando apenas durante os momentos de chuva. Paisagens morfoclimáticas são exemplificadoras de uma dimensão mais ampla, demandando um espaço de tempo de mais longa duração para o estabelecimento de suas existências.

Na escala espacial, a área ocupada por ravinamentos em uma encosta abrange uma dimensão extremamente inferior às centenas de quilômetros que assentam o relevo da Serra do Mar, cuja existência relaciona-se a uma estrutura geológica de grande porte.

Embora seja relativamente fácil identificar formas e processos em grandes e pequenas escalas, não é muito simples lidar com essa questão, principalmente quando pretendemos classificar os fatos geomorfológicos. Além dos problemas referentes à origem das formas, que envolve considerar a atuação de forças internas e externas, é necessário estarmos atentos, pois uma mesma forma existe com dimensões bastante diferentes. O tamanho de uma praia pode ter de algumas dezenas de metros até dezenas de quilômetros de extensão. Também complicado é entendermos que uma forma espacialmente pode ocupar posições hierárquicas diferentes, como, por exempo, é evidente ao compararmos os mangues que ocupam grandes extensões do litoral do Amapá, tendo embocaduras de rios no interior de suas áreas, com os pequenos mangues que ocorrem no interior da área deltáica do rio Paraíba do Sul.

Transitar em diferentes escalas torna-se uma necessidade e um desafio constante. Ao eleger uma dimensão para o nosso trabalho, não podemos deixar de levar em conta as relações com fatos e fenômenos que ocorrem em escalas inferiores e superiores a nossa. Para caracterizar um canal fluvial precisamos detalhar seus componentes, mas não podemos esquecer que ele faz parte de um conjunto maior, existindo diferenças sensíveis caso ele esteja inserido numa baixada costeira ou num vale, no interior do planalto.

Com a crescente aplicação dos conhecimentos geomorfológicos, torna-se mais freqüente o uso de escalas de trabalho que se compatibilizem com as dimensões dos diferentes níveis de interferência antrópica, sobre formas e processos, em detrimento de escalas que priorizem a delimitação do espaço e do tempo, em função da natureza e tamanho das unidades geomorfológicas.

No momento, novas práticas de lidar com escalas têm sido utilizadas. Quando, por exemplo, observamos um local onde existe uma área coberta por floresta, outra já desmatada e uma outra ocupada pela agricultura, podemos entender que estamos diante de três momentos distintos, ou seja, estamos vendo o espaço com o sentido de tempo. Temos, no mesmo instante, referenciais para reconstruir o passado e projetar o futuro, respectivamente, para caracterizar como era antes a área agrícola e como poderá ser no futuro a área florestada. Trabalhos experimentais em campo e laboratório, acompanhando, criando ou acelerando a atuação de processos viabilizam ações de manuseio e controle de escalas. Perspectivas bem amplas, nesse sentido, também decorrem da grande valorização dos trabalhos com modelagem matemática, estimulados pelos crescentes recursos da área de computação.

Exercício: Criar uma área experimental envolve muitas vezes um trabalho complexo.

Certamente você já deve ter visto, ou ainda poderá ver, na beira de uma estrada de terra, ou em outra área qualquer, microformas derivadas do escoamento de águas das chuvas. Numa primeira oportunidade procure olhar para elas: identifique as formas, o tipo de material, observe a área em torno e procure inferir como os processos atuaram. Se, por acaso, estiver chovendo você poderá ver os processos atuando, observar situações de maior e menor nível de energia, interferir criando controles e até fazer previsões.

Na realidade você terá feito um treinamento sobre algo que poderia ser a miniatura de uma grande área (modelo de escala), exercitou conhecimentos teóricos e práticos, e adquiriu pragmaticamente idéias para criar experimentos.

4.4. Tendências

Como já foi visto, fazer previsões é uma tarefa importante. Nos trabalhos aplicados os resultados obtidos permitem avaliações que podem gerar um aprimoramento constante na busca de melhores desempenhos.

Para concretizar a elaboração de previsões é indispensável assimilar a idéia de que temos uma dinâmica a ser detectada e dela irão derivar resultados. Na verdade, queremos saber de onde partiu essa dinâmica, qual o seu comportamento e para onde ela está caminhando. Em resumo, temos que conhecer as tendências do processo, os fatores que o controlam e, até mesmo, avaliar as possibilidades de interferências externas.

Quando o objetivo da previsão está relacionado ao planejamento, é recomendável a formulação de várias projeções prévias, apresentação de múltiplos cenários, buscando criar condições para visualizar opções na análise em decisão do melhor caminho a ser adotado.

Na medida em que se faz mais presente a atuação do homem, aumentam os interesses de controlar processos. Com isso, passamos a ser chamados não só para fazer previsões, como também, para identificar o funcionamento de processos, ou para indicar novos tipos de controle que deverão ser introduzidos, tendo por objetivo mudar o curso das tendências. Por exemplo, a recuperação de áreas degradadas pela erosão implicaria em introduzir elementos novos no ambiente, sabendo de antemão o papel e a importância de cada um deles para a reversão do quadro existente.

Como saber se as tendências previstas estão ocorrendo? Verificando constantemente os resultados. Para isso, o desenvolvimento ou uso de método e técnicas para monitorar o ambiente devem ser utilizados. As diferenças entre os resultados estimados ou esperados, em relação aos resultados constatados ou medidos, poderão confirmar a qualidade das previsões ou, por um valor maior de erro, determinar a necessidade de intervenções para corrigir as distorções detectadas.

Exercício: Todos os processos geomorfológicos podem ser controlados?

Tome um processo como exemplo. Procure pensar num tipo de controle e nos limites de sua eficiência. Com este procedimento encontrará os elementos necessários para obter a resposta.

5. Considerações sobre a Abordagem Adotada

A opção de abordar o conjunto de tópicos inseridos nesse capítulo partiu do pressuposto de que a Geomorfologia, vista no âmbito das ciências, também compartilha de uma grande gama de conhecimentos gerais a serem utilizados e aprofundados, visando auxiliar o aprimoramento de suas práticas específicas.

Questões como as relacionadas ao "aprendizado" reúnem conteúdos amplos, que são objetos de trabalho de áreas vinculadas à Educação, sendo importantes, em particular, para a formação específica de professores. Cada uma das demais questões tem consigo conteúdos próprios, que foram apenas introduzidos com o intuito de estimular novos estudos a partir do reconhecimento de seus valores.

O texto partiu também do pressuposto de que o leitor já tem algum conhecimento de Geomorfologia, sendo recomendável o exercício de reler o conteúdo teórico sobre a Ciência Geomorfológica e estabelecer cotejos com as questões aqui apresentadas.

Existe o entendimento que os exercícios formulados não têm apenas um fim em si mesmo. Buscam criar uma postura que os mantenha presentes na mente e na rotina das atividades de cada um, servindo para um contínuo e constante aprimoramento. Como última recomendação, reafirmar a necessidade do exercício como meio efetivo da consolidação de conhecimentos e de capacitação para atuar no campo da Geomorfologia.

A bibliografia, adiante indicada, representa uma seleção de trabalhos de caráter mais abrangente, cuja leitura permitirá ampliar a compreensão dos objetivos e propósitos da Geomorfologia.

6. Bibliografia

ABLER, R.; ADAMS, J.S.; GOULD, P. *Spacial Organization: The Geographer's View of the World.* Englewood Cliffs, Nova Jersey, Prentice Hall, 1971, 587 p.

ARGENTO, M.S.F. & MARQUES, J.S. *Aplicação de Sistemas de Informações em Projetos de Gerenciamento Ambiental.* Geociências, Rio Claro, v. 7: 21-42, 1988.

CHORLEY, R.J. & KENNEDY, B.A. *Physical Geography: A Systems Approach.* Prentice Hall, Londres, 1971, 370 p.

CHORLEY, R.J. & HAGGET, P. *Modelos Físicos e de Informação em Geografia.* Rio de Janeiro, Livros Técnicos e Científicos, 1975, 260 p.

CHRISTOFOLETTI, A. Geomorfologia: Definição e Classificação. *Boletim de Geografia Teorética*. Rio Claro, 3(5): 39-45, 1973.

CHRISTOFOLETTI, A. *Geomorfologia*. São Paulo, Edgard Blucher, 1974, 154 p.

COOLEY, W.W. & LOHENS, P. *Multivariate Data Analysis*. John Wiley & Sons, Nova York, 1971, 364 p.

COOKE, R.V. & DORNKAMP. *Geomorphology in Environmental Manegement — A New Introduction*. Claredon Press Oxford, 1990, 413 p.

DREW, D. *Processos Interativos Homem-Meio Ambiente*. DIFEL, São Paulo, 1986, 206 p.

GREGORY, K.J. *A Natureza da Geografia Física*. Rio de Janeiro, Bertrand Brasil, 1992, 367 p.

GUERRA, A.J.T. & CUNHA, S.B. *Geomorfologia: Uma Atualização de Bases e Conceitos*. Rio de Janeiro, Bertrand Brasil, 2ª ed., 1995, 472 p.

HART, M.G. *Geomorphology Pure and Applied*. George Allen & Unwin, 1986, 228 p.

HOOKE, J.M. *Geomorphology in Environmental Planning*. John Wiley and Sons, 1988, 274 p.

HUGGET, R. *Catastrophism: Systems of Earth History*. Londres, Edward Arnold, 1990, 246 p.

LAKATOS, E.M. & MARCONI, M. de A. *Fundamentos de Metodologia Científica*. São Paulo, Atlas, 3.ª ed., 1993, 270 p.

MARQUES, J.S. Questões relativas aos Impactos Ambientais. *III Simpósio de Geografia Física Aplicada*, Nova Friburgo, RJ, *Anais*, v. 2/3: 101-108, 1989.

MARQUES, J.S. Os Laboratórios: Disponibilidades e Carências, Uso e Ociosidade. *Anuário do Instituto de Geociências — UFRJ*, Rio de Janeiro: 25-37, 1990.

MARQUES, J.S. Aspectos da Geomorfologia que Repercutem na sua Contribuição ao Planejamento Ambiental. *Anais do I Workshop de Geociências — UFRJ*, Rio de Janeiro: 161-172, 1992.

MARQUES, J.S. Ciência Geomorfológica. In: *Geormorfologia: Uma Atualização de Bases e Conceitos*. (Orgs.) Guerra, A.J.T. e Cunha, S.B., Editora Bertrand Brasil: 23-50, 2ª edição, 1995.

MARQUES, J.S.; ARGENTO, M.S.F. & MUEHE, D. *Brazil in the Evolution of Geomorphology — A Nation by Nation Summary of Development*. Londres, John Wiley & Sons, 1993.

MARQUES, J.S.; RAMALHO, R. & CUNHA, S.B. *A Geomorfologia: Um Quadro Atual do Ensino e da Pesquisa*. Belém, CTG — Sociedade Brasileira de Geologia, 1988, 49 p.

MELHORM, W.N. & FLEMAI, R.C. *Theories of Landform Development*. Londres, George Allen & Unwin, 1975, 306 p.

ORELLANA, M.M.P. A Geomorfologia no Planejamento do Meio Ambiente. *Not. Geomorf.*, Campinas, 16(31): 3-15, 1976.

PENTEADO, M.M. *Fundamentos de Geomorfologia*. Rio de Janeiro, Fundação IBGE, 1974, 186 p.

PITTY, A.F. *The Nature of Geomorphology*. Methuem, Londres, 1982, 161 p.

ROSS, J.L.S. *Geomorfologia: Ambientes e Planejamento*. São Paulo, Contexto, 1990, 84 p.

SCHUMM, S.A. & LIGHTY, R.W. Tempo, Espaço e Causalidade em Geomorfologia. *Not. Geomorf.*, Campinas, 13(25): 43-62, 1973.

SCHUMM, S.A.; MOSLEY, M.P. & WEAVER, W.E. *Experimental Fluvial Geomorphology*. Londres, John Wiley & Sons, 1987, 413 p.

SELBY, M.J. *Earth's Changing Surface. An Introduction to Geomorphology*. Oxford University Press, 1985, 606 p.

SWEDECOR, G.W. & COCHRAN, W.E. *Statistical Methods*. Iowa State University Press, 6ª ed. 1967, 585 p.

TINKLER, K.J. *A Short History of Geomorphology*. Londres, Croom Helm, 1985, 317 p.

THORN, C.E. *Space and Time in Geomorphology*. Londres, George Allen & Unwin, 1982, 379 p.

TROLL, C. Teor, Problemas e Métodos de Pesquisa Geomorfológica. *Boletim Geográfico*, Rio de Janeiro, Fundação IBGE, 32(234): 101-164, 1973.

WALKER, H.J. & ORNE, A. *International Geomorphology in the 1980's: Z. für Geomorph.*, 39(4): 503-511, 1986.

CAPÍTULO 2

PROCESSOS ENDOGENÉTICOS NA FORMAÇÃO DO RELEVO

Nelson F. Fernandes
Julio Cesar H. de Almeida

1. *Introdução*

A forma atual do relevo terrestre é resultado da interação entre processos geológicos internos (magmatismo, terremotos, orogênese, etc.) e externos (intemperismo, erosão, transporte e sedimentação). Essa interação atua em cada ponto da superfície da Terra de uma maneira única, em função das características locais, mas pode ser avaliada desde que se conheçam os fatores controladores. Um desses fatores é a composição química e/ou mineralógica do substrato geológico que, juntamente com a estruturação (geometria dos corpos rochosos e estruturas) constituem a "matéria-prima" para a modelagem da paisagem. Neste capítulo serão apresentados exercícios, práticos e teóricos, abordando o papel desempenhado pelos processos endogenéticos no condicionamento das formas do relevo.

Os exercícios de cunho prático podem ser divididos em 3 módulos. No primeiro, eles visam apresentar ao leitor os critérios de descrição e classificação das rochas e estruturas, no campo. Ainda neste módulo são propostos exercícios para familiarizá-lo com o uso da bússola e de redes estereográficas na medição e representação dos elementos planares e lineares, observados nos afloramentos. No segundo módulo, os exercícios se concentram na investigação da estrutura interna da Terra e do movimento das Placas Tectônicas. No terceiro, são apresentados exercícios abordando os efeitos da atividade ígnea e dos processos de falhamento e dobramento na esculturação do relevo. Além disso, o leitor encontrará exercícios de datação relativa visando descrever a ordem dos eventos geológicos ocorridos numa certa região.

As questões de auto-avaliação visam estimular o aprofundamento, através da pesquisa na literatura geológica e geomorfológica, de temas tais como a relação entre a Tectônica de Placas, os tipos de esforços gerados, as características dos processos vulcânicos e a ocorrência de terremotos numa certa região. Além disso, são apresentados exercícios sobre a geração de escarpas de falha e o reconhecimento, na paisagem, de áreas submetidas a falhamentos.

2. *Exercícios, Técnicas e Aplicações*

2.1. *Classificação de Rochas*

Uma importante etapa do estudo geológico e geomorfológico é a caracterização dos tipos de rochas ou litotipos. A descrição de cada um destes deve ser feita da maneira mais detalhada possível, explicitando sua composição mineralógica, cor de alteração, granulometria, texturas e estruturas, bem como as relações de contato entre eles. Ainda no afloramento deve ser feita a classificação de campo dos litotipos observados.

As rochas devem ser divididas em magmáticas ou ígneas, sedimentares e metamórficas:

a) *rochas ígneas* são originadas da cristalização de material fundido (magma) no interior da crosta terrestre (plutônicas) ou na superfície (vulcânicas). Podem ser agrupadas, de acordo com o teor de sílica, em ácidas (mais que 66% SiO_2), intermediárias (66 a 52% de SiO_2), básicas (52 a 45% de SiO_2) e ultrabásicas (menos que 45% de SiO_2);

b) *rochas sedimentares* são resultantes da litificação de materiais inconsolidados, depositados na superfície terrestre, sob meio subaquoso ou subaéreo. Devem ser classificadas de acordo com o tamanho e composição dos fragmentos constituintes (Suguio, 1980). No primeiro caso, temos os pelitos (fragmentos menores que 1/16mm), arenitos (de 1/16 a 2mm) e ruditos (maiores que 2mm), e no segundo caso chama-se de rochas terrígenas (clásticas ou detríticas), químicas (formada por componentes químicos) e biogênicas (formadas por componentes orgânicos ou gerados por organismos);

c) *rochas metamórficas* são o produto do metamorfismo o qual é um processo endogenético que promove o reequilíbrio mineralógico devido a mudanças nas condições de pressão e temperatura. Qualquer rocha ígnea, sedimentar ou metamórfica pode ser metamorfizada se essas condições se tornarem distintas daquelas da época de sua geração. Se a rocha chegar a ocupar regiões profundas, na crosta terrestre, onde a temperatura ultrapassa os 600-650°C, é dita de grau forte ou de alto grau; enquanto que a rocha que atingir porções menos profundas na crosta, ou temperaturas menores que 500°C é dita de grau fraco ou de baixo grau. Aquela que foi aquecida até temperaturas entre 500° e 600°C é chamada de rocha metamórfica de grau médio (Winkler, 1977).

Mostramos de maneira sintética, a seguir, como as rochas podem ser classificadas no campo.

Rochas Ígneas

As características mais importantes para a classificação de campo das rochas ígneas são: porcentagem em volume dos minerais constituintes e tamanho dos grãos; cor e textura complementam esta classificação. Quando a rocha é fina, a ponto de os minerais não poderem ser reconhecidos a olho nu, devem-se descrever, detalhadamente, as características citadas e levá-la para estudos microscópicos; se a rocha tem granulometria média a grossa, deve-se fazer uma estimativa visual da porcentagem mineral e classificá-la de acordo com a Figura 2.1 e, também, segundo o índice de cor, de acordo com a Figura 2.2.

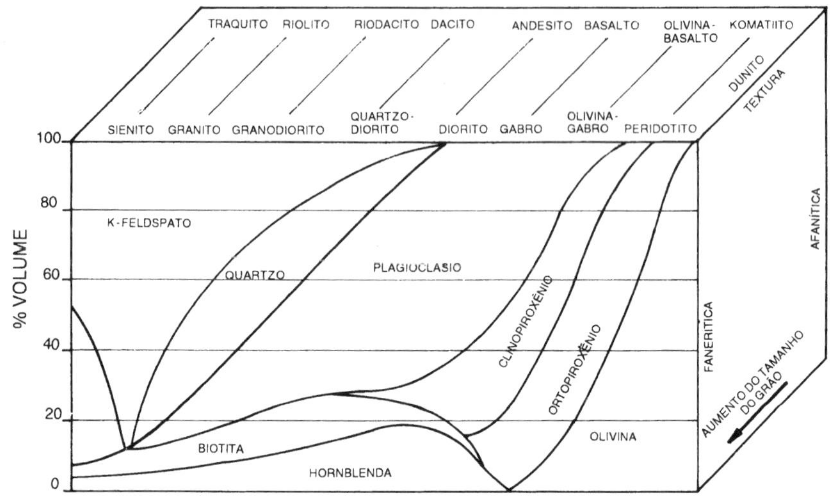

Figura 2.1 – *Classificação das rochas ígneas de acordo com a porcentagem em volume dos minerais e textura (modificado de Thorpe & Brown, 1985).*

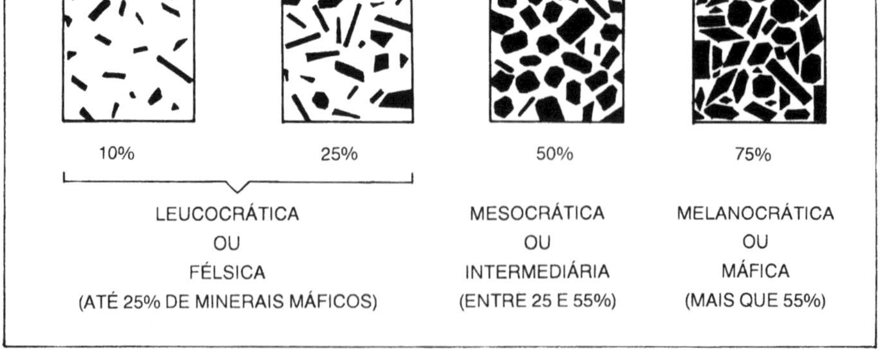

Figura 2.2 – *Classificação segundo o índice de cor (% de minerais máficos) das rochas ígneas.*

Rochas Sedimentares

As rochas sedimentares são constituídas basicamente de clastos (fragmentos visíveis a olho nu) e matriz (material fino). O tamanho dos grãos (ou clastos), a variação do tamanho do grão (seleção) e a composição dos grãos e/ou da matriz constituem as mais importantes feições para a classificação dessas rochas. No entanto, a geometria dos corpos e a presença e tipo de estruturas sedimentares têm-se tornado características fundamentais para a descrição e o entendimento da evolução das bacias sedimentares. A descrição desse tipo de rocha deve, então, conter as dimensões das camadas, natureza dos contatos, tipo e tamanho das estruturas sedimentares, e a classificação segundo o tamanho dos maiores clastos que compõem a rocha e sua composição global (Figura 2.3).

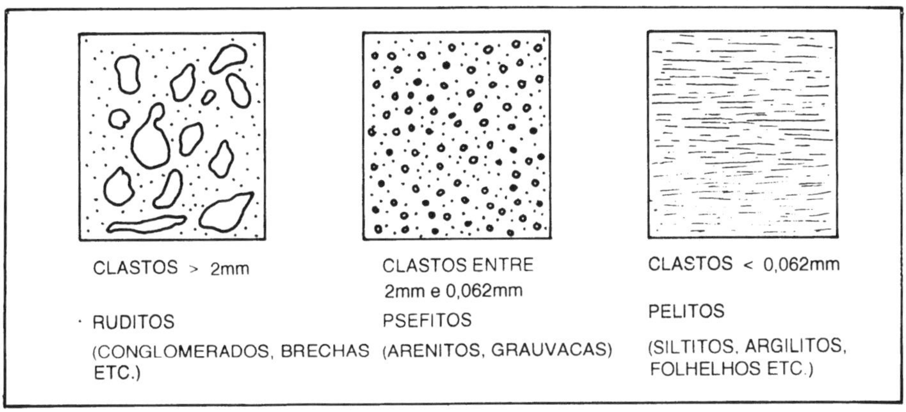

Figura 2.3 – *Classificação das rochas sedimentares de acordo com a granulometria.*

Rochas Metamórficas

As rochas metamórficas podem ser classificadas de acordo com a mineralogia, a natureza e composição do protólito (rocha mãe) e a trama (*fabric*). É comum o uso dos minerais metamórficos atrelados ao nome da rocha que os contém, por exemplo, biotita gnaisse, silimanita granada xisto etc. Os minerais do protólito se tornam quimicamente instáveis com a variação das condições de pressão/temperatura e reagem entre si, dando origem a novos minerais em equilíbrio, que definem a chamada fácies metamórfica (Figura 2.4). Um determinado litotipo pode passar por mais de um evento metamórfico.

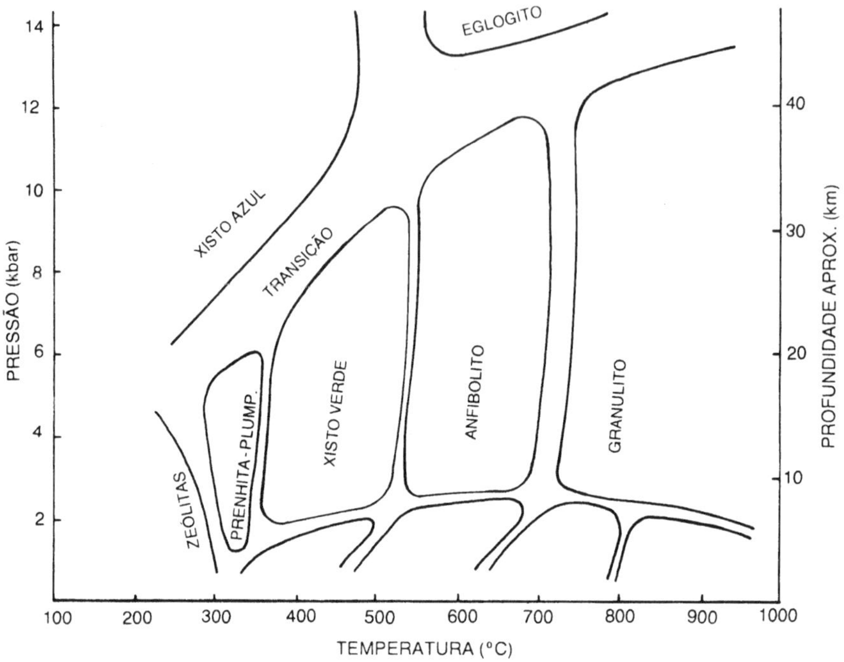

Figura 2.4 – *Diagrama Pressão-Temperatura mostrando as fácies metamórficas (modificado de Yardley, 1989).*

As rochas metamórficas apresentam comumente uma orientação preferencial dos minerais planares e/ou achatados como micas e feldspatos (esta trama planar é chamada foliação). A foliação e o bandamento composicional ou granulométrico tendem a ficar mais "grossos" com o aumento do grau metamórfico. A Figura 2.5 mostra a classificação de algumas rochas metamórficas segundo a trama.

De acordo com os protólitos, podem-se separar as rochas metamórficas em dois grandes grupos: aquelas que se originam das rochas ígneas (ortoderivadas ou metaígneas), e aquelas que se origi-

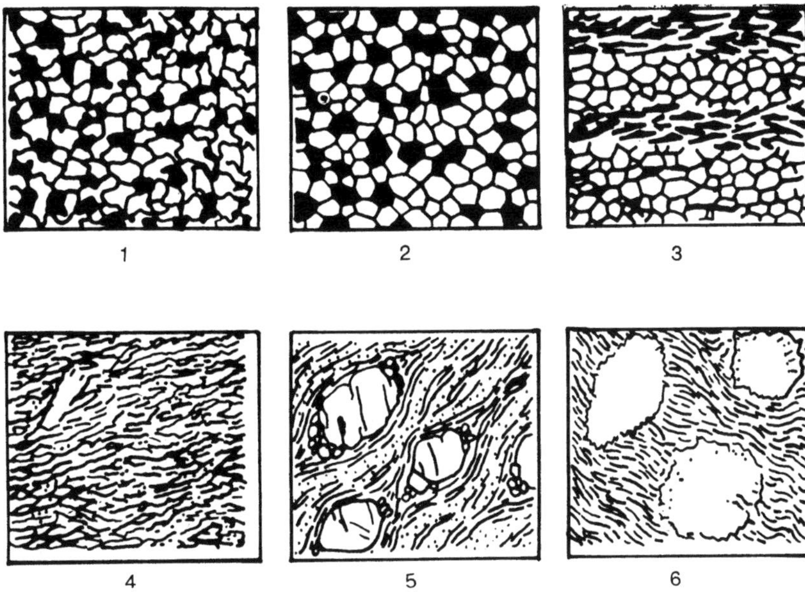

Figura 2.5 – *Classificação das rochas metamórficas segundo a trama: 1 – granoblástica; 2 – granoblástica poligonal; 3 – bandada; 4 – foliada; 5 – milonítica; 6 – porfiroblástica (modificado de Bard, 1985).*

nam das rochas sedimentares (paraderivadas ou metassedimentares). É comum, então, se utilizar de termos genéticos como ortognaisses, paragnaisses, ortoanfibolitos, paranfibolitos, metabásicas, metarenitos etc.

Classificações de Rochas Especiais

As rochas, quando achatadas, estiradas ou cisalhadas, adquirem trama orientada, como no caso das foliações já citadas. A trama linear desenvolvida sobre a foliação é chamada de lineação, feição que pode indicar as direções de estiramento. Quando as rochas passam por uma deformação cisalhante (deslizamento entre camadas ou blocos rochosos adjacentes) é comum apresentarem trama assimétrica que pode dar indicações da direção e sentido do movimento relativo entre os blocos rochosos. As rochas geradas por falhamento ou em zonas de cisalhamento podem ser classificadas de acordo com a Tabela 2.1.

TABELA 2.1 — **Classificação de rochas de falhas a partir de Spry (1969) e Sibson (1977).**

NATUREZA DA MATRIZ	% DE MATRIZ			
	0-10	10-50	50-90	90-100
FRATURADA	Brecha Tectônica	Protocataclasito	Cataclasito	Ultracataclasito
FOLIADA	Brecha	Protomilonito	Milonito	Ultramilonito
RECRISTALIZADA	Blastomilonito			
VÍTREA	Pseudotaquilito			

Questão 1:

Num determinado afloramento foram identificados três tipos de rochas. Pede-se classificar, da maneira mais completa possível, os três litotipos, a partir dos dados fornecidos.

Litotipo 1: rocha cinzenta com bandamento milimétrico, com bandas cinza escuro compostas de quartzo (35%), biotita (30%), feldspato (25 %) e silimanita (5%), intercaladas com outras claras de cor creme, composta de quartzo (40%), feldspato (40%) e biotita (10%), com cristais grandes (até 1cm) de granada. Esta rocha apresenta foliação e lineação definidas pelos cristais de biotita e silimanita, e dobras fechadas amplamente distribuídas pelo afloramento.

Litotipo 2: rocha rosada com grandes cristais de feldspato (45%), quartzo (35%) e biotita (20%), com textura porfiroblástica, cortando discordantemente o litotipo 1 em veios de forma e espessuras variadas.

Litotipo 3: rocha de granulometria fina, cinza escuro a preta, maciça, ocorrendo como corpo tabular de 1m de espessura, discordante do bandamento apresentado no litotipo 1, e cortando os contatos entre os litotipos 1 e 2.

Questão 2:

Escolha um afloramento representativo de uma região onde ocorram rochas pouco alteradas intempericamente, e classifique os litotipos presentes, de acordo com o enunciado acima. De preferência, escolha uma região na qual haja algum trabalho na literatura geológica, e compare os resultados.

2.2. *Descrição de Afloramentos*

A base do trabalho geológico/geomorfológico é o dado coletado, direta ou indiretamente, em campo, a pé ou a bordo de aviões, navios ou, ainda, por meio de satélites. Os dados obtidos diretamente da observação dos afloramentos são aqueles que permitem chegar às conclusões mais claras e precisas sobre as rochas e os processos geológicos. Tais dados são valiosos; portanto, devem ser coletados e tratados de maneira adequada, cuidadosamente registrados na caderneta de campo (Figura 2.6) e nos mapas base e fotografias aéreas disponíveis. Para isso, o especialista deve ter conhecimentos básicos e específicos sobre o que espera encontrar no campo e carregar equipamentos adequados para a realização deste trabalho. Como cada área tem suas peculiaridades, fica difícil listar o que cada um precisaria levar em cada caso. No entanto, existe material básico a ser utilizado para coletar as informações necessárias ao trabalho de campo geológico/geomorfológico. As listagens a seguir contêm o material mínimo que se deve levar a campo, e as informações que devem ser coletadas em cada afloramento, embora somente a experiência nos faça perceber, no momento da observação, quais informações são mais importantes. Sugere-se que o cientista anote o máximo possível de informações e as complemente com desenhos, esquemas, fotografias, medidas físicas e que colete um bom número de amostras representativas de cada litotipo observado.

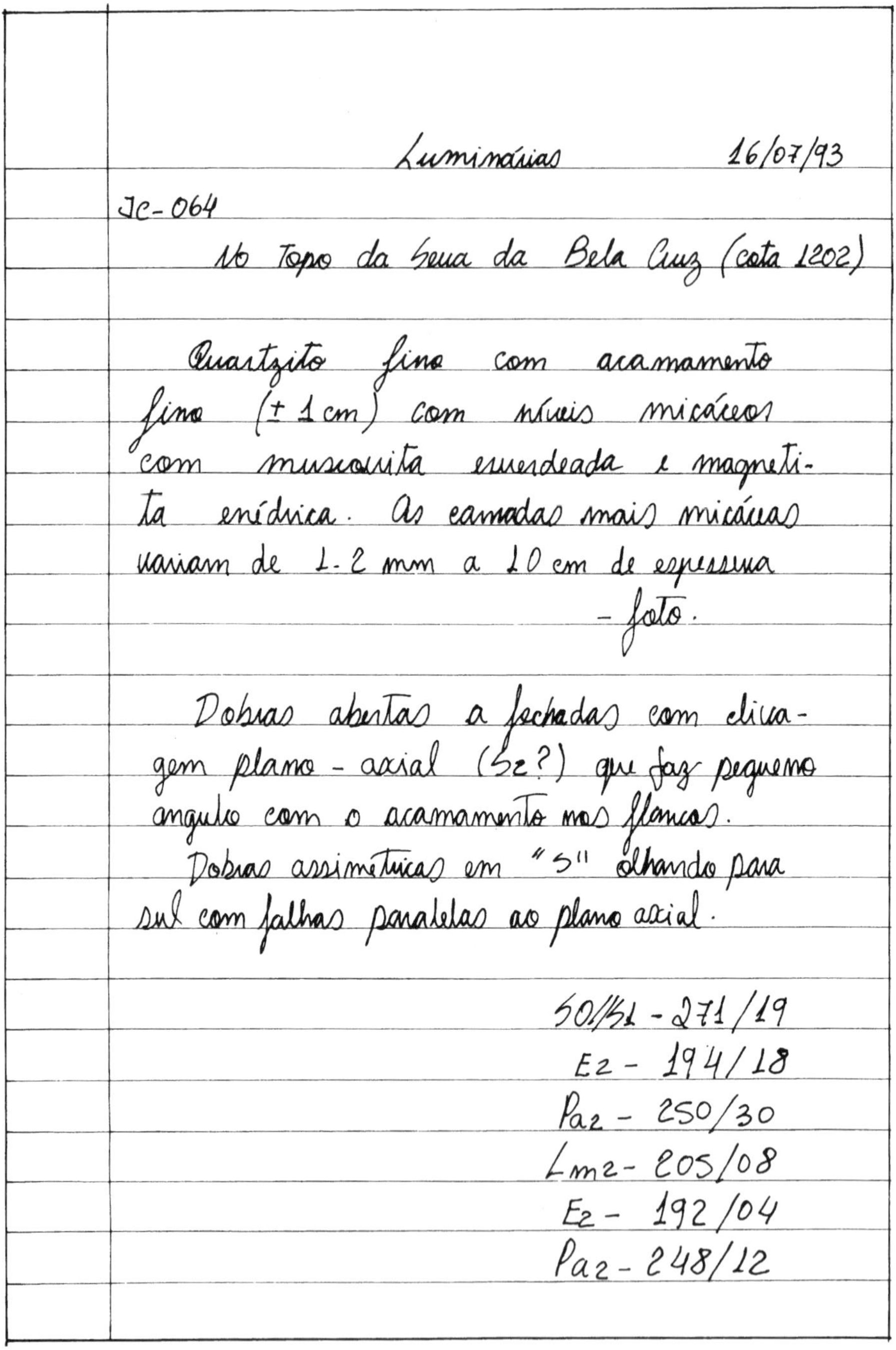

Luminárias 16/07/93

JC-064

No Topo da Serra da Bela Cruz (cota 1202)

Quartzito fino com acamamento fino (± 1 cm) com níveis micáceos com muscovita esverdeada e magnetita euédrica. As camadas mais micáceas variam de 1-2 mm a 10 cm de espessura

- foto.

Dobras abertas a fechadas com clivagem plano-axial (S2?) que faz pequeno angulo com o acamamento nos flancos.

Dobras assimétricas em "S" olhando para sul com falhas paralelas ao plano axial.

S0//S1 - 271/19
E2 - 194/18
Pa2 - 250/30
Lm2 - 205/08
E2 - 192/04
Pa2 - 248/12

Figura 2.6 – *Exemplo de descrição de um ponto na caderneta de campo.*

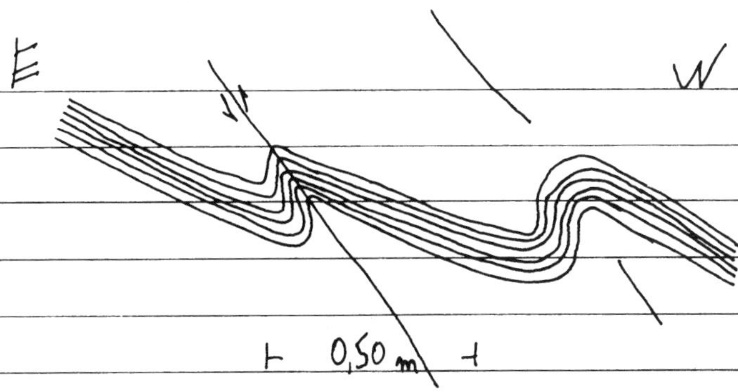

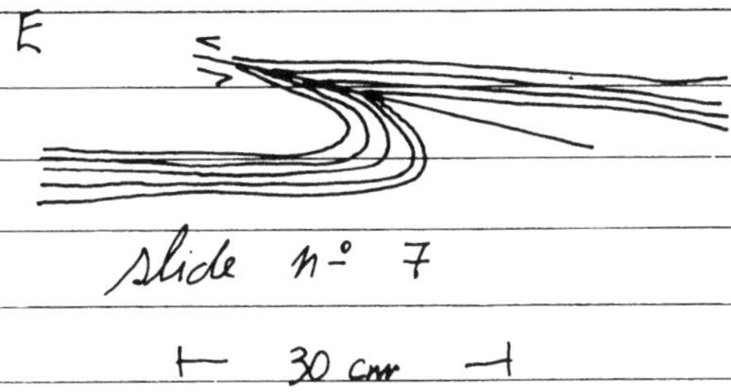

Andando para sul uns 100 m, ainda na crista da serra.

- Mesma rocha agora com dobras simétricas (zona de charneira D_2).

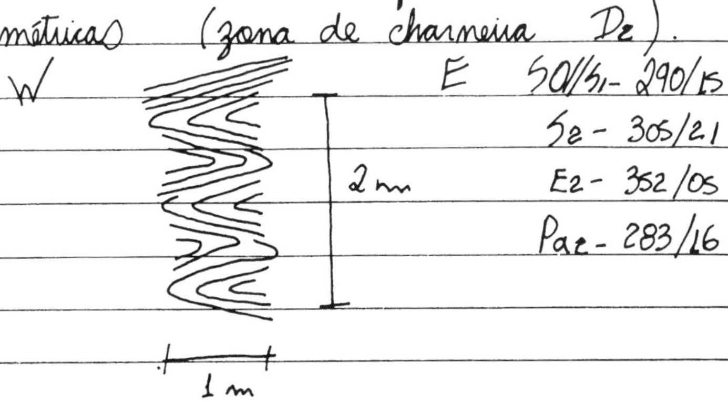

Lista de equipamentos:
caderneta, lápis, bússola, martelo ou marreta, talhadeira, fotografia aérea e/ou carta topográfica, lupa, mochila ou bolsa para amostras, material para catalogar amostras (fita crepe, sacos plásticos, marcadores indeléveis), lápis de cor, canivete, imã e máquina fotográfica.

Anotações desejadas:
data, número e localização do ponto, aspectos do afloramento (tipo, tamanho, grau de alteração, acesso), descrição detalhada das rochas constituintes (cor, textura, mineralogia, granulometria, estrutura, associações), classificação das rochas, descrição dos contatos e da geometria dos corpos rochosos, descrição detalhada das estruturas, medidas estruturais, desenhos das estruturas e das relações de contato e relação das amostras coletadas.

Questão 1:

Escolha um bom afloramento com uma razoável complexidade e descreva-o detalhadamente. Compare com a descrição do exemplo acima. Este exercício pode ser feito em conjunto com o Exercício 2.1.

Dicas:

a) nunca se esqueça de fazer uma localização precisa na foto aérea e/ou no mapa, nem de descrever a localização do ponto, na caderneta de campo;

b) antes de começar a descrever as rochas, faça uma análise global do afloramento, identifique os litotipos presentes, as relações de contatos e a estruturação geral das rochas;

c) use o seu martelo para obter uma superfície recém-partida, pois assim você evita as partes mais intemperizadas;

d) faça um desenho esquemático mostrando o afloramento como um todo, e indique nele os locais onde você fará outros desenhos mais detalhados, obterá medidas ou coletará amostras.

2.3. *Medidas de Elementos Planares*

A medição de estruturas, em campo, é essencial no trabalho geológico/geomorfológico, pois os dados obtidos podem ser utilizados em diagramas que mostram, de maneira sintética, as tendências de orientações de diversos elementos, além de permitir o tratamento estatístico e as comparações visuais entre eles. A aquisição de dados factuais envolve perícia do medidor, não só no uso da bússola, mas, também, na escolha do plano representativo a ser medido.

Para se obter a orientação espacial de uma determinada superfície no campo, é necessário anotar dois valores: a direção (*strike*) e o sentido e ângulo de mergulho (*dip*). A direção é o ângulo entre uma linha horizontal contida na superfície medida e o norte geográfico, e o mergulho é o ângulo de inclinação desta superfície. Existem várias maneiras de se anotar essas medidas, e as formas mais usadas são:

a) por quadrante – **N43°E/65°SW** – a primeira letra é N (norte) ou S (sul), seguida do ângulo entre o norte ou sul e a direção da superfície, depois a letra é E (leste) ou W (oeste), indicando o quadrante (NE ou NW), após a barra segue-se o mergulho e o quadrante para o qual a superfície está inclinada.

b) direção do mergulho (*dip direction*) – **133°/65°** – antes da barra escreve-se o ângulo entre a projeção da linha de maior mergulho da superfície no plano horizontal e o norte geográfico (azimute), e depois da barra escreve-se o ângulo de mergulho.

Pode-se optar por qualquer tipo de notação, desde que se deixe claro qual se está utilizando. A diferença fundamental está no tipo de bússola a ser usada. Aquelas tipo Brunton ou Silva são construídas para facilitar a notação por quadrante, enquanto que as do tipo Clar são construídas para facilitar a notação *dip direction*.

A primeira providência é a declinação da bússola, o que consiste em compensar, no limbo da bússola, o ângulo de declinação do local onde se realiza o trabalho. Este é o ângulo, medido no plano horizontal, entre o norte verdadeiro e o norte magnético. Para saber o valor deste ângulo, consulte uma carta topográfica do local e não se esqueça de somar o ângulo de variação anual ao ângulo dado na carta.

Os dados obtidos no campo serão posteriormente plotados nos mapas geológico e estrutural e em diagramas diversos (ver Exercício 2.5). Para representar as medidas em mapa, usam-se símbolos convencionais (Figuras 2.7 e 2.8).

Dicas:

a) algumas rochas têm superfícies mais planas, enquanto outras apresentam superfícies mais irregulares; algumas se partem facilmente ao longo dessas superfícies, enquanto outras se partem de forma irregular, ou ao longo de fraturas. Se a superfície a ser medida for regular deve-se escolher a porção mais fácil de posicionar a bússola; se for irregular, deve-se optar em fazer tantas medidas quantas considerar suficiente para serem representativas do conjunto. Procure sempre observar a superfície em, pelo menos, dois cortes perpendiculares entre si, e use a própria caderneta para "prolongar" a superfície, posicionando a bússola sobre ela;

b) procure sempre estimar os resultados antes de medir, pois assim se detectam possíveis erros no processo de medição. Para isso, tenha sempre em mente a posição do norte, consultando a bússola regularmente;

c) se houver dobras faça a medição dos dois flancos e da zona de charneira, além do eixo e do plano axial, e sempre que possível faça uma medida da superfície envoltória. Se houver falhas, meça o plano de falha e as estrias;

d) é comum medir os elementos mais visíveis do afloramento; no entanto, procure observar com atenção os diversos elementos presentes, mesmo que não sejam tão visíveis, e faça o maior número de medidas.

	Acamamento, contatos; com indicação do mergulho
	Acamamento, contatos; vertical
	Acamamento, contatos; horizontal
	Foliação, clivagem, xistosidade, gnaissosidade; com indicação do mergulho
	Foliação, clivagem, xistosidade, gnaissosidade; vertical
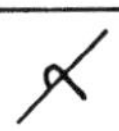	Acamamento invertido
	Símbolos alternativos para outras superfícies (ex.: juntas, falhas, superfícies axiais etc.)
	Idem
	Idem
	Contato; inferido quando tracejado
	Falha normal; traços no bloco abatido
	Falha de empurrão; farpas no bloco cavalgante
	Falha transcorrente com indicação de movimentação dextral
	Traço de plano axial de antiformal horizontal
	Traço do plano axial de sinformal horizontal
	Traço do plano axial de antiformal revirado
	Traço do plano axial de sinformal revirado
	Traço do plano axial de antiformal com indicação do caimento do eixo

Figura 2.7 – *Exemplo de simbologia utilizada para representar elementos planares.*

	Lineação com indicação do caimento
	Lineação horizontal
	Eixo de dobra com indicação do caimento
	Eixo de dobra horizontal
	Lineação de interseção
	Lineação mineral
	Lineação ou eixo vertical
	Lineação de estiramento

Figura 2.8 – *Exemplo de simbologia utilizada para representar elementos lineares.*

Questão 1:

No mapa da Figura 2.9, plote as medidas dadas abaixo nos pontos correspondentes e faça uma interpretação do comportamento da superfície medida.

1	154/44	2	152/45	3	156/43	4	155/47	5	156/44
6	164/40	7	180/32	8	160/39	9	157/41	10	154/46
11	176/33	12	174/32	13	191/26	14	235/30	15	254/36
16	266/34	17	248/33	18	161/30	19	268/41	20	270/50

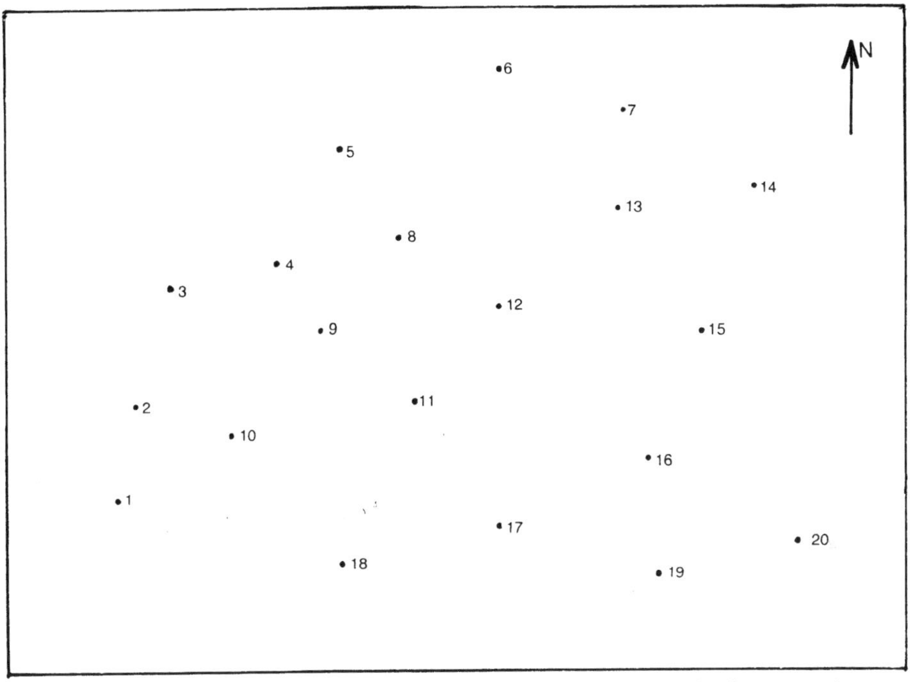

Figura 2.9 – *Mapa de pontos para utilizar no Exercício 2.3, Questão 1.*

Questão 2:

Escolha um afloramento, faça várias medidas de elementos planares e plote na carta topográfica local. Esta tarefa pode ser realizada juntamente com os Exercícios 2.1, 2.2 e 2.4.

2.4. *Medidas de Elementos Lineares*

Os elementos lineares têm sido pouco considerados quanto a sua influência no desenvolvimento do relevo. Assim como os elementos planares, as lineações e eixos de dobras são feições que controlam a permeabilidade das rochas, e por isso têm importância na erosão diferencial. As interseções entre superfícies, por exemplo, são linhas de maior permeabilidade num corpo rochoso e podem controlar o fluxo subsuperficial (fluxo em dutos – Coelho Netto, 1995). Tais elementos podem ser medidos diretamente no campo ou calculados através de estereogramas (Exercício 2.5). Neste exercício treinaremos fazer medições de elementos lineares em afloramentos.

Antes de medir devem-se descrever detalhadamente as estruturas e distinguir entre lineações do *fabric* da rocha (lineação de estiramento de grãos ou objetos, lineação mineral e outras) e lineações de interseção entre superfícies da rocha (lineação de interseção). O método é o mesmo para medições em outros elementos lineares, como, por exemplo, eixos de dobras, de *boudins*, de crenulações etc.

Para se medir uma linha contida na rocha deve-se fazer coincidir a borda lateral da tampa da bússola com a linha material ou imaginária da rocha. Da mesma forma que os elementos planares, dois valores angulares devem ser anotados: a direção da linha, medida com relação ao norte geográfico (direção ou *trend*) e o ângulo de caimento, com relação ao plano horizontal (*plunge*), da linha. Como exemplo de notação temos 270°/25°, o que representa uma linha inclinada de 25° para oeste.

Dica:

Se não for possível posicionar a lateral da tampa da bússola diretamente sobre a lineação, ou se estiver usando uma bússola tipo Brunton, faça uma projeção imaginária no plano horizontal, meça essa direção e, então, use o clinômetro para medir o caimento.

Questão 1:

Encontre um plano inclinado e desenhe sobre ele linhas retas em várias direções, meça-as anotando as medidas na forma sugerida acima.

Questão 2:

Plote, na Figura 2.9, as vinte medidas relacionadas abaixo:

1	210/26	2	215/28	3	223/17	4	212/20	5	214/23
6	215/25	7	216/29	8	220/29	9	217/22	10	211/30
11	215/28	12	218/28	13	220/23	14	222/29	15	210/24
16	214/25	17	220/27	18	213/24	19	224/30	20	213/34

2.5. *Estereogramas e Diagramas de Roseta*

Os estereogramas e os diagramas de roseta são importantes ferramentas para a representação de diversas estruturas, de maneira que, num pequeno diagrama, podemos ter idéia das orientações, tendências e dispersões ou concentrações de superfícies e linhas no espaço.

Os estereogramas são freqüentemente usados para representar superfícies, como contatos, acamamento, estratificação, foliações, falhas e juntas, ou linhas como eixos de dobras, lineações etc. Os diagramas de roseta mostram a concentração de medidas de direção de planos, não levando em conta os ângulos de mergulho. São indicados para representar fraturas ou falhas subverticais e elementos lineares como canais de drenagem ou lineamentos diversos.

A grande vantagem no uso dos esterogramas é que se pode representar planos através de uma linha ou de um ponto (pólo do plano), e representar até centenas ou milhares de medidas num mesmo diagrama. Uma descrição detalhada do método de plotagem pode ser obtida em Loczy & Ladeira, 1976 (exercícios de gabinete, exercício 6, p. 496).

Tipos de Redes Estereográficas

Existem vários tipos de redes estereográficas, que têm finalidades distintas. Trataremos aqui dos tipos mais usados em Geologia Estrutural e Geomorfologia.

Considere um plano, no espaço, projetado sobre o hemisfério inferior de uma esfera e passando pelo centro dela, a interseção entre o plano e o hemisfério é um arco chamado círculo máximo. Quando projetamos este arco no plano horizontal do hemisfério, tendo como ponto de vista o pólo do hemisfério superior, obtemos uma curva chamada projeção estereográfica do plano. Se o plano é vertical, a sua projeção é uma linha reta que passa pelo centro do círculo, e se é horizontal, a projeção é a circunferência do círculo. Para a construção dos estereogramas é usada a rede estereográfica, obtida desenhando-se uma rede equivalente a meridianos e paralelos sobre o hemisfério, geralmente com uma grade de 2° em 2°. Para a interpretação estatística é necessário modificar a forma das linhas da rede para se obter uma rede com áreas uniformes em toda a sua extensão (rede equiárea ou rede de Schmidt – Figura 2.10a). Para fazer a contagem dos pontos usaremos a rede de contagem de Kalsbeek (Figura 2.10b). Os resultados podem ser vistos nas Figuras 2.10c e d.

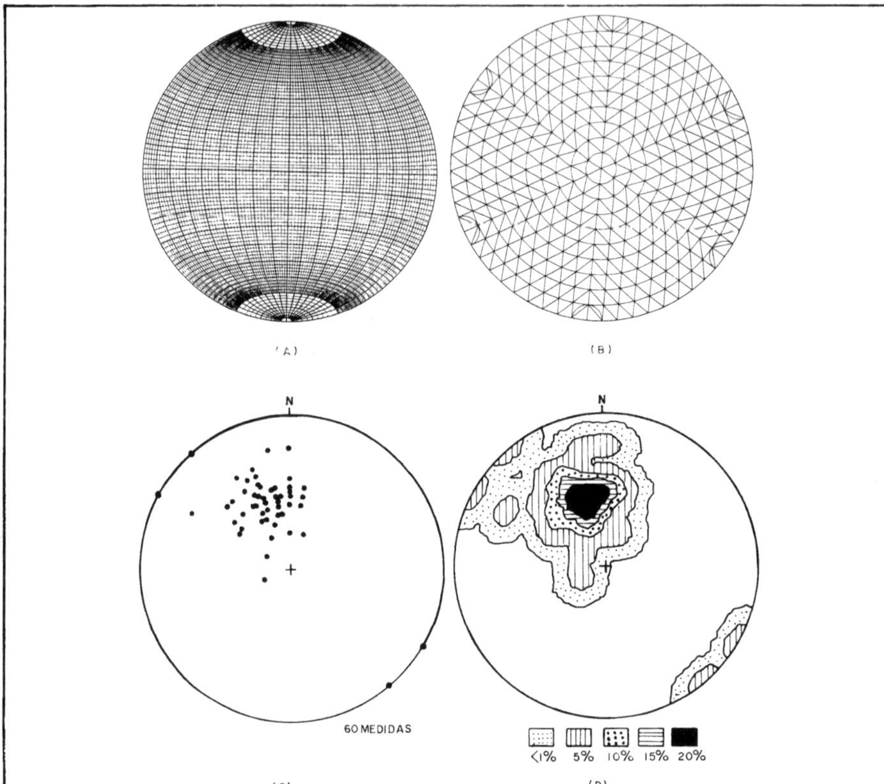

Figura 2.10 – *Tipos de redes estereográficas e seu uso, (a) rede equiárea de Schmidt, (b) rede de contagem de Kalsbeek, (c) plote de polos de foliações e (d) diagrama de freqüência do estereograma .*

A rede usada para a confecção dos diagramas de roseta (Figura 2.11a) é chamada rede polar e pode ser dividida de 2 em 2, 5 em 5 ou 10 em 10. Primeiro separe as medidas em grupos de direções equivalentes, liste todas as medidas que estejam compreendidas entre intervalos de 10 em 10, por exemplo, medidas com direções entre 40 e 50, e entre 220 e 230 (diametralmente opostos), transforme em porcentagens, considerando o grupo com maior número de medidas como 100% e os outros proporcionais, e então plote-os na rede, obtendo resultados como os da Figura 2.11b.

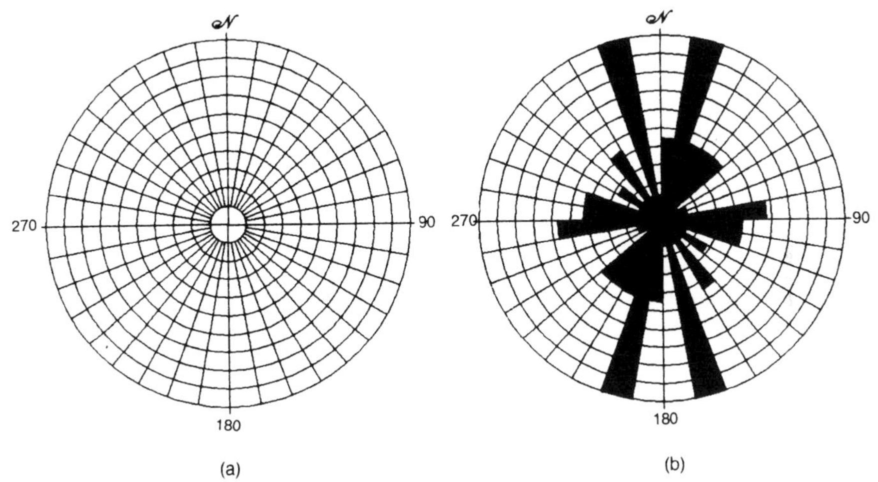

Figura 2.11 – *(a) rede para diagrama de roseta, (b) exemplo de diagrama de roseta.*

Questão 1:

Faça um estereograma, utilizando a rede equiárea de Schmidt, com as medidas listadas a seguir:

135/42	145/34	167/25	134/32	334/23	312/13	298/09	316/08
112/19	151/10	108/09	156/21	355/09	314/12	303/13	322/21
143/22	110/02	142/21	171/21	301/11	321/16	296/20	312/21
134/20	151/11	131/19	110/11	290/24	360/10	332/35	020/21
121/07	128/26	134/61	112/42	299/26	300/18	302/29	307/38
123/61	178/35	186/45	201/34	020/18	319/02	002/35	358/34
134/20	172/23	172/62	203/38	300/26	002/38	325/52	313/88
133/09	172/09	165/32	176/34	322/34	026/32	356/15	347/14
167/18	145/24	134/23	212/22	347/08	345/23	303/09	332/62
144/11	161/12	119/44	176/11	357/16	347/11	325/18	327/17

Questão 2:

Utilize o estereograma da Questão 1 para construir um diagrama de isolinhas, utilizando a rede de contagem de Kalsbeek. Faça uma interpretação do resultado.

Questão 3:

Construa um diagrama de roseta com as medidas de fraturas listadas abaixo, e interprete o resultado:

263/72	354/70	328/88	323/84	292/81	243/72	295/77	335/80
270/80	292/87	332/85	326/88	296/84	267/78	286/83	351/83
292/82	290/75	259/73	304/79	349/79	260/87	286/74	012/35
280/88	304/81	295/71	004/74	297/88	267/72	290/75	100/79
278/77	104/86	258/80	346/82	342/72	274/75	285/87	295/69
268/82	352/80	246/68	355/75	349/70	271/79	268/82	102/80
279/70	338/85	156/65	274/81	315/87	194/87	188/86	356/78
288/90	290/78	298/72	318/78	254/84	291/83	311/80	292/87
265/80	296/89	291/83	282/78	279/88	280/90	354/87	280/88
335/78	281/78	320/70	290/65	281/80	274/78	336/79	270/80

2.6. *Estrutura da Terra*

Mesmo com os recentes avanços nos diversos campos da Geologia, pouco se sabe sobre o interior da Terra. Os investigadores só têm acesso direto, através de trabalhos de campo e de sondagens, às partes mais superficiais da Terra. O atual estágio do conhecimento das porções mais profundas da Terra, tanto em termos de composição, quanto de estrutura, foi obtido através de métodos indiretos baseados, principalmente, no estudo da propagação das ondas sísmicas. Embora a estrutura interna seja bastante complexa, surpreendentemente, algumas questões fundamentais a respeito das propriedades físicas da Terra podem ser respondidas através de análises bem simples.

Nesse exercício você repetirá o experimento realizado pelo astrônomo grego Eratóstenes há cerca de 2.200 anos. O cientista compartilhava a idéia de que a Terra era redonda e, por intermédio de um experimento bem simples, foi capaz de estimar o tamanho da Terra. Combinando algumas poucas mensurações com conceitos básicos de geometria, você irá estimar a circunferência, o volume, o raio e a densidade da Terra.

Basicamente, duas pessoas medem ao mesmo tempo o comprimento da sombra gerada por uma vara de tamanho conhecido em duas cidades diferentes, situadas uma diretamente ao norte da outra. Possuindo os comprimentos das sombras e a distância entre as cidades, você poderá, então, estimar a circunferência, o diâmentro e o volume da Terra. Combinando esses resultados com a massa da Terra (dada no problema), você irá estimar a densidade da Terra. Os valores mais precisos desses parâmetros serão dados, e você discutirá as principais fontes de erro nas estimativas realizadas.

Suponha que você esteja em Brasília (Figura 2.12), no dia mais longo do ano, e que tenha notado que, quando o Sol alcança seu

Figura 2.12 – *Mapa simplificado do Brasil com a localização das cidades de Belém e Brasília.*

ponto mais alto no céu, o seu corpo não gera sombra alguma (Figura 2.13). Estimulado pelas suas últimas aulas de Geologia Geral, você, imediatamente, liga para um amigo que mora em Belém, que fica diretamente ao norte de Brasília, e pede a ele para ir até a calçada e medir o comprimento da sombra gerada por uma vara vertical de 2 metros. Seu amigo lhe informa que o comprimento da sombra, então gerada, é de 54 centímetros.

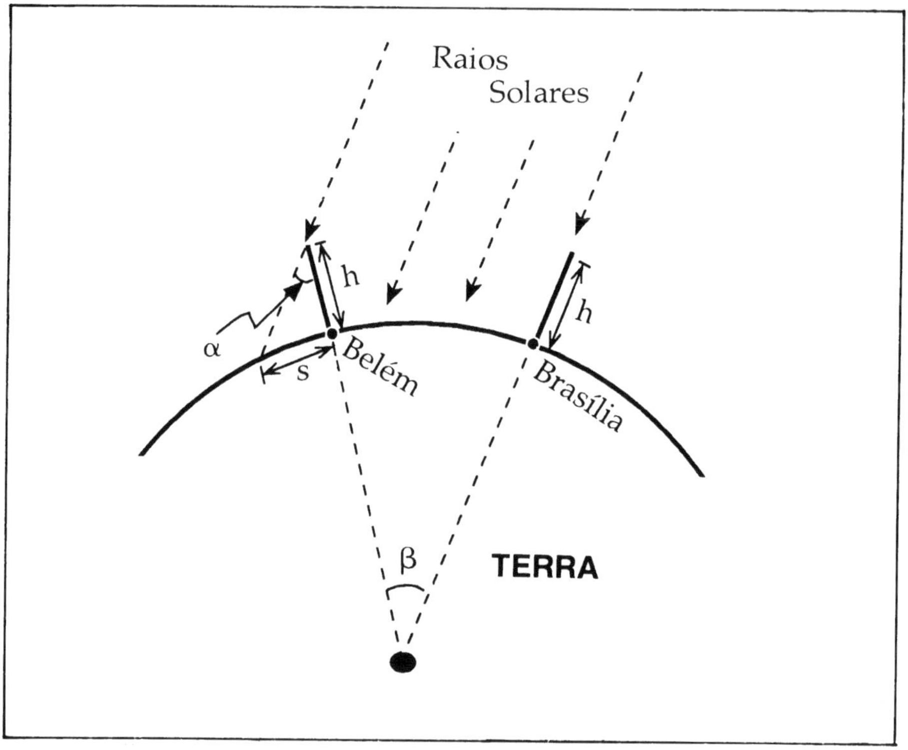

Figura 2.13 – *Perfil esquemático da Terra mostrando a incidência dos raios solares, a altura da vara (h), o comprimento da sombra (s) e os ângulos α e β, nas cidades de Belém e de Brasília.*

Questão 1:

Você possui as medidas relativas aos comprimentos da vara (h) e da sombra (s) mostradas na Figura 2.13. Assuma que os raios solares são paralelos e calcule os ângulos α e β.

Questão 2:

Consulte o mapa da Figura 2.12 e meça a distância (D) entre as cidades de Belém e Brasília. Sabendo-se que esta distância é a parte da circunferência da Terra relacionada ao ângulo β, calcule a distância correspondente a um ângulo de 360°, ou seja, a circunferência aproximada da Terra. Sabendo-se que a circunferência é igual a "π.d", onde d é o diâmetro, estime o raio (r) da Terra.

Questão 3:

Em qualquer trabalho científico é importante ter uma idéia da confiabilidade dos resultados, ou seja, do erro embutido nos cálculos. O valor moderno para o raio médio da Terra é de cerca de 6.370km. Compare este valor com o estimado por você e liste alguns dos fatores que possam ter contribuído como fontes de erro nos seus cálculos.

Questão 4:

Assuma que a Terra é esférica e estime o seu volume (V) em metros cúbicos (m^3). Sabendo-se que a massa (M) da Terra é 6×10^{27} gramas estime a densidade (p) média da Terra em gramas por centímetro cúbico (g/cm^3).

Questão 5:

A maioria das rochas da crosta terrestre possui densidades entre 2,5 e 3,0 g/cm^3. Com base no resultado obtido, na questão anterior, pode-se afirmar que a Terra possui uma densidade uniforme? Que conclusões podem ser obtidas à respeito da estrutura interna da Terra? Compare sua resposta com o perfil esquemático da litosfera apresentado por Penha (1995; Figura 2.1).

2.7. Tipos de Margens de Placas Tectônicas

A teoria da Tectônica de Placas representa um arcabouço teórico sólido no qual inúmeras observações da Terra se combinam para formar um modelo geral da dinâmica da crosta terrestre, onde a origem e a evolução das feições estruturais da Terra são resultantes de um sistema de placas litosféricas em movimento. As assembléias de rochas existentes e as suas respectivas deformações podem ser relacionadas às interações das diversas placas. Dessa forma, a Tectônica de Placas é capaz de explicar fenômenos geológicos como a formação de cadeias de montanhas, a distribuição espacial de vulcões e terremotos, a composição das lavas expelidas pelos vulcões, o surgimento e evolução das bacias oceânicas, a migração e a extinção de plantas e animais, entre muitos outros.

A litosfera se apresenta hoje dividida em sete grandes placas tectônicas e em muitas outras menores, as quais se movimentam entre si. As placas se comportam, geralmente, como corpos rígidos fazendo com que a maior parte das interações fique concentrada ao longo das bordas entre as placas. Conseqüentemente, pode-se observar uma nítida relação entre o tipo de margem entre placas, o tipo e a intensidade da deformação resultante, e as características dos fenômenos geológicos envolvidos.

As margens entre as placas tectônicas podem assumir, de uma maneira geral, um caráter *divergente*, *convergente* (por colisão ou subducção) ou *transformante* (ver, por ex., Burchfiel, 1983; Press e Siever, 1986; Skinner e Porter, 1992; Penha, 1995; entre outros). Os processos geológicos que se desenvolvem em cada uma das situações acima são bem distintos. Por exemplo, margens divergentes se caracterizam pela ocorrência, entre outros fenômenos, de vulcanismo basáltico e terremotos com focos rasos. Por outro lado, regiões de margens convergentes por subducção se caracterizam por vulcanismo andesítico e terremotos com focos profundos. As feições características de cada tipo de margem de placas estão resumidas em várias tabelas na literatura (ver, por ex., Skinner e Porter, 1992, Tabela 16.1; Penha, 1995, Tabela 2.1; entre outros).

Observe atentamente a Figura 2.3, mostrada por Penha (1995), onde estão representadas as principais placas tectônicas. Desenhe um perfil esquemático através das seguintes margens de placas:

a) Placa Nazca – Placa América do Sul
b) Placa Africana – Placa América do Sul
c) Placa América do Norte – Placa Eurasiana
d) Placa do Pacífico – Placa Indo-Australiana

Dica:

No caso de margens convergentes por subducção, identifique, com muito cuidado, qual das placas está mergulhando. Caso necessário, recorra às simbologias mostradas na Figura 2.7 deste capítulo.

2.8. *Movimentos de Placas Tectônicas*

As placas tectônicas têm-se movimentado ao longo do tempo geológico. Várias evidências têm mostrado que a velocidade de uma certa placa tectônica raramente foi constante. De fato, tais movimentos apresentaram fases de aceleração e/ou desaceleração ao longo do tempo geológico. Os registros mostram, também, que a velocidade pode variar muito de placa para placa. Por exemplo, enquanto a Placa Sul Americana apresenta velocidades entre 2 e 5cm/ano, a Placa do Pacífico apresenta valores entre 9 e 18cm/ano (Press e Siever, 1986; Skinner e Porter, 1992). Acredita-se que tais diferenças na velocidade estão relacionadas, entre outros fatores, à quantidade de crosta continental existente na placa. Dessa forma, placas sem a presença de crosta continental (ex., Placa do Pacífico) tenderiam a ser mais rápidas do que aquelas com crosta continental (ex., Placa Sul Americana).

A velocidade relativa das placas tectônicas é estimada, na maioria das vezes, através do mapeamento das anomalias magnéticas registradas no fundo dos oceanos. Uma anomalia magnética observada num certo ponto do fundo oceânico pode ser datada através da magneto-estratigrafia (Press e Siever, 1986; Capítulo 19). A velocidade relativa pode, então, ser estimada ao dividirmos a distância entre o ponto em questão e o eixo da margem divergente pela datação obtida. Tal velocidade é dita relativa devido à falta de um ponto fixo para referência, já que o eixo da margem divergente, em geral uma cadeia meso-oceânica, também pode sofrer movimento.

Para que a velocidade absoluta de uma placa tectônica seja obtida, precisa-se de um ponto de referência fixo, externo ao sistema em movimento. Os famosos Pontos Quentes (*Hot Spots*) representam tal ponto de referência. Os Pontos Quentes são colunas delgadas de rocha quente que ascendem lentamente em direção à superfície, arqueando a crosta e formando vulcões (Vink e Vogt, 1985). Como tais Pontos Quentes são relativamente fixos no espaço, a passagem de uma placa tectônica sobre eles cria, geralmente, um trilha de vulcões. O estudo dessas feições lineares nos permite identificar a direção do movimento da placa. A velocidade absoluta pode, então, ser obtida a partir da datação do material constituinte do cone vulcânico e da mensuração da distância para o Ponto Quente.

Questão 1:

A Figura 2.14 mostra uma seção transversal idealizada da crosta oceânica coberta por sedimentos marinhos. A idade (em milhões de anos) do sedimento mais antigo em diferentes pontos (igualmente espaçados) é mostrada. Pergunta-se:

(a) Para qual sentido (W – oeste, ou E – leste) está a cadeia meso-oceânica que deu origem a essa crosta oceânica? Por quê?

(b) Para qual sentido os sedimentos depositados sobre a crosta tenderão a ser mais espessos? Por quê?

(c) O crescimento do assoalho oceânico neste local está sendo acelerado ou desacelerado? Explique.

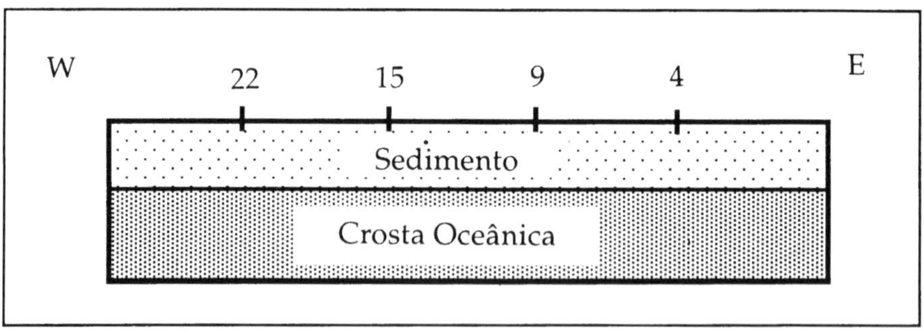

Figura 2.14 – *Seção transversal esquemática, de parte da crosta oceânica, coberta por sedimentos. Os números referem-se às idades obtidas por métodos radiométricos de datação.*

Questão 2:

Quando o *hot spot* está posicionado sob uma placa constituída por crosta oceânica, tende-se a formar uma cadeia de ilhas vulcânicas. Este é o exemplo da Cadeia de Ilhas do Hawaí, formada pelo movimento para oeste da Placa do Pacífico sobre um *hot spot*, hoje situado sob a ilha chamada Hawaí. A Figura 2.15 mostra um mapa esquemático das principais ilhas do Arquipélago do Hawaí. Os números referem-se às idades (em milhões de anos) obtidas em diferentes locais de cada uma das ilhas. Pede-se:

(a) Estimar a velocidade média de migração da Placa do Pacífico nos últimos 5 milhões de anos.

(b) O movimento da placa se deu de forma constante, acelerada ou desacelerada ao longo desse período?

(c) Em termos de relevo, que diferenças seriam esperadas ao se comparar as Ilhas Kauai e Mauí?

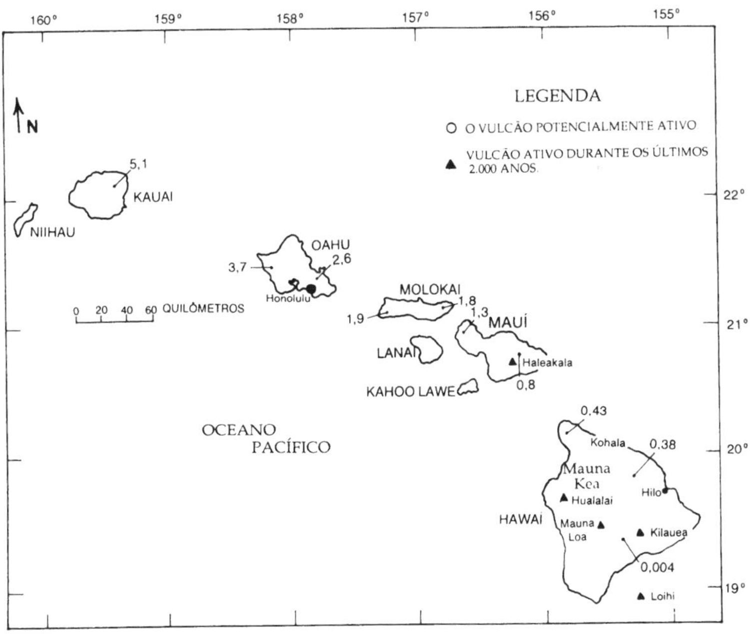

Figura 2.15 – *Mapa do Arquipélago do Hawaí. Os números referem-se às idades, obtidas por métodos radiométricos de datação, de cada uma das ilhas (modificado de Skinner e Porter, 1992).*

2.9. Falhas e Formas de Relevo Associadas

Várias feições morfológicas na paisagem atual estão associadas, direta ou indiretamente, à ocorrência de falhamentos. Um resumo dos principais tipos de falhas existentes pode ser obtido em Penha (1995), Skinner e Porter (1992; Capítulo 14), Press e Siever (1986), entre muitos outros.

A Figura 2.16 mostra um perfil esquemático obtido através da interpretação de várias sondagens que penetraram por diversas camadas rochosas. Nesta figura, cada uma das camadas é identificada por um letra. O processo de falhamento atuou durante a deposição de parte da seqüência estratigráfica registrada nas sondagens.

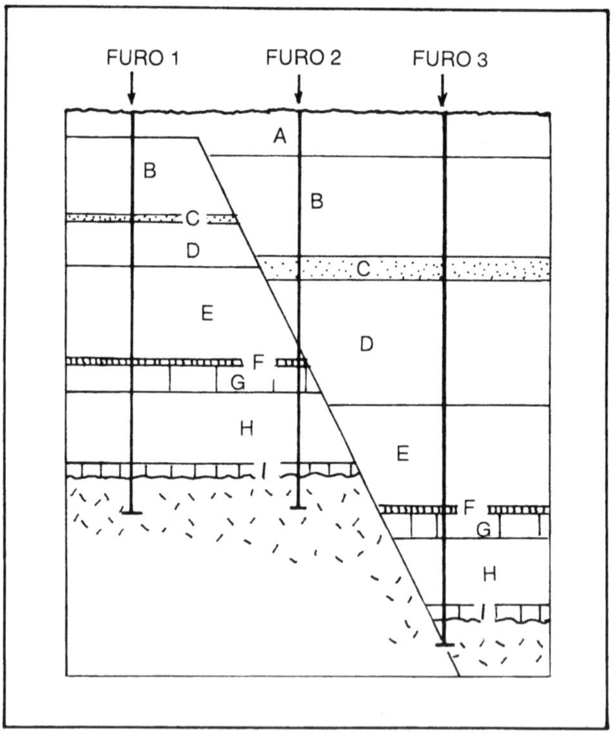

Figura 2.16 – *Perfil esquemático de uma região submetida a um processo de falhamento. Cada letra representa uma camada geológica.*

Questão 1:

A partir da análise da espessura das camadas, nos dois lados da falha, determine o início e o término do processo de falhamento.

Questão 2:

Classifique o tipo de falhamento ocorrido.

2.10. Dobras e Formas de Relevo Associadas

As dobras tectônicas se formam em rochas que apresentam um *fabric* planar anterior, ou seja, acamamento, estratificação, foliações etc., e que sejam deformadas de maneira dúctil. Elas são mais espetaculares quando ocorrem em rochas com bandamento composicional, como, por exemplo, alternância de pelitos e arenitos. A ocorrência de dobras pode ser observada em várias escalas, e se formadas num mesmo evento, tendem a apresentar coerência no estilo, tanto em lâmina delgada quanto em afloramento ou mapa.

Os elementos de uma dobra são mostrados na Figura 2.17. Deve-se estar atento para identificar e medir esses elementos no campo, e sempre fazer um desenho mostrando a dobra em perfil, ou seja, observando-a num corte perpendicular ao eixo.

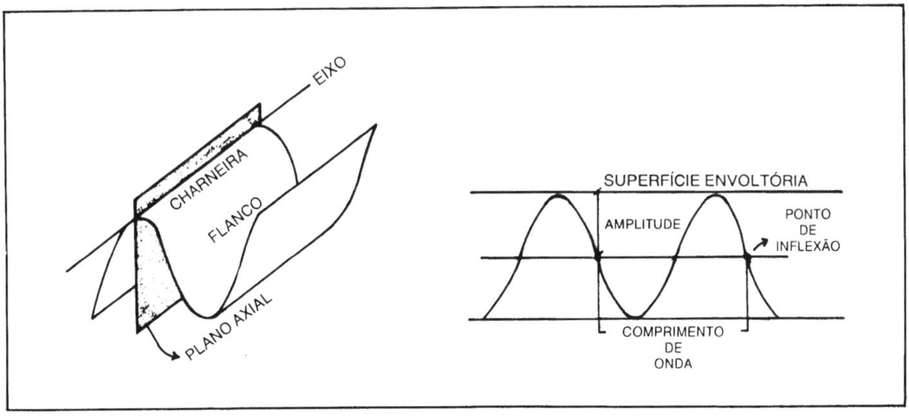

Figura 2.17 – *Elementos de uma dobra.*

Classificações de Dobras

Existem várias maneiras de classificar as dobras (Hobbs *et al.*, 1976; Lokzy e Ladeira, 1976), no entanto, para o escopo deste exercício, dois tipos de classificação são mais relevantes:

a) pela abertura entre os flancos (Figura 2.18)
b) pela orientação do eixo e do plano axial (Figura 2.19)

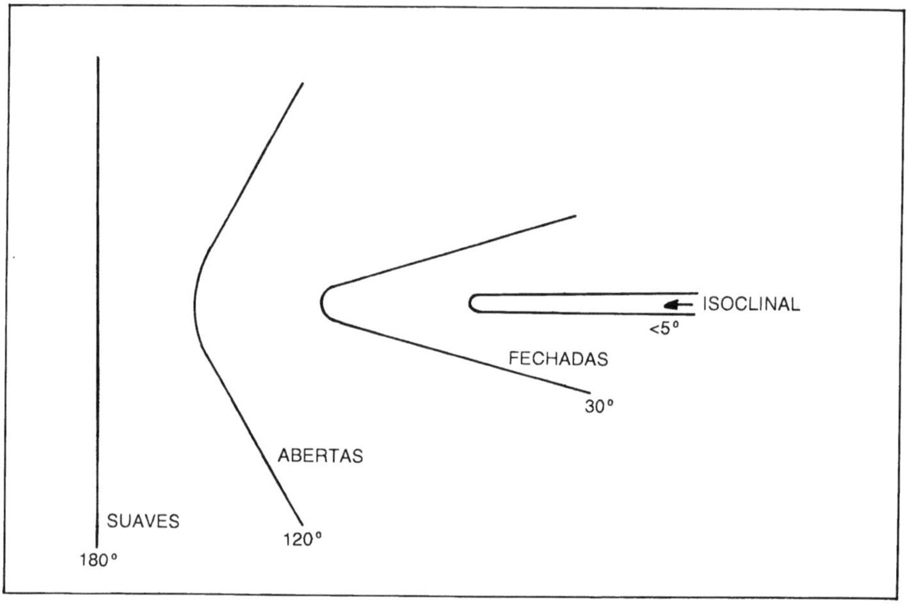

Figura 2.18 – *Classificação das dobras de acordo com a abertura entre os flancos.*

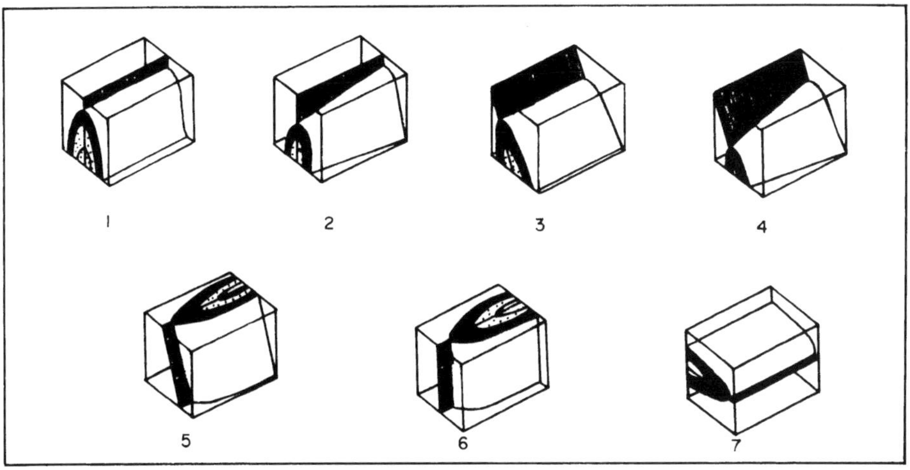

Figura 2.19 – *Classificação de dobras segundo a orientação do eixo e plano axial (modificado de Hobbs et al., 1976).*
1- horizontal normal; 2- plungeante normal; 3- horizontal inclinada; 4- plungeante inclinada; 5- reclinada; 6- vertical; 7- recumbente.

Questão 1:

Muitas vezes não é possível identificar as dobras em escala de mapa, a não ser depois de visitados vários afloramentos. Neste caso, plotam-se as medidas da superfície dobrada no mapa, e, com as informações obtidas nos afloramentos, pode-se interpretar a posição e forma das grandes dobras. Nesta tarefa, damos um mapa com as medidas plotadas (Figura 2.20) e pedimos para:

a) traçar o plano axial das dobras;
b) fazer um perfil esquemático mostrando a dobra;
c) classificar a dobra.

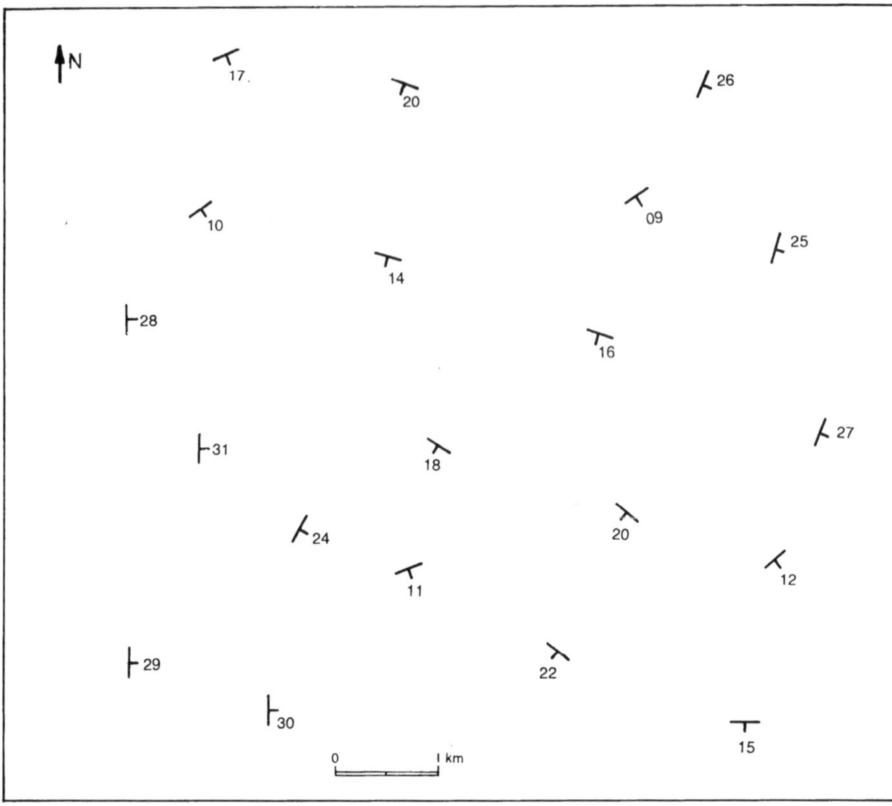

Figura 2.20 – *Mapa de pontos com medidas para o Exercício 2.10, Questão 1.*

Questão 2:

Em afloramento previamente escolhido, identifique, faça as medidas necessárias, desenhe e classifique dobras naturais.

2.11. Atividade Ígnea e Relevo Derivado

Observações de campo e experimentos de laboratório indicam que os magmas ácidos são mais viscosos que os magmas básicos. De uma maneira geral podemos considerar essa diferença de viscosidade como sendo o principal fator controlador do tipo de fluxo da lava e, conseqüentemente, da forma final do plúton. Lavas bastante fluidas, como os basaltos, podem formar extensos platôs, como o da

Formação Serra Geral, na Bacia do Paraná. Os termos básicos intrusivos podem ocorrer sob diversas formas como, por exemplo, os diques (discordantes das estruturas das rochas encaixantes) e os *sills* (concordantes com as estruturas das rochas encaixantes). As rochas ácidas, como os granitos, freqüentemente ocorrem como corpos circulares ou elípticos, denominados *plugs* ou *stocks* se menores de 100km^2, ou batólitos, se maiores que 100km^2. A Figura 2.21 mostra diversas formas de corpos ígneos.

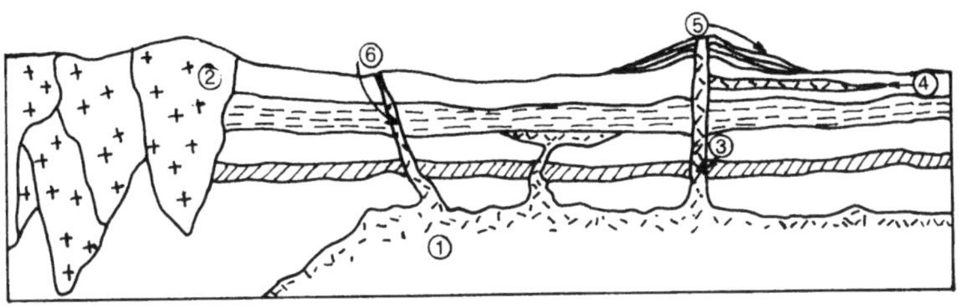

Figura 2.21 – *Feições típicas de atividade ígnea.*

Questão 1:

Utilize a Carta Geológica do Brasil, escala 1:2.500.000 do DNPM (1983) para reproduzir em papel vegetal as ocorrências de rochas ígneas na região compreendida pelos meridianos 40° e 47° e paralelos 20° e 24°. Identifique feições ígneas como diques, *plugs* e batólitos, e observe se existe algum *trend* na orientação desses corpos ígneos. Explique.

Questão 2:

Faça uma análise das idades das intrusões e identifique épocas preferenciais de magmatismo na região.

2.12. *Cronologia de Eventos Geológicos*

O levantamento geológico é feito, em geral, através da análise das rochas e sedimentos expostos em seções transversais bidimensionais, tais como cortes de estradas, paredões rochosos, paredes de rios etc. Outras vezes, tais seções são reconstituídas através da interpretação dos materiais obtidos em sondagens que penetram as rochas em profundidade. Após a descrição das camadas observadas torna-se necessário decifrar a seqüência dos eventos registrados nestas seções geológicas. Esta análise permite desenvolver uma datação relativa de eventos geológicos e geomorfológicos, tais como: formação de rochas, falhamentos, dobramentos, intrusões, fases de deposição, fases de erosão, entre outros.

Para se determinar a seqüência dos eventos em uma região deve-se obedecer alguns princípios geológicos básicos:

a) As rochas sedimentares acamadas são depositadas, originalmente, como camadas horizontais ou levemente inclinadas. Se estas já não se encontram assim dispostas, é porque foram deformadas, posteriormente, por movimentos tectônicos.

b) Em qualquer seqüência estratigráfica não deformada, a camada mais antiga está na base da seqüência e a mais recente no topo.

c) Uma discordância é uma superfície que representa um vazio no registro geológico. Existem vários tipos de discordâncias (Skinner e Porter, 1992), e estas podem possuir importância local ou regional.

d) Qualquer feição geológica que corta uma rocha ou sedimento é mais recente do que a rocha ou o sedimento que é cortado.

Tais relações de corte podem ser observadas em feições, tais como falhas, juntas e corpos intrusivos.

Questão 1:

A Figura 2.22 mostra o perfil geológico de uma região constituída por rochas sedimentares, ígneas e metamórficas. O registro estratigráfico mostra que a evolução geológica neste local não se deu de forma simples e tranqüila. De fato, são observadas várias intrusões, discordâncias, basculhamentos e até mesmo um falhamento. Determine as idades relativas das camadas rochosas e das feições marcadas com letras nesta figura. Tenha em mente os princípios descritos acima, e observe, cuidadosamente, o modo de origem dos vários tipos de rochas.

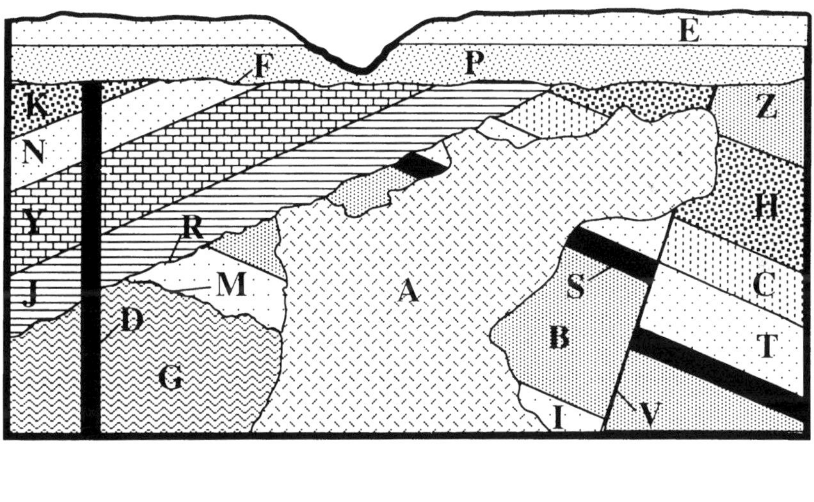

A – granito
G – gnäisse (embasamento)
D – dique de diabásio
V – falha
R, F e M – discordâncias
S – derrame de lava
OUTRAS LETRAS – rochas sedimentares

Figura 2.22 – *Perfil esquemático de uma região constituída por rochas sedimentares, ígneas e metamórficas. As letras referem-se às camadas e às estruturas presentes.*

Questão 2:

Classifique a falha mostrada pela letra "V" na Figura 2.22.

Questão 3:

A Figura 2.23 mostra uma seção geológica com diversas camadas inclinadas, algumas delas cortadas por uma falha. Os números, na figura, referem-se à idade absoluta de cada camada, obtida através de métodos radiométricos. Com base nessas datações estime a idade do falhamento mostrado na figura.

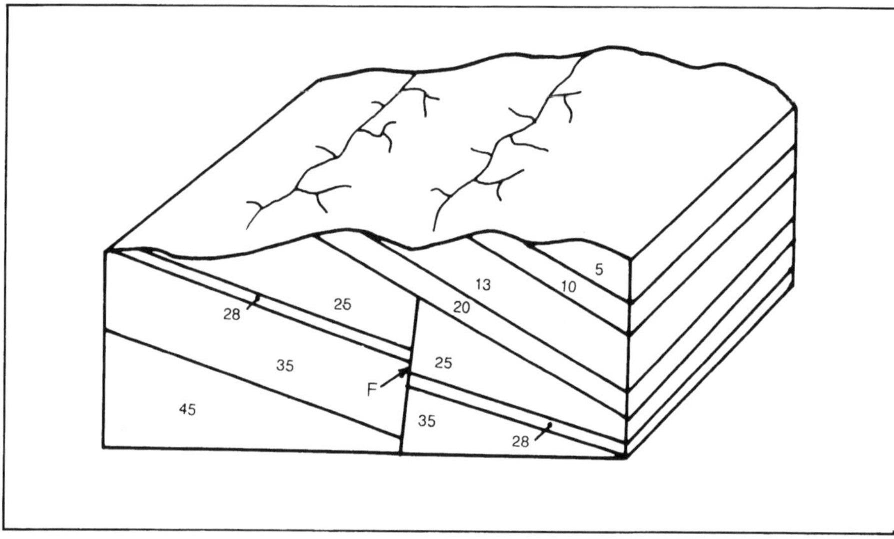

Figura 2.23 – *Seção geológica esquemática de uma região falhada. Os números referem-se às idades das camadas geológicas.*

3. *Questões de Auto-Avaliação*

3.1. Explique, à luz da Tectônica de Placas, os mecanismos associados à formação do(a):

a) Mar Vermelho
b) Islândia

c) Fossa das Marianas
d) Cordilheira Meso-Atlântica
e) Bacias Sedimentares Litorâneas no Brasil
f) Ilhas do Hawaí

3.2. A Figura 2.24 esquematiza parte da costa oeste da América do Norte. Nota-se, próximo ao litoral, uma concentração de vulcões ativos (por ex., Santa Helena, Rainer, Shasta), alinhados, preferencialmente, na direção norte-sul, na região chamada de "Cascade Range".

Questão 1:

Que mecanismos condicionam a formação dessa cadeia de vulcões?

Questão 2:

Por que terremotos são tão freqüentes nessa região?

Questão 3:

Os focos dos terremotos gerados nesse local tenderão a ser rasos ou profundos? Por quê?

Questão 4:

As lavas desses vulcões possuem, predominantemente, uma composição andesítica. Explique tal comportamento.

3.3. As rochas da crosta terrestre estão submetidas, constantemente, à atuação de esforços tectônicos. Estas forças geram tensões que apertam, esticam e cisalham as rochas. Em resposta, as rochas se deformam originando feições tais como dobras, falhas e juntas, as quais se combinam para formar as complexas estruturas que hoje são observadas na superfície da Terra. Raramente pode-se observar uma rocha sendo deformada, já que a maioria dos processos de deformação ocorre em zonas profundas dentro da crosta, ou mesmo no manto. O material deformado só se tornará visível bem mais tarde, após ter

Figura 2.24 – *Esquema de parte da costa oeste da América do Norte (Doerr e Coling, 1990).*

sido exposto pelos processos erosivos. Conseqüentemente, somos obrigados a fazer inferências sobre os mecanismos e a origem das forças de deformação. Em última análise, a fonte de energia que alimenta as forças tectônicas é o calor interno da Terra. Como já visto na teoria da Tectônica de Placas (Penha, 1995), as correntes de convecção transformam essa energia térmica em energia mecânica, resultando na geração de esforços, principalmente, nas bordas das placas tectônicas.

A tensão (*stress*) sobre uma rocha pode estar sendo aplicada de uma forma uniforme (idêntica em todas as direções) ou dirigida (variável de acordo com a direção). Esta última, causada pela atuação das forças tectônicas, é a que normalmente deforma as rochas e pode ocorrer sob a forma de *tração, compressão* ou *cisalhamento* (Figura 2.25). Uma rocha submetida a condições de tensão cada vez mais intensas pode passar por 3 campos sucessivos de deformação (*strain*). Num primeiro estágio (*elástico*) a deformação é reversível, ou seja, após a remoção da tensão aplicada a rocha retorna a sua forma e tamanho iniciais. A rocha irá se comportar dessa forma até que a tensão aplicada ultrapasse o seu limite de elasticidade. A partir desse ponto, a rocha começa a sofrer uma deformação permanente (irreversível) e não mais retorna a sua forma e tamanho iniciais quando a carga é removida, sendo este campo de deformação chamado de *dúctil* (ou plástico). Com o crescente aumento na tensão aplicada, o limite de comportamento dúctil pode ser ultrapassado e a rocha se quebra, atingindo, então, o estágio de *fratura* (*brittle*). A Figura 2.26 esquematiza a curva tensão-deformação de uma rocha, passando pelos estágios de comportamento elástico, dúctil e de fratura.

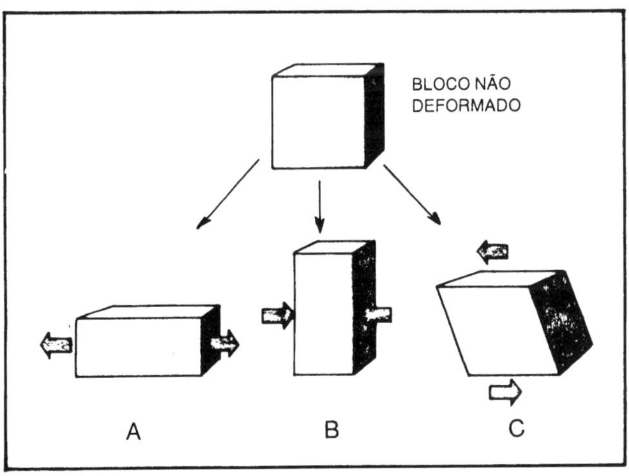

Figura 2.25 – *Efeito da aplicação de uma tensão dirigida, sob a forma de tração (A), compressão (B) e cisalhamento (C), sobre um bloco de rocha não deformada. As setas indicam a direção principal da tensão aplicada.*

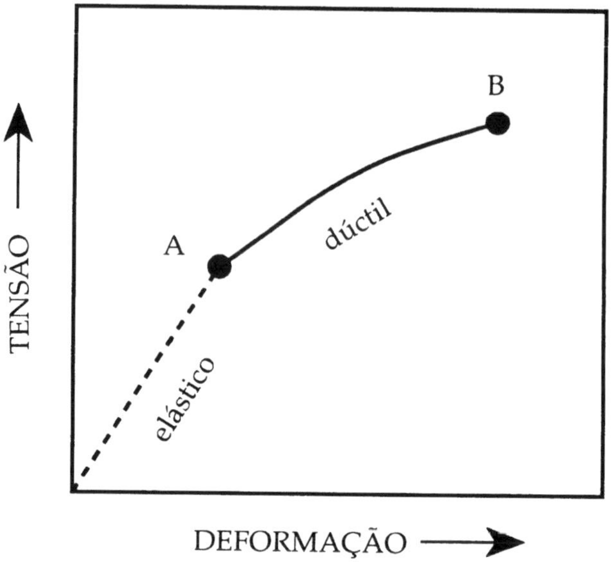

Figura 2.26 – *Curva tensão-deformação de uma rocha, mostrando os estágios de comportamento elástico, dúctil e de fratura (B).*

Deve-se perceber que um mesmo material pode apresentar deformação elástica, dúctil ou fratura, dependendo da atuação de fatores, tais como: tensão confinante, temperatura, velocidade de deformação (*strain rate*), composição, entre outros. Em termos gerais, quanto maior a temperatura e a tensão confinante, maior é a tendência da rocha se comportar de maneira dúctil. A velocidade de deformação (*strain rate*), ou melhor, a deformação da rocha que é dependente do tempo, refere-se à taxa na qual a rocha é forçada a mudar sua forma ou volume. De maneira geral, quanto menor a velocidade de deformação, maior é a tendência da rocha apresentar uma deformação do tipo dúctil. Muitas estruturas (feições) geológicas são formadas através de deformações plásticas ou *brittle*. Enquanto as deformações plásticas geram os vários tipos de dobras, as deformações por fratura resultam nas juntas (ou diáclases) e falhas observadas, atualmente, na superfície terrestre.

Questão 1:

À luz da teoria da Tectônica de Placas, mostre como os esforços de tração, compressão e cisalhamento são gerados?

Questão 2:

Observe, atentamente, o mapa apresentado por Penha (1995; Figura 2.3). Indique, no mapa, áreas onde atualmente predominam esforços de tração, compressão e cisalhamento (cite 3 exemplos de cada).

Questão 3:

Sob qual das condições abaixo, em termos de temperatura, tensão confinante e velocidade de deformação, uma rocha é mais provável de responder de uma maneira *brittle*? Explique sua resposta.

	Temperatura	Tensão Confinante	Velocidade de Deformação
(a)	alta	baixa	alta
(b)	baixa	baixa	alta
(c)	alta	alta	baixa
(d)	alta	alta	baixa
(e)	baixa	alta	alta

3.4. Em regiões ativas tectonicamente se formam, com freqüência, lagos ao longo, ou próximo, do plano de falha. Pesquise esse fenômeno na literatura geológica e geomorfológica, e desenhe blocos esquemáticos ilustrando a formação desses lagos em regiões submetidas a falhas normais, inversas e transcorrentes.

3.5. Leia, atentamente, os conceitos de Escarpa de Falha e de Escarpa de Linha de Falha, resumidos nas páginas 83 e 84 de Penha (1995). A partir dessas definições, desenhe blocos diagramas mostrando situações onde se deu a formação de uma:

a) Escarpa de Linha de Falha, a partir de uma falha normal;
b) Escarpa de Falha, a partir de uma falha inversa;
c) Escarpa de Linha de Falha, a partir de uma falha inversa;

4. Bibliografia

BARD, J. P. *Microtexturas de Rocas Magmáticas y Metamórficas*. Masson, S.A., Paris, 1985, 181p.

BARNES, J.W. *Basic Geological Mapping*. Geological Society of London Handbook Series, The Open University Press, Milton Keynes/ Halstead Press, Nova York/Toronto, 1981, 112 p.

BURCHFIEL, B. C. The Continental Crust. *Scientific American*, vol. 249, nº 3: 130-142, 1983.

COELHO NETTO, A. L. Hidrologia de Encosta na Interface com a Geomorfologia. In: Guerra, A. J. T. e Cunha, S.B. (Orgs.) *Geomorfologia: Uma Atualização de Bases e Conceitos*, Editora Bertrand Brasil: 93-148, 1995, 2ª ed.

DOERR, A. H. & COLING, J. F. *Fundamentals of Physical Geography*. Wm. C. Brown Publ., Dubuque, 1990, 378p.

DNPM, Carta Geológica do Brasil e Áreas Oceânicas Adjacentes, Escala 1:2.500.000, 1983.

HOBBS, B. E.; MEANS, W. D. & WILLIANS, P. F. *An Outline of Structural Geology*. John Wiley & Sons, Inc, New York, 1976, 571 p.

LEINZ, V. & AMARAL, S. E. *Geologia Geral*. São Paulo, Companhia Editora Nacional, 7ª ed., 1978, 397p.

LOCZY, L. & LADEIRA, E. A. *Geologia Estrutural e Introdução à Geotectônica*. Ed. Edgard Blücher Ltda, 1976, 528 p.

PASSCHIER, C.W.; MYERS, J.S. & KRONER, A. *Geologia de Campo em Terrenos Gnáissico de Alto Grau*. Tradução de Figueiredo, M. C. H.. Ed. US, 1990.

PENHA, H. M. Processos Endogenéticos na Formação do Relevo. In: Guerra, A. J. T. e Cunha, S.B. (Orgs.) *Geomorfologia: Uma Atualização de Bases e Conceitos*, Editora Bertrand Brasil: 2.ª edição. pp. 51-92, 1995.

PRESS, F. & SIEVER, R. *Earth*. W. H. Freeman and Co., Nova York, 4ª ed., 1986, 656 p.

SIAL, A. N. & MCREATH, I. *Petrologia Ígnea* – Volume 1 – Os fundamentos e as ferramentas de estudo. Bureau Gráfica e Editora Ltda., 1984, 180 p.

SIBSON, R. H. Fault Rocks and Fault Mechanisms. *J. Geol. Soc.*, Londres, 133: 191-213, 1977.

SKINNER, B. J. & PORTER, S. C. *The Dynamic Earth*. John Wiley & Sons, Nova York, 2.ª ed., 1992, 570 p.

SPRY, A. *Metamorphic Textures*, Pergamon Press, 1969, 352 p.

SUGUIO, K. *Rochas Sedimentares*. Editora da Universidade de São Paulo, 1980, 500 p.

THORPE, R. & BROWN, G. *The Field Description of Igneous Rocks*. Geological Society of London Handbook Series, The Open University Press, Milton Keynes/Halstead Press, Nova York/Toronto, 1985, 154 p.

VINK, M. & VOGT, The Earth's Hot Spots. Scientific American, vol. 252, n.º 4:50-57, 1985.

WINKLER, H.G.F. *Petrogênese das Rochas Metamórficas*. Tradução de Carlos Burger Júnior, Editora Edgard Blücher Ltda, 1977, 254 p.

YARDLEY, B.W.D. *An Introduction to Metamorphic Petrology*. Longman Scientific & Technical, 1989, 248 p.

Agradecimentos

Os autores agradecem a ajuda recebida de diversas pessoas durante a preparação deste texto. À geóloga Fatima Regina Blanco de Dios (CPRM - RJ), pelas sugestões e leitura do manuscrito. Ao aluno Marcelo da Rocha Gonzalez Santos (Depto. de Geologia /Geofísica – UERJ), pela colaboração no Exercício 12. À aluna Daniela Scott (Depto. de Geologia – UFRJ), pela ajuda na preparação de algumas figuras. Ao arquiteto Marcelo L. dos Santos, por ter conseguido transformar nossos rabiscos em belas figuras. A Vânia da Fonseca Lima, pela ajuda na parte de computação gráfica.

CAPÍTULO 3

HIDROLOGIA DE ENCOSTA NA INTERFACE COM A GEOMORFOLOGIA

Ana Luíza Coelho Netto
André de Souza Avelar

1. Introdução

Neste capítulo apresentamos alguns exercícios sobre hidrologia de encostas, incluindo mensurações de campo, tratamento de dados e análise. Enfatiza-se a utilização de um instrumental alternativo para obtenção de certos registros de campo, os quais podem ser construídos em nossos laboratórios de ensino ou de pesquisas, empregando-se material de baixo custo e de fácil acesso nas lojas de grandes ou pequenas cidades.

Ressalta-se a validade dos dados obtidos com instrumentos alternativos, especialmente quando buscamos obter índices relativos às variações espaço-temporais de certos parâmetros hidrológicos, na medida em que o possível erro de precisão do instrumento se reproduz nos diferentes sítios amostrais. Por outro lado, vale ressaltar que torna-se praticamente impossível obter registros iguais às condições reais de campo, mesmo para instrumentos de precisão, pelo próprio erro introduzido na fase de instalação no campo.

Os exercícios ora indicados seguem a seqüência dos conceitos apresentados no Capítulo 3 do livro *Geomorfologia: Uma Atualização de Bases e Conceitos*, organizado por Guerra e Cunha (1995), abrangendo aspectos dos diferentes estágios do ciclo hidrológico nas encostas de bacias de drenagem: delimitação da bacia de drenagem, precipitação, intercepção, infiltração, escoamento superficial, armazenamento de água no solo, permeabilidade ou movimentos de água no solo e redes de fluxos d'água subsuperficiais.

2. *Exercícios, Técnicas e Aplicações*

2.1. Delimitação de Bacias de Drenagem

A análise hidrológica em subsistemas de encosta ou canais, que compõem os sistemas de drenagem, por vezes requer a delimitação da área de contribuição de águas para um determinado ponto de saída da bacia, ou seja, o traçado dos divisores de drenagem, cuja linha de contorno define os limites da área da bacia que converge para aquele determinado ponto da bacia de drenagem.

A idéia da área de contribuição pressupõe que toda a água da chuva que atinge o horizonte mineral do solo da bacia irá escoar, na superfície ou subsuperficialmente, desde os divisores de águas até os fundos dos vales, onde serão, então, coletadas pelo sistema de canais (ver conceitos em Coelho Netto,1995). Ressalta-se, porém, que, sob determinadas condições lito-estruturais do substrato rochoso, pode ocorrer a transferência de águas subsuperficias entre bacias vizinhas. Estes casos indicam que, não necessariamente, os divisores de águas delimitados em superfície encontram uma correspondência exata com os divisores de águas subsuperficiais. No entanto, como este fenômeno só pode ser comprovado por estudos de campo, é viável considerar que o pressuposto indicado acima seja válido para análises em geral.

Os divisores de águas da bacia de drenagem são indicados pela topografia do terreno, podendo-se utilizar a carta topográfica como instrumento de delimitação. É importante observar que a escala da carta utilizada fornecerá um certo nível de informação; assim sendo, a escolha da escala deve ser adequada ao nível de detalhamento exigido pela análise hidrológica, de acordo com o objetivo pretendido. Outra consideração importante está na hierarquização do sistema de drenagem, através da qual define-se uma ordenação da rede principal dos fluxos d'água que se articulam ao longo dos eixos de fundos de vales, entre bacias adjacentes. Esta informação pode variar segundo a escala da carta topográfica: significa que dentro de uma bacia podem ocorrer diversas outras sub-bacias de ordem hierárquica inferior que somente sejam passíveis de representação topográfica em escalas de detalhe ou mesmo de campo.

Os canais de drenagem existentes numa bacia geralmente constituem a base de hierarquização do sistema: é a chamada Ordem Hierárquica de Canais. Esta ordenação pode ser quantificada segundo critérios diversos estabelecidos por vários autores, tais como Strahler, Horton, Schidegger, Shreve, como descrevem Christofoletti (1980) e Leopold *et al.* (1964).

a) Utilizando a carta topográfica Rio São João (RJ/SP), Figura 3.1 observe, no exemplo dado, a delimitação de uma bacia de 2.ª ordem hierárquica, de acordo com o critério estabelecido por Strahler (1952). A partir desta observação, delimite, na mesma figura, uma outra bacia de drenagem de 2.ª ordem e também uma sub-bacia de 1.ª ordem, seguindo a orientação dada. Calcule, em seguida, a área das bacias de segunda ordem, observando que a escala da carta é de 1:25.000.

A topografia é marcada por linhas que unem pontos do relevo de igual elevação, chamadas curvas de nível. A linha divisória da bacia deve cortar perpendicularmente o eixo das curvas que contornam os topos das elevações e seguem encosta abaixo pelo eixo das convexidades do terreno, vistas em planta através das curvas de nível que mais se aproximam das cotas inferiores (ver exemplo na

Figura 3.1). O fechamento da porção inferior da bacia segue em direção ao ponto de saída, escolhido de acordo com os interesses do estudo. Seguindo os critérios de Strahler (1952), a partir do ponto de

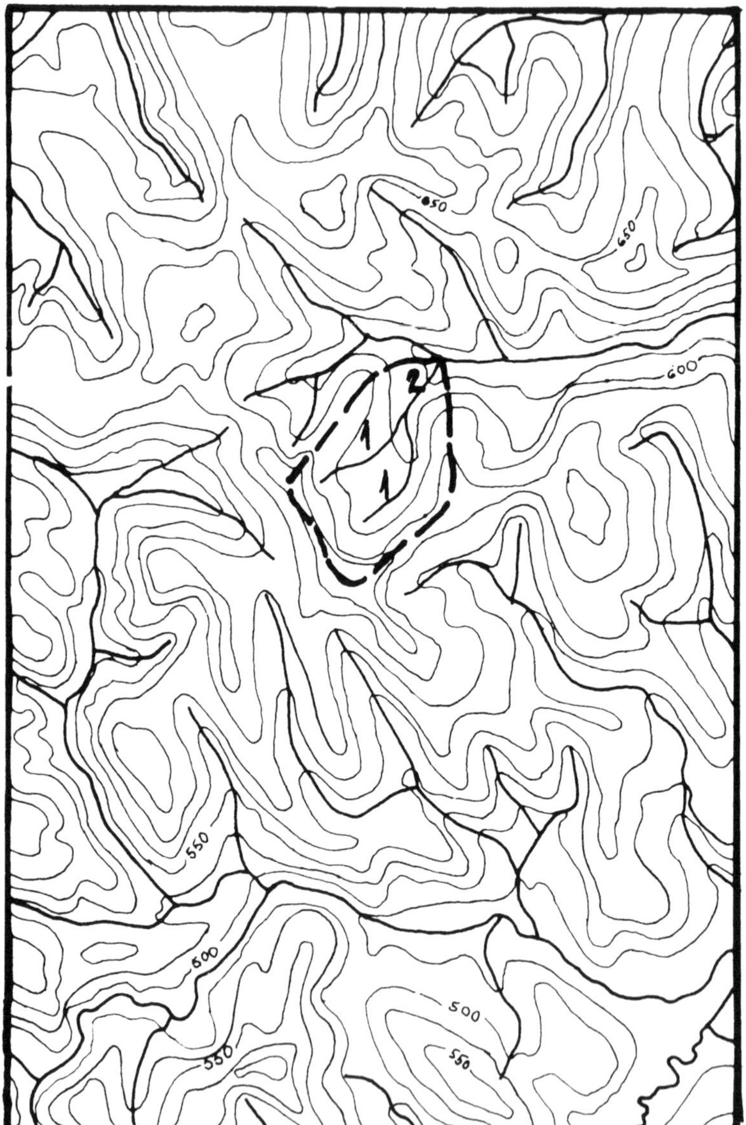

Figura 3.1 — *Carta topográfica do rio São João (RJ/SP), escala 1:25.000.*

confluência de dois canais de 1.ª ordem, a bacia passa a ser de 2.ª ordem em qualquer ponto ao longo deste segmento do canal, até encontrar um outro da mesma ordem, quando então o canal eleva-se para uma 3.ª ordem hierárquica, e assim sucessivamente. A confluência de canais de uma certa ordem com um segmento de canal de ordem inferior não altera a classificação hierárquica deste último.

Observe que, na Figura 3.2, a mesma bacia de 2.ª ordem vista na escala de 1:25.000 agora apresenta-se numa posição hierárquica de 3.ª ordem na carta topográfica em escala de maior detalhamento (1:10.000), conforme comentado anteriormente. Calcule a área da bacia de 3.ª ordem já delimitada na carta, e compare o resultado com a área calculada, anteriormente, para a mesma bacia, porém em escala de 1:25.000.

O cálculo de área das bacias de drenagem pode ser feito com auxílio de um instrumento chamado planímetro. Na ausência deste, entretanto, pode-se sobrepor, à bacia delimitada na carta topográfica, um papel vegetal milimetrado, e contar o número de quadrículas inseridas na parte interna da bacia. Sabendo-se a escala da carta, e portanto, a área real correspondente a uma quadrícula, multiplica-se este valor pelo número total de quadrículas para obter-se a área da bacia.

2.2. *Pluviometria e Leitura de Pluviograma (intensidade de chuva, mm/h)*

A análise da quantidade e distribuição espacial das chuvas, numa determinada área, é feita, em geral, através de registros pluviométricos obtidos com instrumentos chamados pluviômetros e pluviógrafos.

Os pluviômetros mais comuns são recipientes cilíndricos circulares, abertos para a atmosfera e fechados na base, de modo que possam recolher e armazenar a chuva. Podem ser mais elaborados e feitos de metal, tal como os comercializados pelas empresas de instrumentação meteorológica, ou construídos, artesanalmente, com materiais mais baratos, utilizando tubos de PVC, embalagens plásticas de refrigerante etc.

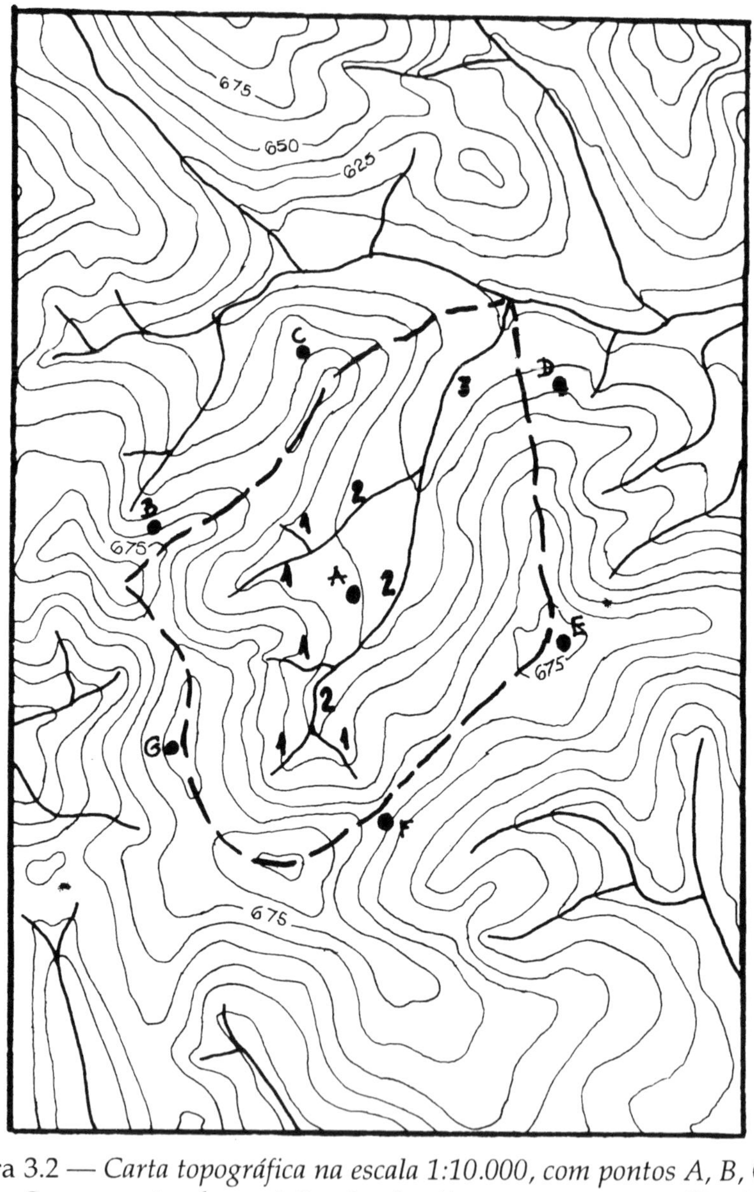

Figura 3.2 — *Carta topográfica na escala 1:10.000, com pontos A, B, C, D, E, F e G representando posições de pluviômetros a serem utilizados no Exercício 3.1.*

Este instrumento serve para medir a altura total de chuva precipitada durante um intervalo de tempo conhecido. O procedimento usual de medição inclui a anotação do volume de água precipitado, lido numa proveta graduada, através do qual é posteriormente calculada a altura de precipitação. As leituras são feitas, geralmente, a cada 24 horas, todos os dias do ano, preferencialmente às 7 horas da manhã.

Os pluviógrafos são instrumentos mais complexos e mais caros, dotados de um mecanismo especial de engrenagens movidas à corda (tal como um relógio), que faz girar, ao longo do tempo, um leve cilíndro de alumínio onde é preso um papel retangular com escala, chamado pluviograma (Figura 3.3). A abertura superior do instrumento permite que a água da chuva se acumule num pequeno recipiente interno que, conforme o aumento do peso da água acumu-

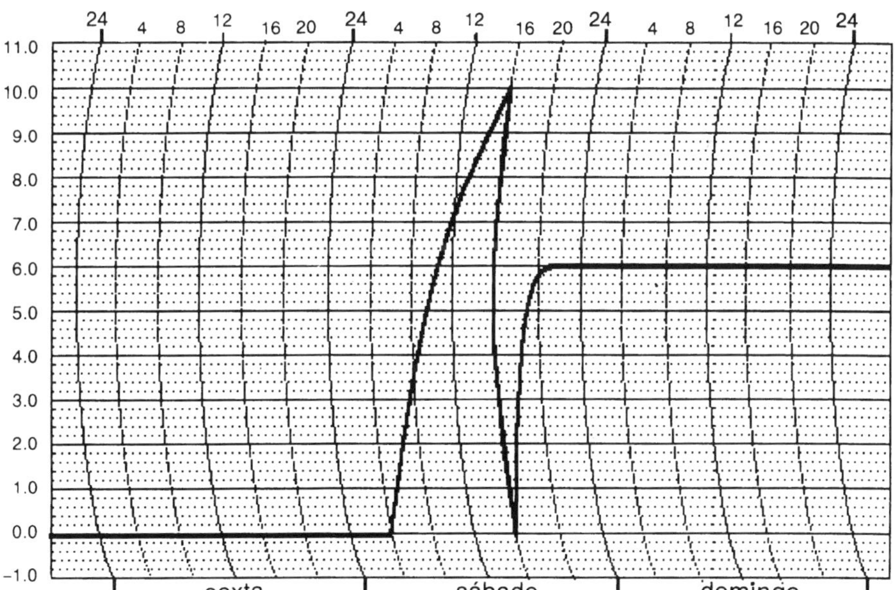

Figura 3.3 — *Trecho de um pluviograma de autonomia semanal; a linha mais grossa representa o registro da chuva; os eixos curvos verticais indicam intervalos de tempo de 4 horas e as linhas pontilhadas horizontais indicam a altura da chuva em intervalos de 0,2mm.*

lada, faz subir uma ponta de caneta que marca o papel e indica a altura da precipitação a cada instante. A cada 10mm de altura de chuva o recipiente interno esvazia automaticamente e a pena cai à altura zero, para então, novamente, ascender, caso a chuva persista. A vantagem do pluviógrafo em relação ao pluviômetro é que este permite a leitura da intensidade da chuva em intervalos de minutos a horas. Além disso, permite determinar a precipitação diária e a quantidade de eventos de chuva a cada semana. A autonomia de campo do pluviógrafo é variável e, portanto, o aumento desta autonomia tende a reduzir a qualidade de informação sobre intensidade das chuvas em intervalos de minutos.

a) Suponha que esteja sendo utilizado, num determinado lugar, um pluviômetro igual a um copo cilíndrico circular com abertura de 50mm de raio. Calcule a precipitação de cada dia mensurado, ou seja, a altura de chuva em mm, sabendo que o volume de água acumulada dentro do pluviômetro, lido na proveta graduada, atingiu os volumes indicados na Tabela 3.1.

TABELA 3.1 — Leitura diária de pluviômetro.

Dia da semana	Leitura do volume (ml)	Altura de chuva (mm)
segunda	887,5	113
terça	642,0	
quarta	126,0	
quinta	178,5	
sexta	225,0	
sábado	415,0	
domingo	568,5	

b) Observando o pluviograma da Figura 3.3 indique o número de dias de chuva; a distribuição de intensidade do evento de chuva em intervalos de 2 horas e a altura total diária de precipitação. Observe que o pluviograma dado traz informações de 3 dias.

Se o volume de chuva medido foi de 887,50ml, então este era o volume ocupado pela água dentro do cilindro. Sabendo que a equação que define o volume de um cilindro (V) é:

$$V = \pi r^2 h \qquad \text{(Eq. 3.1)}$$

onde: π – é a constante matemática igual a 3,1415927...;
r – é o raio do cilindro;
h – é a altura do cilindro;

deste modo, temos que substituir, na Eq. 3.1, o volume medido e, como sabemos os valores de π e r, encontraremos o valor de h, que é a altura de chuva procurada.

Porém, é importante ressaltar que as unidades dentro da equação têm que ser compatíveis entre si. Isto significa que temos que expressar o volume em mm^3 já que r está em mm e o valor de h, que procuramos, também deverá estar em mm.

Em termos volumétricos é sabido que: 1mm = $1cm^3$.

Porém, como estamos trabalhando com ml e mm, vamos estabelecer as relações volumétricas entre estas duas unidades.

Sabemos que: 10mm = 1cm.

Então:

$$(10mm)^3 = (1cm)^3$$
$$10^3 mm^3 = 1^3 cm^3$$
$$1.000 mm^3 = 1 cm^3$$

Assim, através de uma regra de três simples, podemos estabelecer que:

1ml———————— $1.000mm^3$
887,50ml———————— X mm^3

Logo: 887,50ml = $887.500mm^3$.

Substituindo 887.500mm^3 na Eq. 3.1, teremos:

$$887.500mm^3 = \pi\, r^2 .h$$
$$887.500mm^3 = 3,1415927 \times (50mm)^2 \times h$$
$$887.500mm^3 = 3,1415927 \times 2.500mm^2 \times h$$

Assim, tem-se que:

$$h = 113,0mm.$$

Observe, no pluviograma dado, que as linhas horizontais possuem intervalos de alturas de chuva de 0,2mm, enquanto que as linhas verticais indicam o tempo em intervalos de 4 horas. Quando a altura de chuva prossegue horizontalmente, significa que houve uma estiagem. Neste evento registrado, corte a altura de chuva a cada intervalo pretendido e, em seguida, leia a altura de chuva em cada um destes segmentos.

2.3. Cálculo de Distribuição Média da Precipitação em Bacia de Drenagem

Como foi visto em Coelho Netto (1995), a precipitação varia espacialmente não apenas em níveis locais ou regionais, em função dos mecanismos geradores de chuvas, mas também a curtas distâncias (poucos metros), em função de controles de variações pontuais, tais como ventos, edificações etc. Portanto, dependendo do interesse de estudo e da escala de análise, a precipitação deve ser mensurada em diferentes pontos da área de interesse ou bacia de drenagem, através de uma rede de pluviômetros ou pluviógrafos. A extensão da série temporal dos registros de chuvas deve ser longa o suficiente, de modo a permitir o registro de todo o espectro de variabilidade das chuvas: a literatura ressalta que séries acima de 25 anos são satisfatórias, desde que não ocorram mudanças significativas nas condições ambientais regionais e/ou locais (Meis *et al.*, 1981). Certamente que as séries temporais menores não devem ser excluídas de análise, apenas impõe-se uma certa limitação na validação dos resultados.

Nos exercícios abaixo incluem-se métodos para calcular a distribuição média das chuvas sobre uma determinada área; a precisão de cada método depende da densidade da rede de mensuração. Ver indicações sobre adequação de cada método em Coelho Netto (1995).

Observe o conjunto de pluviômetros dispostos na bacia de drenagem de maior ordem que foi delimitada na Figura 3.2, e de acordo com as posições e alturas de chuva indicadas na Tabela 3.2, calcule a precipitação média da bacia, utilizando os seguintes métodos :

TABELA 3.2 – **Posição e altura de chuva dos pluviômetros mostrado na Figura 3.2.**

Pluviômetros	Altura de chuva (mm)
A	113
B	130
C	118
D	115
E	120
F	127
G	135

a) Média aritmética dos registros obtidos em diferentes pontos da área de interesse.

A média aritmética, para a bacia de drenagem considerada será obtida através do somatório dos registros de chuva dos postos pluviométricos de A a G, dividido pelo número total de postos (7). O resultado do exemplo dado é igual a 124mm.

b) Método ponderado de Thiessen (pondera o registro pontual pela área de influência de cada posto registrador).

Ligando uma reta do pluviômetro posicionado no posto A aos demais pluviômetros dos postos B, C, D, E, F e G, serão formados os segmentos AB, AC, ... e AG. Determinando o ponto médio de cada segmento e traçando-se neste ponto uma linha reta perpendicular a cada segmento, será formado um polígono contendo o ponto A em seu interior.

· Ligando uma linha reta entre os postos B, C, D, E, F e G contiguamente, serão formados os segmentos BC, CD, ... e GB. Determina-se o ponto médio destes novos segmentos.

Traçando uma reta entre o vértice do polígono contendo A e o ponto médio mais próximo, até cruzar ao divisor da bacia, serão formados novos polígonos, com área delimitada pelos lados destes polígonos e o limite da bacia.

Dividindo-se a área de cada polígono da bacia pela área total da bacia, determina-se o valor do elemento ponderador. Multiplicando-se o valor de cada elemento pela altura de chuva de cada pluviômetro associado, tem-se a altura ponderada de chuva para cada setor da bacia.

A média ponderada de Thiessen, para toda a bacia de drenagem, será obtida através do somatório das alturas ponderadas, dividido pelo número de setores.

c) Método ponderado das isoietas (pondera a quantidade de chuva pela área entre duas isoietas adjacentes).

Buscar a explicação em Coelho Netto (1995) e aplicar no exemplo ora indicado de bacia; compare com os resultados obtidos pelos métodos acima.

2.4. Distribuição Espaço-temporal da Intercepção Florestal

A intercepção pelas copas arbóreas pode ser mensurada com pluviômetros artesanais, instalados a uma altura mínima de 20cm do piso florestal para evitar entradas por salpico de gotas. Recomenda-se uma densidade mínima de pluviômetros em torno de 1 pluviômetro/m^2, distribuídos aleatoriamente numa área previamente delimitada como sítio de mensuração. A água coletada representará a altura de chuvas atravessadas (*throughfall*), a qual pode ser representada em porcentagem da altura total de chuvas (mensuradas acima das copas); a diferença entre o total de chuva e a chuva atravessada corresponde à quantidade armazenada ou interceptada pelas copas arbóreas. Este último valor obtido pode ser ponderado pela densidade de cobertura arbórea por ser um parâmetro relevante no controle da intercepção (Coelho Netto *et al.*, 1986; Miranda 1992).

O fluxo d'água que converge para o interior da floresta, através dos troncos arbóreos *(stemflow)*, pode ser mensurado com a fixação de uma calha coletora ao redor do tronco, a qual liga-se uma mangueira para coleta do fluxo em recipiente devidamente vedado (ver detalhes em Miranda, *op. cit.*). Uma maneira de indicar o armazenamento de água pela serapilheira (ou teor de umidade) pode ser com base na variação percentual de água em relação ao peso seco de uma certa quantidade de serapilheira, coletada e armazenada de modo a preservar sua umidade na condição de campo, ou seja:

$$\text{teor de umidade (\%)} = \frac{PU - PS}{P} \times 100 \qquad \text{onde,}$$

PU = peso total da amostra úmida, mantidas as condições de campo,
PS = peso da amostra seca

Agora considere que, numa bacia de drenagem florestada com 80ha, a intercepção (I) varia com a precipitação total mensal (P), tal como mostra a Tabela 3.3. Da chuva total interceptada, 30% ocorrem

TABELA 3.3 – Parâmetros hidrológicos.

Meses	(P) mm	(L_{cH}) mm/mês	(I) %	(I) mm	(A_c) mm	(A_s) mm	(P_t) mm	(Q) m³/mês
JAN	270	120	8	21,60	15,12	6,48	248,40	198.720
FEV	210	180	10					
MAR	220	260	5					
ABR	185	120	14					
MAI	140	140	16					
JUN	90	100	21					
JUL	30	30	25					
AGO	25	30	23					
SET	35	50	18					
OUT	150	170	12					
NOV	180	200	12					
DEZ	190	150	10					

pelo armazenamento nas copas (A_c) e 70% são devidos ao armazenamento na serapilheira (A_s). A seguir, faça o que se pede abaixo:

a) Calcule para cada mês, expressando os resultados em mm, os valores de (I) (A_c), (A_s) e da precipitação terminal (P_t).

A precipitação terminal é a quantidade de chuva que consegue alcançar o horizonte mineral do solo. Portanto, é fácil verificar que a precipitação terminal é igual a quantidade de precipitação acima das plantas menos a quantidade interceptada. Logo:

$$P_t = P - I \qquad \text{(Eq. 3.2)}$$

Porém, como a intercepção abrange o armazenamento das copas mais o armazenamento pela serapilheira, podemos escrever a Eq. 3.2 da seguinte forma:

$$P_t = P - I = P - (A_c + A_s) \qquad \text{(Eq. 3.3)}$$

A partir disso, para o mês de janeiro, podemos estabelecer que dos 270mm precipitados, 8% foram interceptados, assim:

$$I_{jan} = 270\text{mm} \times (8/100) = 270\text{mm} \times 0{,}08 = 21{,}60\text{mm}.$$

Desta parcela de intercepção em janeiro, sabemos que 70% são correspondentes a A_s, e 30% a A_c, então:

$$A_{sjan} = 21{,}60\text{mm} \times 0{,}70 = 15{,}12\text{mm}.$$
$$A_{cjan} = 21{,}60\text{mm} \times 0{,}30 = 6{,}48\text{mm}.$$

A precipitação terminal pode ser obtida da Eq. 3.3, sendo:

$$P_{tjan} = P_{jan} - I_{jan} = 270\text{mm} - 21{,}60\text{mm} = 248{,}40\text{mm}.$$

b) Admitindo que a precipitação terminal mensal abasteça diretamente o canal principal da bacia, qual é o volume de saída a cada mês, ou seja, a vazão mensal (Q), medida na desembocadura da bacia? (Expresse os resultados em m^3/ mês.)

Se a precipitacão terminal mensal abastece diretamente o canal principal da bacia, então temos que assumir que a quantidade de água que chega ao solo (precipitação terminal), distribuída homogeneamente por toda a bacia, será proporcional a quantidade de água multiplicada pela área da bacia. Com isso, temos:

$$Q_{jan} = \text{área da bacia} \times P_{tjan} = 80ha \times 248{,}40mm.$$

Porém, antes de realizarmos esta multiplicação, temos que compatibilizar as unidades de área e de comprimento (que é a dimensão da precipitação).

É sabido que 1ha equivale a uma área de 100 x 100m, ou seja, $1ha = 10.000m^2$. Portanto, $80ha = 800.000m^2$.

Por outro lado, transformando o comprimento de mm para m, vamos observar que 248,40mm = 0,2484m.

Agora podemos realizar a multiplicação:

$$Q_{jan} = \text{área da bacia} \times P_{tjan} = 800.000m^2 \times 0{,}2484m.$$
$$Q_{jan} = 198.720m^3.$$

Por fim, cabe ressaltar que este resultado é o volume para o mês de janeiro, logo, na tabela o resultado aparecerá como $198.920m^3$/ mês.

c) Complete e analise o gráfico de barras (histograma) da Figura 3.4, que deve conter para cada mês os valores de P, I, A_c, A_s e P_t.

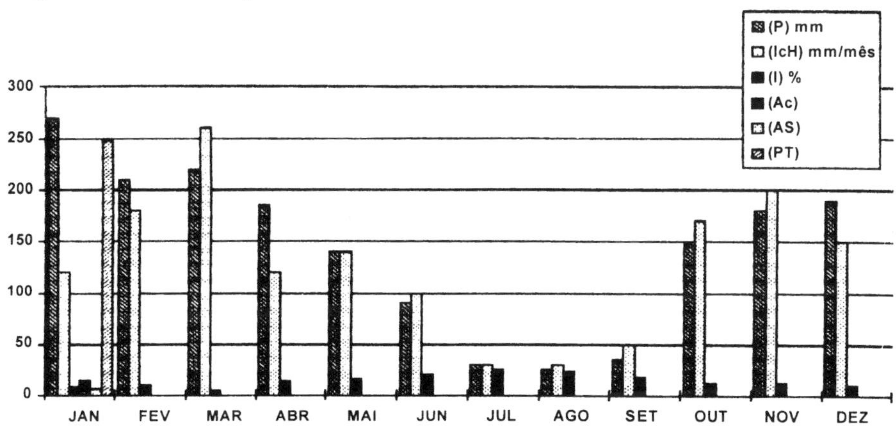

Figura 3.4 – *Histograma correspondente aos valores da Tabela 3.3.*

2.5. Mudança de Cobertura Vegetal e Taxa de Infiltração

Admita agora que a bacia florestada, indicada no Exercício 2.4, foi submetida a um extenso desmatamento (cerca de 90%), alterando-se, em conseqüência, a capacidade de infiltração do solo. As novas taxas de infiltração puderam ser avaliadas indiretamente através de parcelas de mensuração do escoamento superficial, sobre as quais foram aplicadas chuvas artificiais com o auxílio de simulador de chuvas (o método e o instrumental foram obtidos em Dunne e Leopold (1978), descritos posteriormente em Fernandes *et al.* (1990). Com a simulação de chuvas controla-se a intensidade das chuvas (Ich, mm/h) e, na saída da parcela de mensuração, obtém-se o volume do escoamento superficial (Es, em cm^3/h). Dividindo-se o volume do escoamento superficial pela área da parcela de mensuração, pode-se converter os valores do escoamento em escala de milímetros; portanto, agora pode-se calcular a taxa de infiltração como abaixo:

$$f_t = Ich - E_s \qquad \text{onde,}$$

ft = capacidade de infiltração num determinado tempo.

Sabendo-se que a capacidade de infiltração é variável no tempo, como foi discutido em Coelho Netto (1995), deve-se reproduzir os experimentos de campo para diferentes condições de umidade antecedente e em diferentes pontos da bacia estudada.

a) Sabendo-se que a capacidade de infiltração média da bacia é igual a 3cm/hora, quais serão os valores máximos das taxas de escoamento superficial (em cm/h) para eventos de chuva com intensidades constantes de :

20cm/h; 10cm/h; 5cm/h, e 2,5cm/h.

b) Quais serão as vazões correspondentes, na desembocadura da bacia que drena uma área de 80ha, admitindo agora que somente o escoamento superficial abastece o canal principal?

2.6. Medição da Infiltração em Cilindros

No Exercício 2.5, o método visto para avaliação indireta da capacidade de infiltração, conduziu à obtenção de um valor médio para a bacia de drenagem exemplificada, em torno de 3cm/h. Contudo, é possível determinar a capacidade de infiltração diretamente no campo, através do uso de infiltrômetros cilíndricos. Esse instrumental, no entanto, não é adequado para encostas florestadas, de vez que o escoamento superficial característico dessas áreas ocorre sobre e intra-serapilheira (Coelho Netto, 1987).

Um tipo de infiltrômetro de fácil manuseio e de baixo custo pode ser construído com tubos de PVC de diâmetro e altura conhecidos, acoplados a uma bureta graduada e com torneira, tal como mostra a Figura 3.5. O tubo (cilindro) é cravado no topo do solo e enchido com água até uma certa altura acima do solo. Esta altura d'água deverá ser mantida constante conforme a abertura da torneira da bureta. Inicialmente a água se infiltra no solo de maneira irregular, porém a medida em que o solo ao redor do cilindro se aproxima da saturação, a vazão tende a tornar-se constante para cada intervalo de tempo conhecido, o que é observado pela leitura da bureta. Este tipo de ensaio pode ser facilmente reproduzido sob diferentes condições de campo, em vista da obtenção de valores médios.

Foram realizados quatro ensaios de infiltrometria em pontos com condições geoecológicas variadas. Utilizou-se um cilindro de 20cm de altura (h_{cil}) e 10cm de diâmetro (d_{cil}), cravado 5cm no solo e mantendo-se uma lâmina d'água de 2cm acima do solo, de acordo com a regulagem da torneira na saída da bureta. A entrada d'água no solo foi lida através da variação da coluna dágua de uma bureta graduada em cm, com 5cm de diâmetro interno (d_{bur}), sempre a intervalos de tempo de 10min.

a) Calcule a capacidade de infiltração (CI) em cm/h, plotando cada ensaio num gráfico de volume (V) em cm^3 por tempo (t) em minutos, a partir dos dados fornecidos na Tabela 3.4.

Os dados obtidos em campo foram os intevalos de tempo (t) em

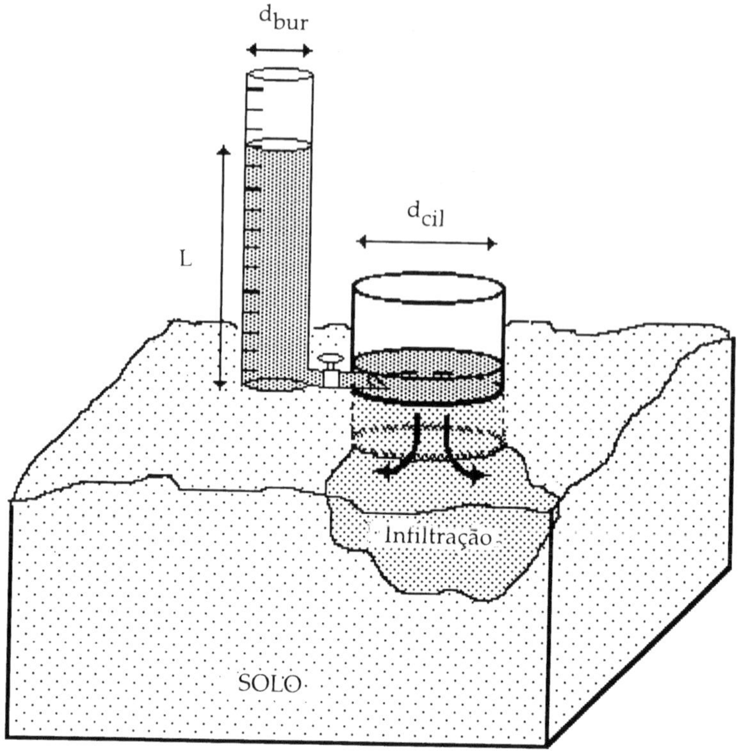

Figura 3.5 — *Infiltrômetro de tubo de PVC com bureta graduada.*

minutos e as leituras da altura da coluna d'água dentro da bureta (L) em centímetros.

Portanto, para iniciar o cálculo da infiltração é necessário, primeiro, saber o volume dágua correspondente a cada leitura L. Isto pode ser feito através da definição do volume de um cilindro circular, que é a multiplicação da sua área por sua altura.

No caso em questão, o volume d'água infiltrado pode ser obtido pela multiplicação da área da secção da bureta (A_{bur}) pelas alturas da coluna dágua dentro da bureta (L).

Logo, para o volume inicial do ensaio 1, tem-se:

$$V = (A_{bur}) \times L = (\pi \times (d_{bur}/2)^2) \times L = \pi \times (5cm/2)^2) \times 99{,}3cm = 1950cm^3.$$

TABELA 3.4 – **Planilhas de quatro ensaios de infiltração.**

Ensaio 1		
t (min)	L (cm)	$\Delta V = L \times A_b$ (cm^3)
0	99,3	1950
10	80,5	1580
20	40,2	790
30	37,8	743
40	34,6	680
50	27,8	545
60	22,4	440
70	20,6	404
80	17,2	338
90	16,5	323
100	14,3	280
110	12,1	238
120	10,4	204
130	7,9	156
140	6,0	118
150	4,4	87

Ensaio 2		
t (min)	L (cm)	$\Delta V = L \times A_b$ (cm^3)
0	95,4	
10	78,2	
20	70,6	
30	44,6	
40	43,2	
50	38,4	
60	27,9	
70	20,4	
80	18,5	
90	17,3	
100	16,3	
110	15,3	
120	14,3	
130	13,3	
140	12,1	
150	10,9	

Ensaio 3		
t (min)	L (cm)	$\Delta V = L \times A_b$ (cm^3)
0	84,8	
10	63,3	
20	60,2	
30	51,9	
40	32,7	
50	32,0	
60	31,3	
70	30,8	
80	30,2	
90	29,7	
100	29,0	
110	28,5	
120	27,9	
130	27,5	
140	26,9	
150	26,5	

Ensaio 4		
t (min)	L (cm)	$\Delta V = L \times A_b$ (cm^3)
0	66,2	
10	53,6	
20	44,7	
30	41,3	
40	41,1	
50	40,9	
60	40,7	
70	40,7	
80	40,6	
90	40,5	
100	40,3	
110	40,2	
120	40,2	
130	40,0	
140	39,9	
150	39,7	

Seguindo o mesmo procedimento, chega-se aos volumes posteriores.

É sabido que a vazão (Q) pode ser obtida dividindo-se a variação de volume (ΔV), por um intervalo de tempo (Δt), mas para o cálculo da infiltracão, além de procurar-se a vazão em si, é necessário encontrar um valor de vazão constante. Sendo assim, para encontrar a vazão constante é preciso plotar o gráfico V x t e encontrar um trecho retilíneo da curva. O coeficiente angular deste trecho retilíneo representa a vazão constante.

Deste modo, a partir dos valores de ΔV, e Δt extraídos do gráfico da Figura 3.6, tem-se :

$$Q = \Delta V \ / \ \Delta t = (330 - 80)\ cm^3 \ / \ (150 - 90)\ min = 250 cm^3/h.$$

Dividindo-se este resultado pela área do cilindro (A_{cil}) cravado no solo, expressa em cm^2, obtém-se a capacidade de infiltração (CI), ou seja :

$$CI = Q \ / \ A_{cil} = Q/(\pi \times (d_{cil} \ / \ 2)^2) = (250cm^3/h) \ / \ (\pi \times (10cm \ / \ 2)^2)$$
$$CI = (250cm^3/h) \ / \ (78{,}54cm^2) = 3{,}18cm/h.$$

b) Compare os resultados de CI encontrados com outros resultados descritos em Coelho Netto (1995), e indique quais as condições de textura e cobertura vegetal mais prováveis de cada solo.

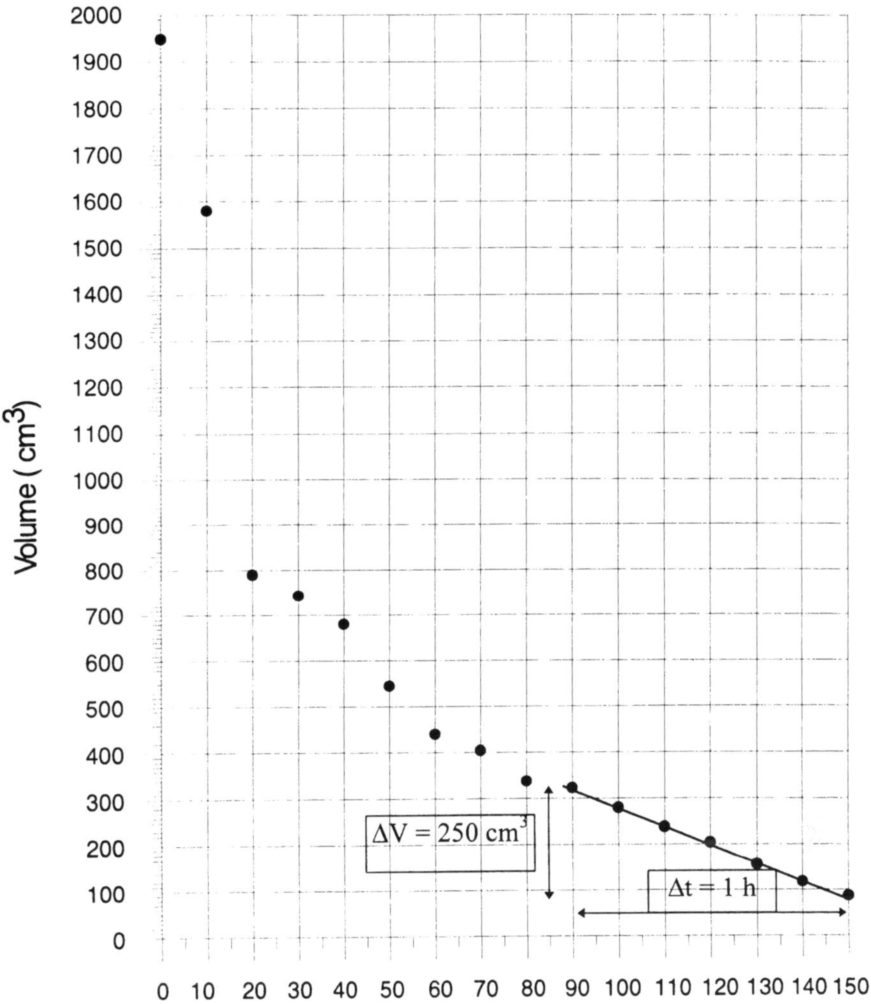

Figura 3.6 — *Gráfico de volume por tempo, obtidos a partir do cálculo da Tabela 3.4. Os pontos plotados representam os dados do primeiro ensaio.*

2.7. *Mensuração Indireta de Água no Solo por Tensiometria*

Os solos não saturados estão sujeitos à atuação de poro-pressões inferiores à pressão atmosférica, sendo em geral chamada de Poropressão Negativa ou Sucção. Além destes dois nomes, é também comum os termos Potencial Matricial de Pressão, Potencial de Pressão, Potencial de Tensão e Potencial de Sucção, principalmente em textos relativos a agricultura.

Fisicamente a sucção pode ser decomposta em duas componentes, uma, devido à capilaridade, que é chamada de Sucção Matricial (da matriz do solo), e outra, devido às interações dos íons situados nas partículas do solo, que é chamada de Sucção Osmótica.

No campo é possível medir a sucção pontual no interior do solo, através do instrumento chamado Tensiômetro, geralmente instalado em grupo, onde cada um atinge uma determinada profundidade, que pode variar de 5cm até 3m.

Um dos tipos mais baratos e que pode ser construído com relativa facilidade é o Tensiômetro de Mercúrio, tal como mostrado na Figura 3.7. Constitui-se de uma cápsula porosa de cerâmica, conectada na ponta de um tubo (em geral de PVC com 1/4" de diâmetro), que é tampado na extremidade oposta e ligado a um tubo flexível de pequeno diâmetro (cerca de 2mm). Este tubo flexível, por sua vez, fica esticado ao longo de uma régua e tem a sua extremidade imersa em uma pequena cuba (20ml) cheia de mercúrio e aberta para a atmosfera (Reichardt, 1978; Vieira e Castro, 1987; Fernandes *et al.*, 1989; Fernandes, 1990).

As leituras podem ser feitas diariamente, ou no máximo semanalmente, dependendo do interesse. Para seu perfeito funcionamento, toda a tubulação do sistema deve se encontrar saturada (sem ocorrência de bolhas de ar), o que pode ser feito através da injeção de água pela tampa superior do tubo de PVC, posteriormente a cada leitura.

O funcionamento se dá de acordo com a sucção apresentada pelo solo. Se o solo apresenta sucção e o sistema de tubulação está saturado, há uma saída de água da cápsula porosa para o solo, e com isso a água da tubulação se movimenta, causando a elevação do mercúrio pelo tubo flexível até o nível em que ocorra o equilíbrio entre a sucção do solo e a pressão do sistema. Neste momento, a altura da coluna de mercúrio indica o valor da sucção atuante.

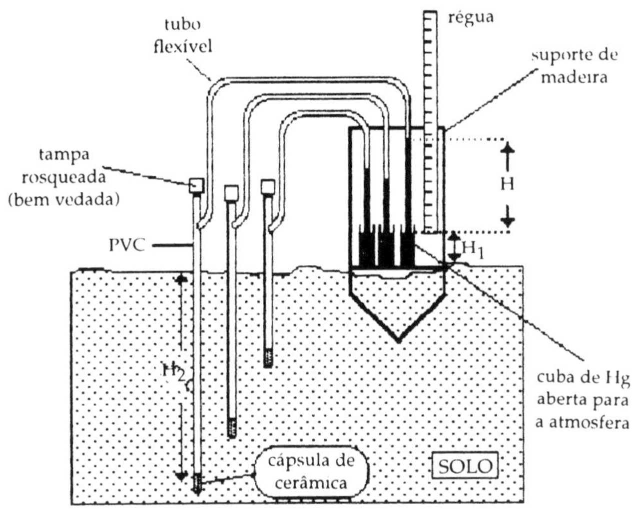

Figura 3.7 – *Componentes dos tensiômetros de mercúrio e alturas utilizadas no cálculo da sucção (modificado de Fernandes et al., 1989).*

Conforme se dá a variação de sucção ao longo do tempo, causada pelas mudanças de umidade da matriz do solo, principalmente devido à variação da frente de umidade provocada durante e após eventos de chuva, há a subida ou descida da coluna de mercúrio.

O cálculo do valor da sucção (Hp), expresso na unidade de cm de H_2O, pode ser obtido de acordo com a seguinte equação :

$$H_p = (-13{,}6\,H) + (H + H_1 + H_2) \qquad \text{(Eq. 3.4)}$$

ou, de forma mais simplificada :

$$H_p = (-12{,}6\,H) + (H_1 + H_2) \qquad \text{(Eq. 3.5)}$$

onde:

– 13,6 é uma constante que representa a densidade do Hg.
H é a altura da coluna de Hg lida com auxílio da régua.
H_1 é a altura entre o nível do terreno e o nível de Hg na cuba.
H_2 é a altura entre o topo do terreno e o meio da cápsula, ou seja, é a profundidade de instalação do tensiômetro.

a) Faça uma pesquisa bibliográfica sobre os termos saturação, poro-pressão, capilaridade e osmose.

b) Calcule a sucção obtida no campo em cada tensiômetro, utilizando os valores descritos na Tabela 3.5. e mostrados na Figura 3.8, expressando os resultados em cm de H_2O.

c) Transforme os valores encontrados em seguintes unidades: atm, psi, kgf/cm^2 e kPa.

d) É sabido que o tipo de tensiômetro apresentado tem a capacidade de ler sucções de até – 0,7atm. Calcule os valores que isto representa nas unidades mencionadas no item anterior e indique qual seria o comprimento mínimo da régua para ler este nível de sucção.

e) Nos quatro perfis indicados na Figura 3.8, plote os valores de sucção calculados para cada semana, que foram obtidos no item a, traçando as isolinhas de sucção em intervalos de – 10cm de H_2O. Observe que, no perfil da primeira semana, já foi traçada a isolinha de – 60cm de H_2O, servindo como orientação das demais relativas a mesma semana.

TABELA 3.5 - **Leitura semanal dos tensiômetros posicionados de acordo com os pontos A, B, C, D, E e F da Figura 3.8.**

1ª semana				
Ponto	H (cm)	H_1 (cm)	H_2 (cm)	H_p (cm)
A	14,7	5		
B	19,4	5		
C	11,7	8		
D	18,1	8		
E	11,6	6		
F	17,9	6		

2ª semana				
Ponto	H (cm)	H_1 (cm)	H_2 (cm)	H_p (cm)
A	13,9	5		
B	18,7	5		
C	11,0	8		
D	17,3	8		
E	10,8	6		
F	17,1	6		

3ª semana				
Ponto	H (cm)	H_1 (cm)	H_2 (cm)	H_p (cm)
A	13,1	5		
B	17,9	5		
C	10,2	8		
D	16,5	8		
E	10,0	6		
F	16,3	6		

4ª semana				
Ponto	H (cm)	H_1 (cm)	H_2 (cm)	H_p (cm)
A	12,3	5		
B	17,1	5		
C	9,4	8		
D	15,7	8		
E	9,2	6		
F	15,6	6		

f) Descreva qualitativamente a evolução da frente de umidade, a partir da análise dos quatro perfis.

g) Discuta o que aconteceria na leitura do tensiomêtro no caso de o solo estar saturado. Que procedimento seria necessário para que este instrumento também fosse capaz de ler níveis de poropressão positiva.

2.8. Cálculo de Permeabilidade Saturada

A movimentação de fluidos em meios porosos, homogêneos, isotrópicos e saturados obedece a chamada Lei de Darcy, expressa pela Eq. 3.6, descoberta após a realização de experimentos com a percolação de água em areia de granulometria homogênea.

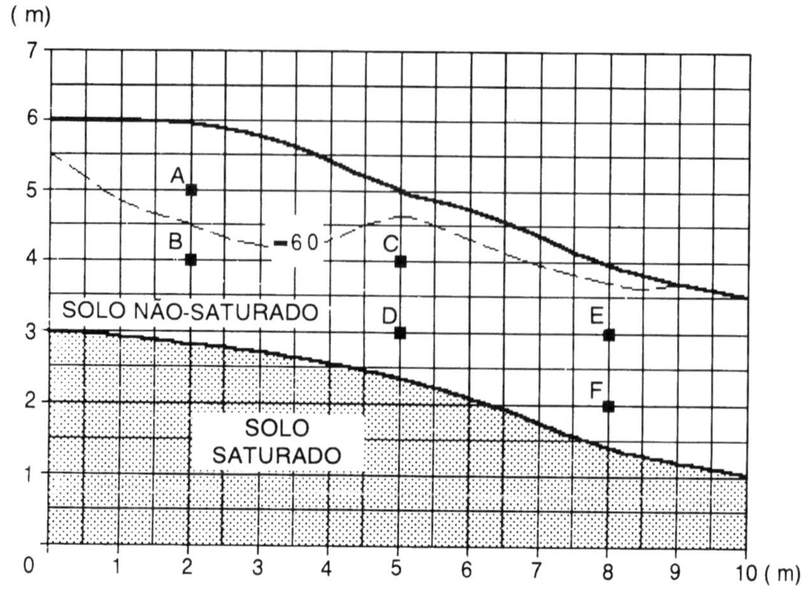

Primeira semana

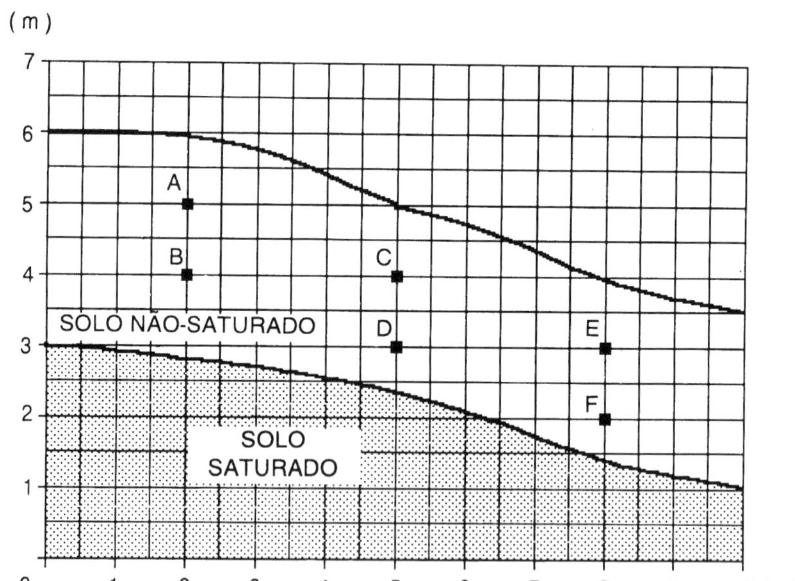

Segunda semana

Figura 3.8 – *Perfis de encosta para a representação de cada semana de medição, com tensiômetros instalados nos pontos A, B, C, D, E e F; semanas I, II, III e IV.*

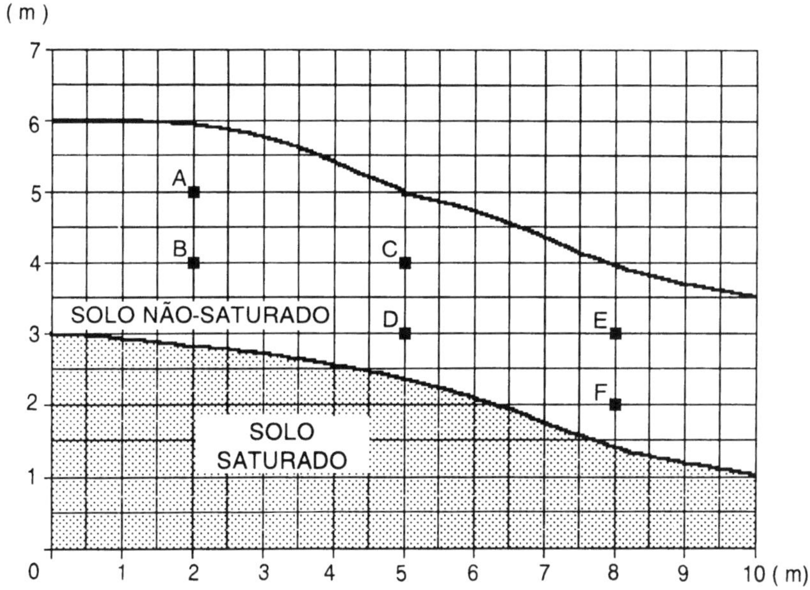

Terceira semana

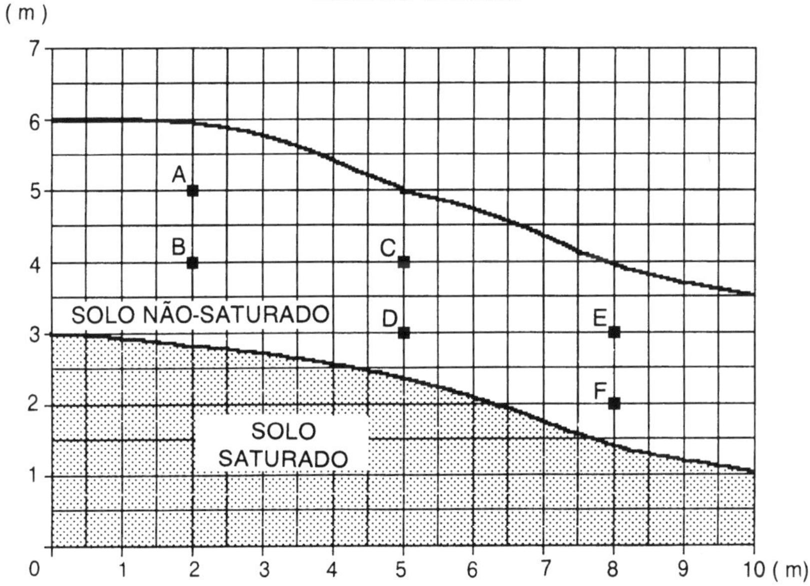

Quarta semana

$$Q = k\,i\,A \qquad \text{(Eq. 3.6)}$$

onde :

Q – é a vazão constante.
k – é o coeficiente de permeabilidade do meio poroso.
i – é o gradiente hidráulico.
A – é a área da secção do meio poroso, perpendicular à direção do fluxo.

Embora os solos não tenham as características ideais observadas por Darcy, é usual considerá-los na maioria dos casos como adequados à formulação proposta, salvo quando há descaracterizações nítidas, tais como solos não saturados, com estratificação contrastante (anisotrópicos), contendo rotas preferenciais de fluxos (bioturbação) etc.

Além das características do solo, temos que considerar, também, as características da água, destacando-se principalmente a viscosidade, a temperatura e a condição de escoamento em regime laminar (um fluxo sem ondas, sem turbulências). Outra consideração importante é a ocorrência de atrito entre a água e a superfície dos grãos do solo, causando uma perda de energia cinética durante a passagem do fluxo.

Esta perda de energia provoca uma diferença entre a energia potencial do ponto de partida inicial do fluxo em relação ao ponto final analisado, pois não há conservação de energia durante o movimento. O resultado disso é uma variação de carga total, denotada por ΔH, que tem a dimensão de comprimento. Como qualquer movimento espontâneo só ocorre de um ponto de maior energia potencial para outro de menor energia, pode-se afirmar que $H_i > H_f$, e deste modo, $\Delta H = H_i - H_f > 0$.

Relacionando esta variação de carga total entre dois pontos (ΔH), com a distância entre estes pontos (ΔL), tem-se a definição de gradiente hidráulico ($i = \Delta H / \Delta L$), que é adimensional. Substituindo a equação desta definição na Equação 3.6, chega-se à seguinte expressão:

$$Q = k\ (\Delta H\ /\ \Delta L\ )\ A \qquad \text{(Eq. 3.7)}$$

onde :

ΔH – é a variação da carga hidráulica total.
ΔL – é a distância entre os pontos de medição das cargas totais, dentro do meio poroso.

Sabendo que fisicamente a vazão (Q) é igual a velocidade de um fluxo (V) multiplicada pela área da secção (A) que este atravessa, ou seja, Q = V. A, é possível substituir esta relação na Equação 3.7 e obter:

$$v = k\ i \qquad \text{(Eq. 3.8)}$$

que é a forma mais comum de apresentação da Lei de Darcy. Além disso é importante destacar que, se a velocidade tem a dimensão de comprimento dividido por tempo, e o gradiente hidráulico é adimensional, logo a permeabilidade (k) também tem que ter a dimensão de velocidade. Em geral utiliza-se a unidade de cm/s.

a) As areias possuem menor porosidade que as argilas; contudo, a permeabilidade das areias é bem maior. Por quê?

As areias apresentam maior permeabilidade que as argilas, pois os vazios (ou poros) existentes entre os grãos de areia estão adequadamente interconectados, permitindo que o fluxo se movimente com maior facilidade, ao contrário das argilas, que apresentam vazios bastante desconectados.

b) Faça uma pesquisa bibliográfica sobre as variações da permeabilidade devido as alterações de temperatura e viscosidade da água.

c) Determine a permeabilidade do solo mostrado no esquema da Figura 3.9, que representa uma célula do ensaio de permeabili-

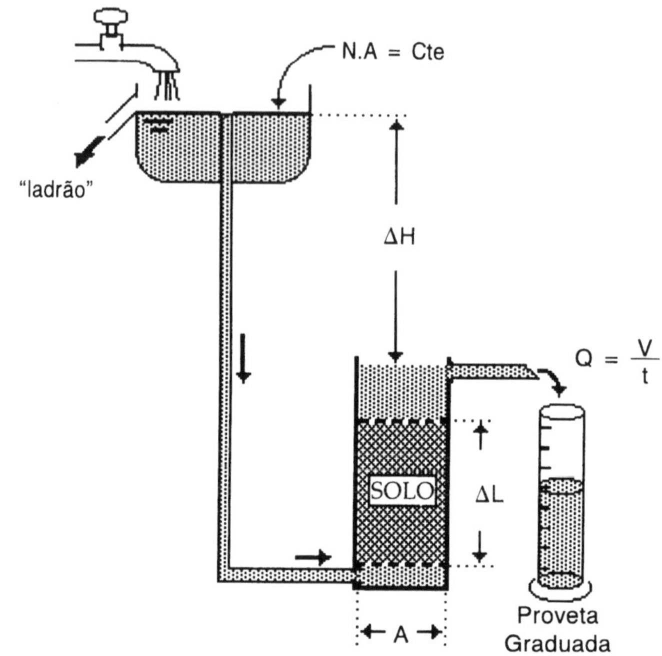

Figura 3.9 — *Permeâmetro de carga constante.*

dade de carga constante, utilizado para ensaio em areias, sabendo que: ΔH = 1m ; ΔL = 25cm ; Q = 94,25cm^3/min, e A= 78,54cm^2. Dê o resultado em cm/s, m/s, cm/h, e cm/dia.

2.9. Rede de Fluxos de Água Subsuperficial

A movimentação da água subterrânea regional se dá através dos aquíferos, que são as unidades geológicas capazes de armazenar e transmitir água em quantidade significativa e sob gradiente hidráulico natural. Para a maioria das situações encontradas na natureza, pode-se admitir que a movimentação da água subsuperficial obedece a Lei de Darcy.

O estudo destes fluxos é feito por meio de piezômetros e poços, a partir do qual torna-se possível o traçado das linhas de fluxo e linhas equipotencias, numa representação bidimensional, na forma de mapas ou perfis que é chamada de Rede de Fluxo. As linhas de fluxo são imaginárias e representam a trajetória da água subsuperficial, enquanto que as linhas equipotenciais (também imaginárias) representam as linhas de igual energia potencial.

Um piezômetro (do tipo chamado tubo aberto ou de Casagrande) é um instrumento construído com um tubo de PVC, em geral com diâmetro de 0,5 a 1,5", que possui na sua extremidade inferior um trecho intensamente perfurado que tenha pequeno comprimento em relação ao comprimento total do tubo (também funciona bem com uma ponteira porosa, tal como uma vela de filtro residencial). Quando instalados nas zonas saturadas do terreno, há uma percolação da água do aquífero através do trecho poroso, permitindo que a água penetre e se eleve no interior do tubo até uma altura (hc) chamada de carga de pressão. Desta forma os piezômetros medem a carga de pressão pontual no terreno, que pode também ser transformada em poropressão (u) através da Eq. 3.9:

$$u = h_p \cdot \gamma_w \qquad \text{(Eq. 3.9)}$$

onde: γ_w é o peso específico da água, assumido em geral como 1,0 kN/m³.

A linha potenciométrica é definida como uma linha em que todos os pontos possuem mesma carga hidráulica total. A carga total (H) é obtida pela soma da cargas de posição (Z), que é a altura da ponteira do tubo em relação a um *datum* previamente escolhido, com a carga de pressão (h_p), tal como mostra a Equação 3.10. A carga total tem a dimensão de comprimento e se expressa, em geral, por metros de água (m H_2O).

$$H = h_p + Z \qquad \text{(Eq. 3.10)}$$

Um poço é um tubo perfurado ao longo de todo o seu comprimento, que permite a entrada d'água ao longo de toda a espessura do aquífero. Se o aquífero é livre (ou freático) significa que o topo da zona saturada está sob pressão atmosférica, e, neste caso, o nível d'água no interior do poço representa o próprio nível d'água do aquífero, sendo chamado de nível d'água (N.A.) ou nível freático.

Quando o aquífero é confinado pode-se verificar uma condição de artesianismo, ou seja, quando a água jorra acima do nível do terreno. Além disso, cabe salientar que para os aquíferos freáticos, tanto os poços de pequeno diâmetro, com até 30cm (erroneamente chamados no comércio de artesianos) como os mais comuns, sem revestimento ou revestido de manilhas, de grande diâmetro (mais de 1m), delimitam o nível d'água com a mesma precisão.

Com as cotas do N.A., obtidas de uma malha de poços, podemos traçar curvas equipotenciais do aquífero livre, tal como são traçadas as curvas de nível de um levantamento topográfico. As linhas de fluxo são perpendiculares às equipotenciais e devem ser desenhadas de forma que possam conter uma circunferência que seja tangenciada simultaneamente por um par de linhas de fluxo e um par de equipotenciais.

a) Indique o nível d'água no interior dos tubos dos piezômetros apresentados na Figura 3.10, observando como exemplo a demonstração do caso A.

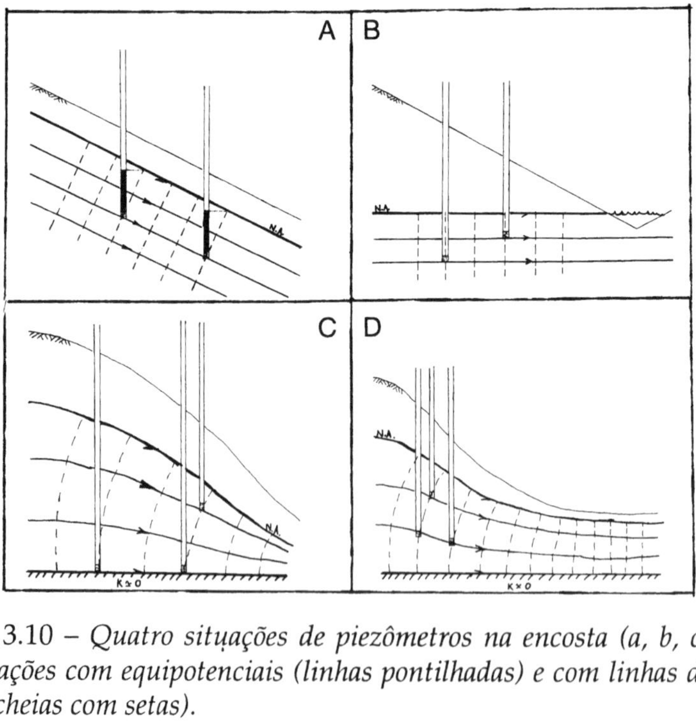

Figura 3.10 – *Quatro situações de piezômetros na encosta (a, b, c e d) e suas relações com equipotenciais (linhas pontilhadas) e com linhas de fluxo (linhas cheias com setas).*

b) De acordo com a Figura 3.11 e a Tabela 3.6, posicione os poços de acordo com as coordenadas X e Y, calcule a cota do N.A. de cada um deles e trace as linhas equipotenciais e as linhas de fluxos (o exercício não requer precisão de posicionamento).

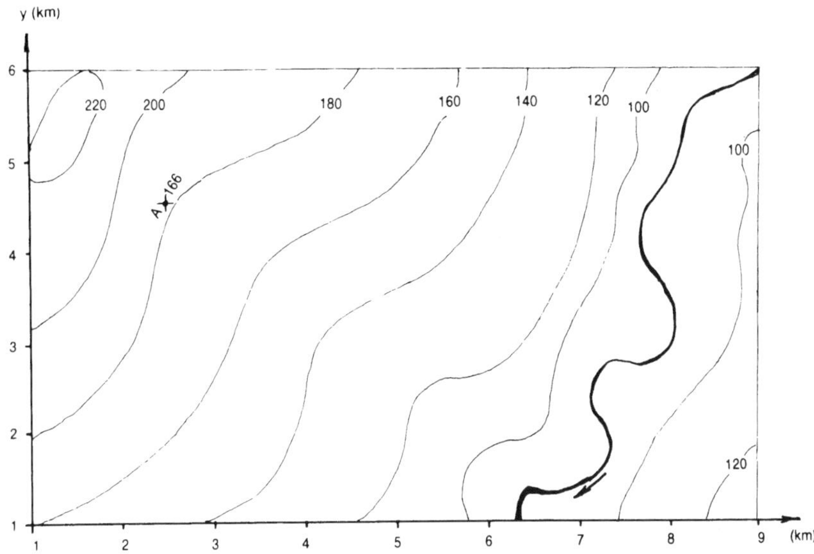

Figura 3.11 — *Mapa topográfico para posicionamento da malha de poços e construção da rede de fluxo.*

TABELA 3.6 – Localização dos poços e cotas do N.A.

Poço	X (km)	Y (km)	Cota da boca do poço (m)	Profundidade do NA (m)	Cota do NA (m)
A	2,5	4,6	179	13	166
B	4,8	4,5	158	10	
C	6,5	5,0	125	5	
D	2,3	2,7	178	12	
E	4,3	3,5	142	8	
F	8,2	2,5	07	3	
G	1,5	1,5	168	13	
H	4,2	1,5	130	9	
I	6,5	2,0	100	2	

3. *Questões de Auto-Avaliação*

Após a devida leitura do Capítulo 3, do livro texto *Geomorfologia: Uma Atualização de Bases e Conceitos*, de Guerra e Cunha (1995), avalie o seu aprendizado respondendo às questões formuladas:

3.1. Por que a água é vista como um elemento importante nos estudos geomorfológicos e afins ao meio ambiente ? Reproduza o ciclo hidrológico.

3.2. O que é uma bacia de drenagem? Explique por que a bacia é um sistema aberto e descreva os seus dois principais subsistemas.

3.3. Quais os mecanismos geradores de chuvas e qual o aspecto comum entre eles ?

3.4. O que é processo de intercepção e quais os principais elementos da cobertura vegetal que controlam a variabilidade espaço-temporal deste processo?

3.5. Qual a estrutura de uma serapilheira bem desenvolvida, e como ela controla o armazenamento, o escoamento superficial e a entrada de águas pluviais no solo?

3.6. O que é porosidade e quais as principais variáveis do solo que regulam a sua dimensão física?

3.7. Quais as principais forças que governam o movimento da água no solo, e que variáveis do solo governam, respectivamente, a dinâmica da atuação destas forças?

3.8. Explique o mecanismo de geração do escoamento superficial segundo Horton (1933), e indique as condições de solo, de cobertura de solo e posição topográfica mais favorável à produção do escoamento. Como este tipo de escoamento pode formar um canal erosivo nas encostas?

3.9. Explique o mecanismo de geração do escoamento superficial de saturação segundo Dunne (1970), e indique as condições de solo, cobertura de solo e posição topográfica mais favorável à produção do escoamento. Como esse tipo de escoamento pode formar um canal erosivo nas encostas?

3.10. Explique os termos a seguir: nível freático, franja capilar, aquífero, aquitarde; aquífero livre, aquífero confinado, superfície piezométrica e lençol suspenso.

4. *Bibliografia*

CHRISTOFOLETTI, A. *Geomorfologia Fluvial*, Ed. Edgard Blucher, v. 1, 313 p., 1980.

COELHO NETTO, A.L. Overland production in a tropical rainforest catchment: the role of litter cover; CATENA, 14, 3: 213-231, 1987.

COELHO NETTO, A.L. Hidrologia de encosta na interface com a Geomorfologia, In : GUERRA,A.J.T e CUNHA, S.B. (Orgs.) *Geomorfologia: Uma Atualização de Bases e Conceitos*, Ed. Bertrand Brasil 2.ª edição: 93-148, 1995.

COELHO NETTO, A.L., SANCHE, M. & PEIXOTO, M.N.O. Precipitação florestal em ambiente tropical montanhoso, *Rev. Bras. de Engenharia*, n.º 4, v. 2, 1986.

DUNNE, T. Runoff production in a humid area. US Dept. of Agricultura Report, ARS, 41-160, 1970.

DUNNE, T. & LEOPOLD, L.B. *Water* in *Environmental Planning*, W.H. Freeman & Company, San Francisco, 1978, 818 p.

FERNANDES, N.F. Hidrologia subsuperficial e propriedades físico-mecânicas dos complexos de rampa, Bananal, SP; Tese de Mestrado IGEO-UFRJ, 1990, 120 p.

FERNANDES, N.F., COELHO NETTO, A.L. & DEUS, C.E. Monitoramento dos fluxos d'água no solo; instrumentação alternativa; Anais do III Simp. Geog. Física e Aplicada, Nova Friburgo, RJ., v .1: 71-87, 1989.

GUERRA, A.J.T. Processos erosivos nas encostas, In: GUERRA, A.J.T. e CUNHA, S.B. (Orgs.) *Geomorfologia: Uma Atualização de Bases e Conceitos*, Ed. Bertrand Brasil, 2.ª edição: 149-209, 1995.

GUERRA, A.J.T. & CUNHA, S.B. (Orgs.) *Geomorfologia: Uma Atualizacão de Bases e Conceitos*, Ed. Bertrand Brasil, 2.ª edição, 458 p., 1995.

HORTON, R. E. The hole of infiltration in the hydrological cicle; Trans. Am. Geophys Union, 14, 446-460, 1933.

LEOPOLD, L.B.; WOLMAN, M.G. & MILLER, J.P. *Fluvial Processes in Geomorfology*, W.H. Freeman & Company, San Francisco, 522 p., 1964.

MEIS, M.R.M., COELHO NETTO, A.L. & OLIVEIRA, P.T.T.M. Ritmo e variabilidade das precipitações no vale do rio Paraíba do Sul; *Rev. Hidrol. e Rec. Hídricos*, 3: 43-56, 1981.

MIRANDA, J.C. O efeito da cobertura vegetal na entrada e redistribuição da chuva em uma encosta florestada, Rio de Janeiro, Tese de Mestrado, IGEO-UFRJ, 1992, 105 p.

REICHARDT, K. *Água em Sistemas Agrícolas*, Ed. Manole, 1978, 186 p.

STRAHLER, A.N. Hypsometric (area-altitude) analysis of an erosional topography; *Geol. Soc. Am. Bull.*, v. 38, 1117-1142, 1952.

VIEIRA, S.R. & CASTRO, O.M. Determinação, em laboratório, de curvas de retenção de água com tensiômetro, *Rev. Bras. da Ciência do Solo*, v. 11, n.2: 87-90, 1987.

CAPÍTULO 4

Processos Erosivos nas Encostas

Antonio J. T. Guerra

1. Introdução

Os exercícios e aplicações que se seguem têm por objetivo avaliar os conhecimentos sobre erosão dos solos, levando em conta, não apenas o processo em si, mas os diversos fatores que contribuem para o seu desenvolvimento.

O texto referente ao Capítulo 4 (Guerra, 1995) do livro *Geomorfologia: Uma Atualização de Bases e Conceitos*, pode ser utilizado como a principal obra de referência para responder a maioria dos exercícios. Outros capítulos desse livro, em especial o Capítulo 3 (Coelho Netto, 1995), também podem auxiliar no encaminhamento das respostas. No entanto, outras obras poderão ser também consultadas e, sempre que necessário, serão citadas no presente capítulo.

Os principais objetivos dos exercícios e aplicações aqui propostos são os de estimular aqueles interessados em erosão dos solos, em compreender os processos erosivos, levando em consideração o papel dos fatores controladores, tais como erosividade da chuva, propriedades dos solos, cobertura vegetal e características das encostas. O reconhecimento das principais formas erosivas, no campo, tais como erosão em lençol, ravinas e voçorocas, e o seu respectivo monitoramento, também são contemplados nesse capítulo. O papel da infiltração na geração do *runoff* e a maneira de mensurar esses processos, bem como o papel do escoamento superficial e subsuperficial nos processos erosivos, é outro ponto aqui considerado.

Formas específicas, típicas dos processos erosivos, como crostas e dutos, são investigadas e questionadas, com o objetivo de levar aqueles interessados no estudo da erosão a compreender o processo sob o ponto de vista das suas múltiplas relações. Por fim, alguns exemplos e aplicações da importância do conhecimento do processo erosivo, com fins da sua utilização em projetos de conservação dos solos, também são aqui propostos.

2. *Exercícios, Técnicas e Aplicações*

2.1. *Taxa de Infiltração*

A taxa de infiltração é o índice que mede a velocidade que a água da chuva se infiltra no solo. Ela exerce um importante papel sobre o escoamento superficial. Construa um infiltrômetro seguindo orientação dada na Figura 4.1 e faça medidas no campo, comparando três situações bem distintas: área de pasto, área agrícola e área com cobertura florestal.

Para construir o infiltrômetro utilize um cano de PVC ou de ferro, com as seguintes dimensões: 15cm de altura e 10cm de diâmetro interno, sendo que a parte do infiltrômetro que vai penetrar no solo deve ser mais fina que o topo de infiltrômetro, para poder entrar com uma certa facilidade.

Coloque o infiltrômetro no solo, utilizando um pedaço de madeira na parte de cima do instrumento, para protegê-lo, e bata com um martelo, ou marreta, até entrar 5cm no solo. Procure não perturbar muito o solo, quando estiver colocando o infiltrômetro. Após feito isso, coloque uma régua graduada (de 10cm), dentro do infiltrômetro e prenda com um pregador de roupas. Após essas condições, o infiltrômetro está preparado para ser utilizado.

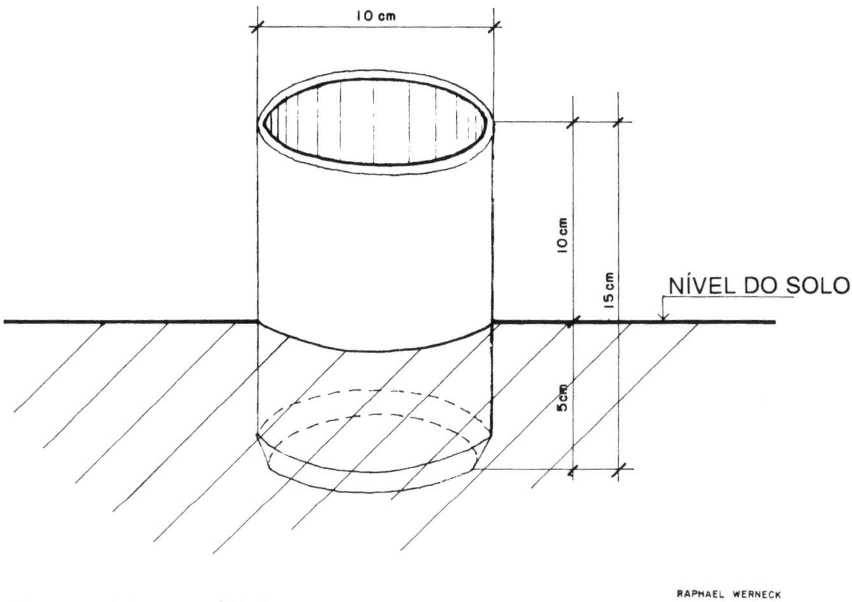

Figura 4.1 — *Infiltrômetro.*

Encha o infiltrômetro de água e marque o tempo, de preferência com um cronômetro, ou relógio, que contenha o marcador de segundos. Anote, na sua caderneta de campo, a profundidade da água após 30 segundos que o infiltrômetro foi cheio, 60 segundos, 1 minuto e meio, e dois minutos. Depois disso, anote a profundidade da água a cada minuto, até chegar a 30 minutos de experimento. Cada vez que a profundidade, dentro do infiltrômetro, atingir 5 centímetros, marque com um asterisco na caderneta de campo (o tempo em que isso aconteceu), e preencha novamente, com água, o infiltrômetro, e continue a marcar a profundidade da água, a cada minuto. Não recomece um novo tempo de marcação da profundidade, após cada vez que o infiltrômetro for cheio, ou seja, uma vez iniciado o experimento, este terá que durar 30 minutos exatamente.

Com a tabela de dados obtidos por meio do experimento, faça um gráfico onde, no eixo horizontal, estejam contidos os tempos (30",

60", ...3', 4', ...30') e, no eixo vertical, o total de água que entrou no infiltrômetro, a cada tempo (vide exemplo na Figura 4.2). As curvas

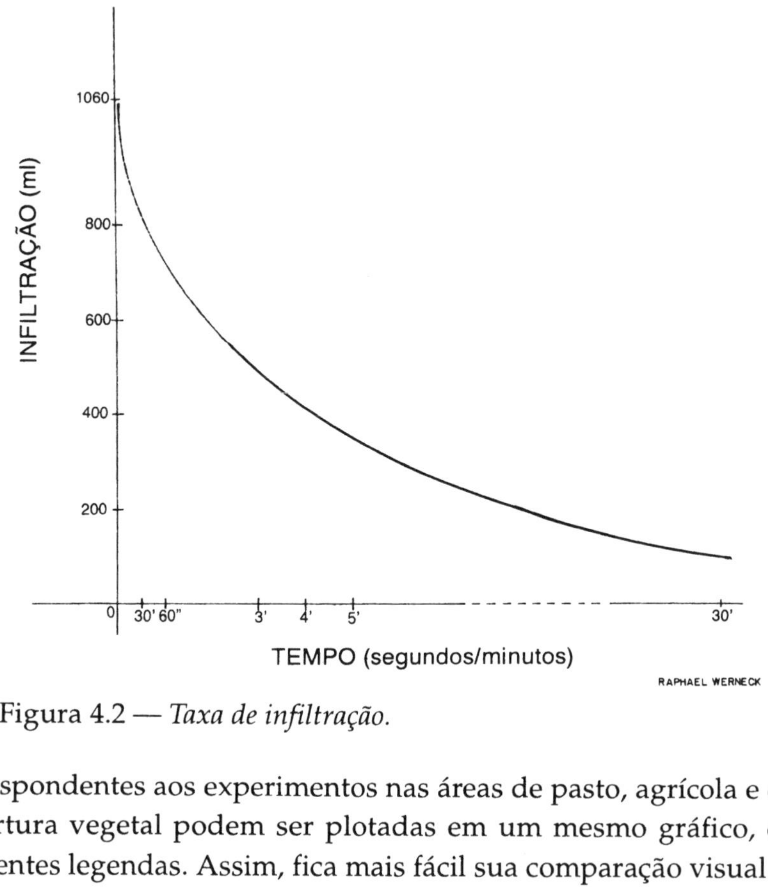

Figura 4.2 — *Taxa de infiltração.*

correspondentes aos experimentos nas áreas de pasto, agrícola e com cobertura vegetal podem ser plotadas em um mesmo gráfico, com diferentes legendas. Assim, fica mais fácil sua comparação visual.

Para plotar os dados deve-se, primeiramente, somar o total de água infiltrada, em mililitros, e este será o valor máximo do eixo vertical do gráfico. A partir desse total é só diminuir o valor máximo, do total infiltrado a 30 segundos, depois o valor restante pelo tempo de 60 segundos, e assim por diante, até chegar aos 30 minutos do experimento. Para calcular o valor de água infiltrada é só utilizar a fórmula πr^2 e multiplicar pela altura de água infiltrada durante o experimento, a cada tempo.

De posse dos dados e do gráfico, faça uma análise comparando as três curvas de infiltração. O infiltrômetro aqui utilizado foi idealizado por Hills (1970) e pode ser usado em diversas situações. Esse exercício sugere apenas alguns exemplos, porém pode ser também ser utilizado em outras aplicações.

2.2. *Monitoramento de Voçorocas*

Esse exercício deve ser realizado, de preferência, caso exista alguma voçoroca próxima da sua universidade. Ela refere-se ao monitoramento da evolução de uma ou mais voçorocas, levando em conta a sua expansão, em termos espaciais e temporais. Caso exista algum pluviômetro, próximo da área onde ocorram as voçorocas, o total de chuva poderá ser associado à evolução das mesmas.

A primeira providência é encontrar uma voçoroca e procurar localizá-la em uma carta topográfica. A partir daí, deve-se colocar um certo número de estacas ao redor da voçoroca, mantendo uma distância entre cada uma delas, que pode variar com o próprio perímetro da voçoroca. Não existem regras rígidas para esse espaçamento, mas devem ser colocadas, pelo menos, umas dez estacas ao redor da voçoroca. As estacas podem ser feitas de madeira e ter as seguintes dimensões: 40cm de altura, por 2cm de espessura e 5cm de largura (as medidas não precisam ser exatamente essas, mas podem ser em torno disso). Cada uma delas deve ser numerada e enterrada no solo até uns 30cm de profundidade. Elas devem ficar afastadas pelo menos uns dez metros das bordas da voçoroca. Na caderneta de campo deve-se fazer um esquema com as medidas de comprimento e largura da voçoroca, contendo a posição exata de cada estaca, e a distância, em linha reta, de cada estaca à borda da voçoroca.

Uma vez colocadas as estacas no solo e feito o esquema da distribuição espacial dessas estacas, deve-se retornar a cada quatro meses. O intervalo pode ser maior, caso as chuvas tenham uma distribuição irregular, ou sejam muito espaçadas durante o ano. Esse monitoramento pode ser feito, por exemplo, por um ano ou mais. O monitoramento consiste em medir a nova distância, caso tenha avançado a erosão entre a borda da voçoroca e cada uma das estacas. Essa distância pode ser uma linha reta, entre cada estaca e a borda da voçoroca. Após o período de monitoramento será possível estimar a taxa de evolução de uma ou mais voçorocas de uma determinada região (Figura 4.3). De posse desses dados, procure sugerir formas de controlar a erosão nas voçorocas monitoradas.

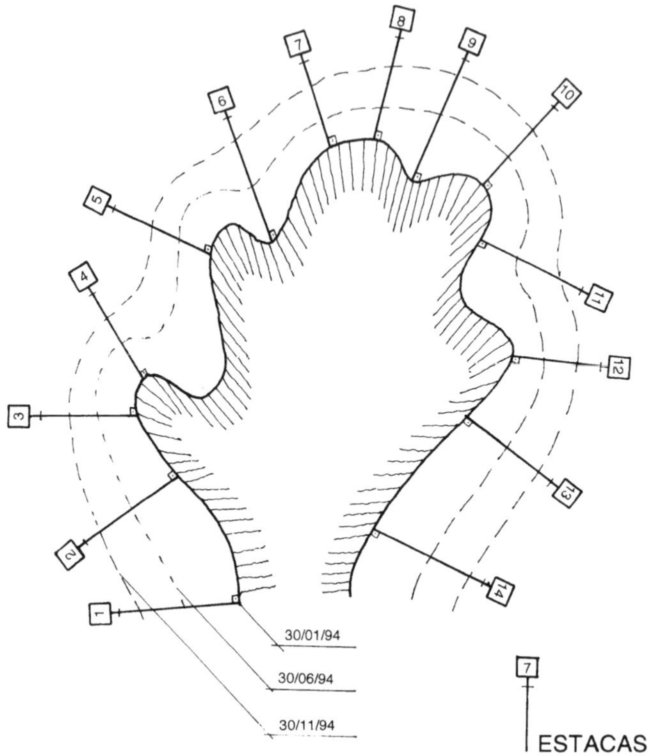

Figura 4.3 — *Monitoramento de voçoroca.*

2.3. Monitoramento de Ravinas

Localize, próximo a sua universidade, ou a sua cidade, uma ou mais de uma encosta, ou microbacia, onde ocorram ravinas. Após localizadas essas formas erosivas adote os seguintes procedimentos:

1. Procure situar em uma carta topográfica a localização dessas ravinas;

2. Faça um diagrama na caderneta de campo ou em um papel mi-

limetrado, estabelecendo, em uma escala de detalhe, a rede de ravinas em cada uma das áreas onde elas ocorrem;

3. Em cada uma das áreas meça o comprimento de cada uma das ravinas, tomando também medidas, a cada dez metros, da largura e da profundidade das ravinas monitoradas;

4. Em cada um dos pontos de medida, anote também a declividade da encosta (isso pode ser feito com um clinômetro, ou uma bússola de geólogo);

5. Amostras podem também ser coletadas em vários pontos das encostas monitoradas, para que sejam determinadas, em laboratório, algumas propriedades dos solos, como por exemplo, teor de areia, silte e argila, densidade aparente, densidade real, porosidade, teor de matéria orgânica, teor e estabilidade de agregados. Para se fazer essas análises pode ser consultado o *Manual da Embrapa* (1979).

De posse dos dados acima, podem ser feitas comparações entre as várias áreas estudadas, tais como as áreas que possuem propriedades dos solos, com maior susceptibilidade à erosão (Guerra, 1995). Com esses resultados relativos à erodibilidade, é possível colocar em cheque os resultados das propriedades dos solos com a maior ou menor ocorrência das marcas erosivas, mapeadas e mensuradas, durante o respectivo exercício.

Com os dados relativos ao comprimento e número de ravinas, em cada encosta, ou microbacia, é possível, após determinada a área em hectares ou km^2, de cada unidade de observação, determinar a densidade de ravinas, que é o número de ravinas dividido pela área ocupada, e também a densidade de extensão das ravinas, que é o comprimento total das ravinas dividido pela área ocupada por essas ravinas. Com os dados relativos ao comprimento e à declividade, anotados a cada dez metros, nas ravinas, é possível traçar perfis e, com isso, determinar a forma predominante das encostas onde ocorrem as ravinas (côncava, convexa e retilínea), ou as rupturas, quanto às formas existentes nessas encostas. Esses dados e diagramas podem também ser úteis na interpretação da existência de ravinas nas encostas, a partir do comprimento, forma e gradiente dessas encostas. A existência, ou não, de cobertura vegetal pode ser um outro dado importante para explicar a ocorrência das ravinas. Todos esses dados devem ser tabelados, mapeados, e vários testes estatísticos podem ser aplicados. Essas são apenas algumas propostas para se monitorar ravinas em uma determinada área. Outras opções podem ser adotadas, a partir das sugestões aqui feitas, com o objetivo de se entender a ocorrência dessas formas erosivas, em uma determinada encosta.

2.4. Propriedades do Solo

As propriedades do solo, como descritas no Capítulo 4 do livro *Geomorfologia: Uma Atualização de Bases e Conceitos* (Guerra e Cunha, 1995), são de grande importância para a compreensão da susceptibilidade à erosão. Ou seja, a erodibilidade dos solos depende, em grande parte, de suas propriedades, tais como teor de areia, silte e argila, teor de matéria orgânica, densidade aparente, porosidade e estabilidade de agregados, dentre outras.

A Tabela 4.1 refere-se a resultados de análises de laboratório, de amostras coletadas no município de Sorriso, em Mato Grosso (Almeida e Guerra, 1994), em uma área de Cerrado. Observe os dados referentes às amostras e faça uma análise no que diz respeito à susceptibilidade à erosão dos solos dessa área, levando em consideração apenas as propriedades aqui apresentadas.

TABELA 4.1 — **Propriedades do solo - Município de Sorriso (MT)**

Amostra	Teor de areia %	Teor de silte %	Teor de argila %	Densidade aparente g/cm^3	Porosidade %	Teor Matéria Orgânica %	Estabilidade de Agregados %
1	74,45	17,55	8,0	1,43	45,0	1,46	26,6
2	58,70	28,30	13,0	1,30	59,0	0,60	41,8
3	52,25	29, 75	18,0	1,31	48,2	2,32	27,8
4	22,85	45,15	32,0	0,93	61,8	3,47	15,8
5	40,10	39,90	21,0	1,07	58,8	2,84	6,6
6	70,30	6,70	23,0	0,74	68,9	0,62	23,8

Fonte: Adaptada de Almeida e Guerra (1994).

2.5. Estação Experimental

Monte uma estação experimental com apenas duas parcelas, contendo um metro de largura por dez metros de comprimento cada parcela (Figura 4.4). Um dos objetivos de se monitorar uma estação exprimental é o de se procurar entender a dinâmica do processo erosivo. No caso específico, o objetivo é a comparação entre duas parcelas que simulem condições bem comuns no campo: uma sem vegetação, e outra, onde a vegetação vá crescendo, ao longo do experimento. A estação pode ser localizada em uma encosta com uma declividade entre 4 e 10 graus. Não existem regras fixas quanto à declividade onde se queira montar uma estação, mas a sua manutenção é mais facilitada nessas condições Não deverão haver grandes irregularidades no terreno, no local da estação, por questões operacionais de montagem e de manutenção.

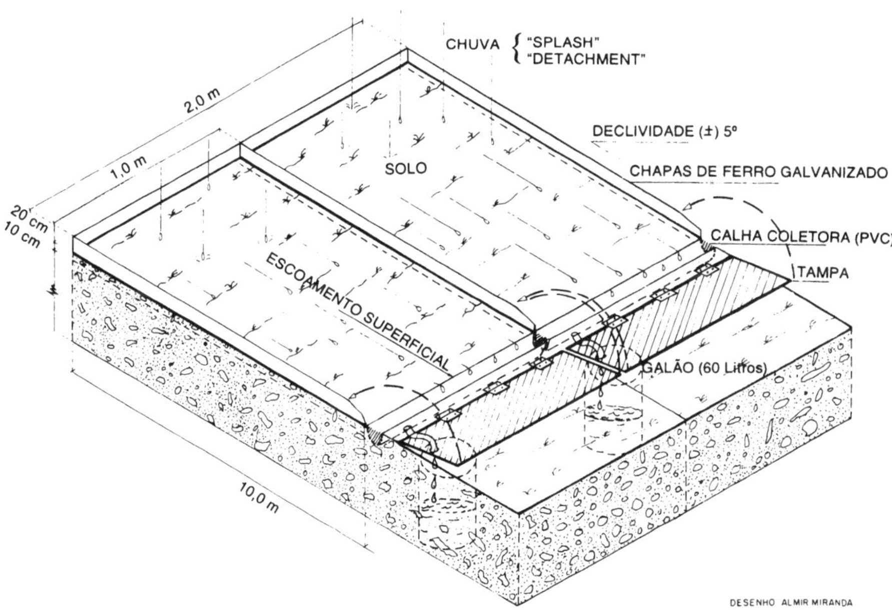

Figura 4.4 — *Parcela para monitoramento de "runoff".*

Cada parcela deverá ser isolada, através da colocação de placas de ferro galvanizado, ou de madeira, com espessura de 2 a 4mm e

30cm de altura. Dez centímetros deverão ser enterrados no solo, e 20cm ficarão acima, para impedir a entrada e saída de material, por *splash*, em cada parcela. Na parte inferior de cada parcela deverá ser colocada uma calha (Figura 4.5), com um metro de comprimento. Cada parcela deverá ter um tratamento diferente. Uma deverá ficar sem vegetação durante o experimento (aplicar herbicida, logo após o primeiro corte, e continuar aplicando a cada duas semanas), enquanto na outra, a vegetação será cortada logo que a estação for montada, e crescerá, ao longo do monitoramento, que poderá durar um ano ou mais.

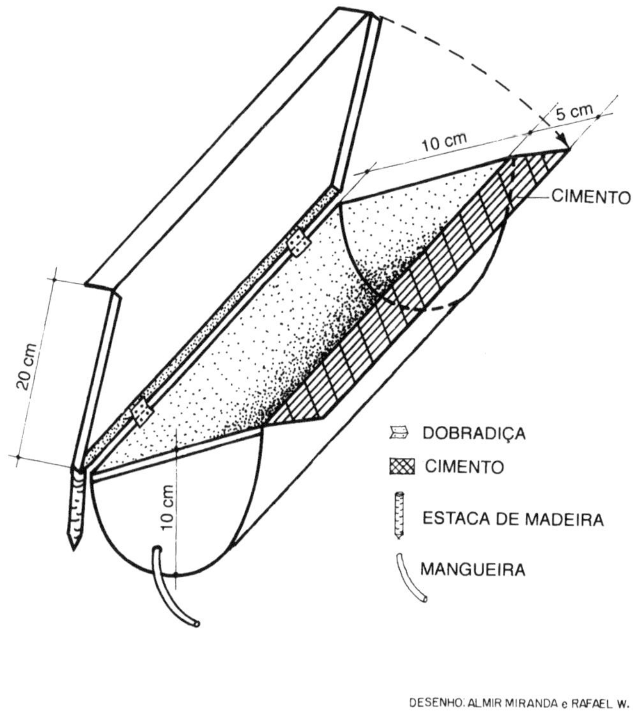

Figura 4.5 — *Calha Coletora.*

Cada calha deverá ter um pequeno orifício, que será conectado através de um tubo de plástico flexível a um galão, que ficará enterrado no solo, com a capacidade que pode variar de 60 a 80 litros. Esse tubo plástico ficará conectado ao galão, através de um furo na tampa do mesmo. Cada calha deverá ter uma tampa (Figura 4.5), de modo a impedir a entrada direta da água da chuva, mas proporcionando a entrada de água e sedimentos, que venham a escoar pela parcela.

O monitoramento da estação deverá ter uma periodicidade mais ou menos fixa, podendo ser uma vez por semana, por exemplo. Nesse monitoramento deverá ser anotado o número de litros de água em cada galão, bem como deverão ser coletados os sedimentos que porventura venham a se depositar na calha. A água que estiver em cada galão deverá ser bem homogeneizada e coletada uma amostra de um litro, para cada parcela. Essa água deverá ser levada para o laboratório e passada por um papel filtro, pesado previamente. Cada litro de água será passado por um respectivo papel filtro. Após feito isso, cada papel filtro deverá ser seco ao ar, durante mais ou menos 2 dias, e pesado novamente. A diferença entre o peso inicial do papel filtro e o peso com os sedimentos deverá ser multiplicada pelo número de litros anotados durante o monitoramento. Esse total deverá ser somado aos sedimentos que foram retirados de cada calha, e secos ao ar, no láboratório.

Caso exista um pluviômetro próximo à área do experimento, ou caso seja possível instalar um pluviômetro na estação experimental, o total de água que se escoa em cada parcela, bem como a perda de sedimentos, podem ser correlacionados com os totais de chuva que estão caindo na área durante o monitoramento.

As propriedades do solo podem também ser determinadas, tais como textura, teor e estabilidade de agregados, teor de matéria orgânica, pH etc. Essas propriedades podem ser correlacionadas com a perda de água e de solo em cada parcela. Os dados referentes ao monitoramento para uma área relativamente pequena podem ser extrapolados para áreas maiores, mas tendo em mente que essas extrapolações nem sempre são totalmente confiáveis.

2.6. *Pinos de Erosão*

Os pinos de erosão (*erosion pins*) são um dos métodos simples e eficientes de se monitorar a erosão dos solos (De Ploey e Gabriels,

1980). Nesse exercício, procure uma encosta que esteja sofrendo erosão em lençol, de preferência sem vegetação, ou com pouca cobertura vegetal. Nela coloque em torno de 50 pinos, que podem ser pregos ou pedaços bem finos de vergalhão, de pelo menos 10 centímetros de comprimento. Coloque esses pinos no solo, enterrando-os totalmente, deixando apenas a parte de cima do pino fora do solo (Figuras 4.6 e 4.7). Esses pinos devem ser numerados e deve-se fazer um esquema em uma folha de papel milimetrado, ou na caderneta de campo, registrando sua distribuição espacial, que pode ser em rede, com sua localização precisa na encosta.

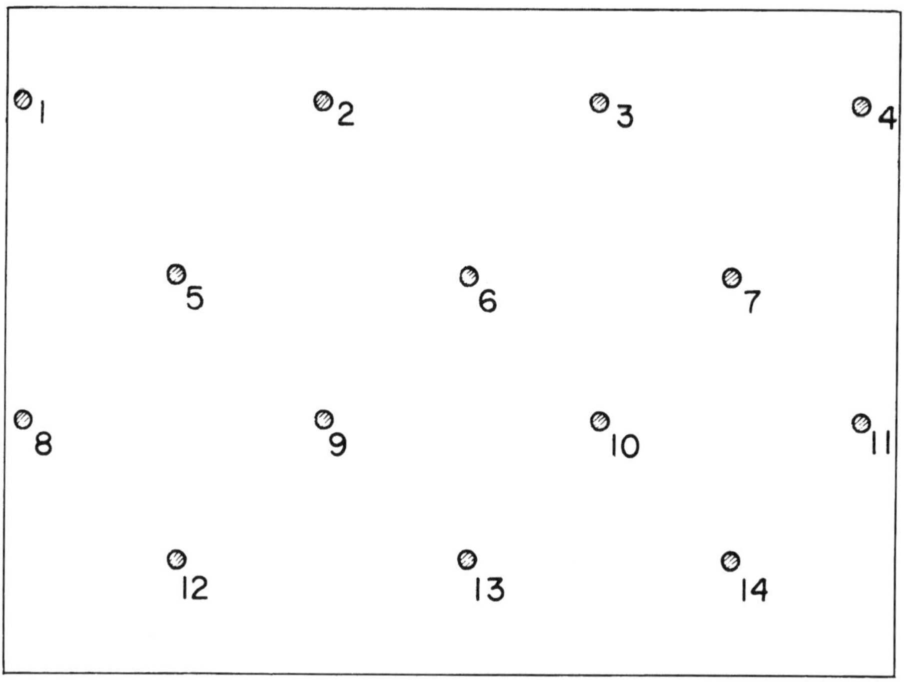

Figura 4.6 — *Rede de pinos de erosão, vista em planta.*

O monitoramento desses pinos consiste em se fazer visitas periódicas a essa área, podendo ser a cada semana, de quinze em quinze dias, ou uma vez por mês, e medir a altura desses pinos, acima do solo. Com isso, à medida que o solo vai sendo erodido, os pinos vão ficando cada vez mais expostos. O monitoramento deverá

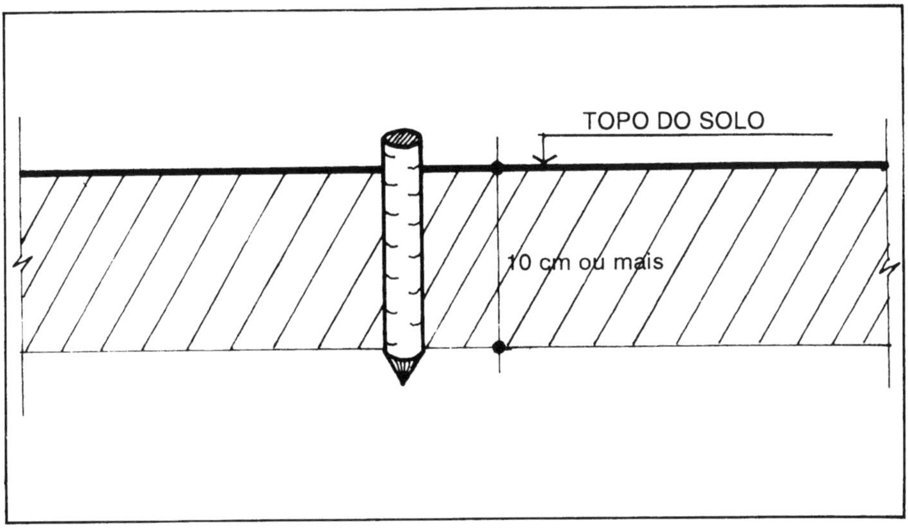

Figura 4.7 — *Pino de erosão visto em perfil.*

ser feito por aproximadamente um ano e, ao final desse período, é possível estimar a perda de solo, em termos de espessura e de volume (caso seja determinada a densidade aparente desses solos), não só em valores médios, para a encosta como um todo, mas também quais as porções da encosta monitorada sofreram maiores perdas, e quais as partes que sofreram pouca ou nenhuma erosão.

A área escolhida deverá ser protegida da ação de pessoas, que poderiam retirar alguns pinos, ou caminhar por cima deles, pois estariam mascarando os resultados do monitoramento. Além disso, sugere-se que a área onde os pinos forem instalados seja cercada, ou protegida da ação do gado, pois, da mesma forma, caso animais pesados caminhem nessa área, os pinos estariam constantemente sendo enterrados no solo, mascarando também os resultados do monitoramento.

2.7. *Teor de Umidade do Solo*

O teor de umidade do solo é uma importante variável no processo de erosão, pois à medida que o solo torna-se mais úmido ele pode atingir sua saturação mais rapidamente e, conseqüentemente, iniciar o processo erosivo. Essa propriedade é bastante dinâmica ao longo do ano e pode variar diariamente. A umidade antecedente é o teor de umidade que antecede o processo erosivo e, portanto, pode ter uma grande relevância para a ocorrência desse processo. A partir dessa colocação inicial, selecione uma área onde esteja ocorrendo erosão e faça o monitoramento do teor de umidade do solo, ao longo de um ano.

O presente exercício consiste em fazer coletas de amostras de solo, do horizonte A, através de uma amostragem que contemple uma área estipulada anteriormente, de pelo menos $500m^2$. Cada amostra deverá ter em torno de 100 gramas, e deverão ser coletadas, pelo menos, 10 amostras por semana, que serão colocadas em latas bem vedadas e numeradas. No laboratório, essas amostras deverão ser pesadas e colocadas numa estufa, por 24 horas, a 105°C. Com os dois totais de peso das amostras, úmido e seco, calcule o percentual de umidade de cada uma. Esse é o teor de umidade do solo. A partir desses dados, faça histogramas, ou algum outro tipo de gráfico, com os resultados obtidos.

Sempre que ocorrer, ao longo do período de monitoramento, algum tipo de erosão devido à água do escoamento superficial, procure associar esse processo ao teor de umidade antecedente, uma vez que as amostras de solo estarão sendo coletadas semanalmente. Procure verificar se as áreas mais atingidas pela erosão coincidem, dentro da área selecionada para o monitoramento, com aquelas que apresentam maiores teores de umidade. Além disso, como as amostras serão coletadas em vários pontos de uma mesma encosta, procure também examinar se existe alguma diferença entre os resultados, levando em consideração não só sua evolução temporal, mas também sua evolução espacial, ao longo do ano. Os estudos propostos nesse exercício não excluem a possibilidade de que outras propriedades sejam determinadas simultaneamente. Entretanto, o teor de umidade, nesse caso específico, pode ser analisado isoladamente, sem levar em conta outras propriedade do solo.

3. *Questões de Auto-Avaliação*

3.1. A seu ver, por que é importante estudar erosão dos solos? Cite alguns casos que sirvam para exemplificar a sua resposta.

3.2. Por que o uso de fertilizantes e pesticidas tem sido cada vez mais difundido, tanto nos países desenvolvidos, como nos países em desenvolvimento? Que implicações esse uso indiscriminado tem para os solos e para o meio ambiente, como um todo?

3.3. Quais são os fatores controladores dos processos erosivos, e em que medida interferem sobre a erosão dos solos?

3.4. Dentre as características das chuvas, por que alguns autores preferem utilizar a energia cinética como sendo uma variável que explica melhor a erosão e, além disso, serve como um parâmetro que prediz a perda de solo?

3.5. Quais são as principais propriedades do solo, e que importância possuem para explicar sua erodibilidade?

3.6. Por que a textura, utilizada como um dos parâmetros explicadores da erodibilidade, é insuficiente para que se possa compreender o processo erosivo, como um todo, bem como não consegue, sozinha, predizer as perdas de solo?

3.7. Alguns autores destacam que o teor de matéria orgânica é uma das principais propriedades do solo, quando se procura compreender os processos erosivos. Por que ela pode ser considerada como tal, e em que medida interfere sobre outras propriedades?

3.8. Apesar de a cobertura vegetal atuar como um fator que, de um modo geral, atenua a ação dos processos erosivos, ela pode também acelerar os efeitos das águas das chuvas. Explique essa atuação, dando alguns exemplos e fazendo alguns esquemas.

3.9. Quais as três principais características das encostas que se deve levar em consideração no estudo dos processos erosivos? Em que medida elas interferem sobre os processos, acelerando ou retardando sua ação?

3.10. Qual a importância da remoção (*detachment*) de partículas na erosão dos solos?

3.11. Por que o ciclo hidrológico pode ser considerado o ponto de partida do processo erosivo?

3.12. Por que as taxas de infiltração podem variar ao longo de um evento chuvoso e também de acordo com as características dos solos?

3.13. Qual a importância das crostas para o processo erosivo? Explique a formação e a evolução dessas crostas.

3.14. Em que medida a rugosidade dos solos pode retardar a ação do escoamento superficial?

3.15. Quais os três principais processos erosivos básicos? Explique, brevemente, cada um deles.

3.16. Qual a importância do escoamento superficial para os processos erosivos?

3.17. Em que medida a formação de *pipes* (dutos) pode acelerar a ação dos processos erosivos? Que formas podem resultar desse processo?

3.18. Qual o papel dos agregados na estabilidade dos solos, em relação aos processos erosivos? Em que circunstâncias esses agregados podem ser rompidos? Explique essa ruptura.

3.19. Como a erosão dos solos pode ser monitorada no campo? Explique e faça um diagrama desse monitoramento.

3.20. Em que medida o estudo da erosão dos solos, procurando compreender os fatores controladores, bem como os processos erosivos básicos, pode contribuir nos projetos de conservação dos solos?

4. Bibliografia

ALMEIDA, F.G. e GUERRA, A.J.T. Erosão dos Solos e Impacto Ambiental na Microbacia do Rio Lira — MT. In: *Anais do I Encontro Brasileiro de Ciências Ambientais*, volume III, COPPE-UFRJ, 1010-1021, 1994.

COELHO NETTO, A.L. Hidrologia de Encosta na Interface com a Geomorfologia. In: *Geomorfologia: Uma Atualização de Bases e Conceitos.* (Orgs). A.J.T. Guerra e S.B. Cunha. Rio de Janeiro, Bertrand Brasil., 2ª ed.: 93-148, 1995.

DE PLOEY, J. & GABRIELS, D. Measuring Soil Loss and Experimental Studies. In: *Soil Erosion.* Orgs. M.J. Kirkby e R.P.C. Morgan. John Wiley & Sons, 63-108, 1980.

GUERRA, A.J.T. Processos Erosivos nas Encostas. In: *Geomorfologia: Uma Atualização de Bases e Conceitos.* In A. J. T. Guerra e S.B. Cunha. (Orgs.) Rio de Janeiro, Bertrand Brasil, 2ª ed.: 149-209, 1995.

HILLS, R.C. The Determination of the Infiltration Capacity of Field Soils Using the Cylinder Infiltrometer, *British Geomorfological Research Group*, Technical Bulletin, 3, 1970, 25 p.

MANUAL DA EMBRAPA, *Manual de Métodos de Análise de Solos,* Rio de Janeiro, 1979.

CAPÍTULO 5

GEOMORFOLOGIA FLUVIAL

Sandra Baptista da Cunha

1. *Introdução*

O ensino da Geomorfologia Fluvial tem um papel relevante dentro da diversidade de tópicos tratados na Geomorfologia. Os exercícios e aplicações sobre esse tema introduzem o leitor a algumas técnicas de coleta (conjunto de métodos e técnicas empregados em gabinete, no campo e no laboratório) e a diferentes formas de analisar os dados relacionando-os às mudanças no sistema fluvial. Os métodos e técnicas indicados (monitoramento, predição e interpolação espacial) permitem analisar as variabilidades espacial e temporal das mudanças e os mecanismos dos processos de mudança, no sistema fluvial.

Este capítulo segue a mesma estrutura dos itens abordados no Capítulo 5 do livro *Geomorfologia: Uma Atualização de Bases e Conceitos* (Cunha, 1995) sendo, portanto, o principal guia de referência bibliográfica, mas não o único. Ao final do capítulo é oferecida uma bibliografia básica que poderá direcionar estudos complementares e mais aprofundados. Nesse sentido, as obras de Goudie (1981), Dackombe e Gardiner (1983) descrevem relevantes técnicas e métodos, assim como formas de interpretação a respeito da temática.

A primeira parte do capítulo engloba aplicações e exercícios a respeito da fisiografia fluvial; da dinâmica das águas correntes (hidrologia e geometria hidráulica); dos processos fluviais de erosão, transporte e deposição; do perfil longitudinal dos rios; do equilíbrio fluvial e seu rompimento; e da montagem de uma estação experimental.

Os exercícios selecionados lançam mão de dados obtidos em bacias de drenagem brasileiras, e os interessados, ao realizarem os exercícios, devem recorrer às áreas do seu Município, ou mesmo às áreas próximas do seu campus universitário.

Cada exercício apresenta seus objetivos, orienta o leitor sobre a coleta dos dados e sugere idéias de análise, indicando algumas técnicas de auxílio à interpretação. É possível a utilização do computador e o emprego dos diferentes *softwares* na resolução dos exercícios.

A segunda parte do capítulo apresenta uma série de questões discursivas que completam as aplicações e exercícios tratados no item anterior.

2. *Exercícios, Técnicas e Aplicações*

2.1. *Sinuosidade dos Canais*

Uma bacia hidrográfica pode apresentar o padrão de canais reto, meandrante e anastomosado, setorizados espacialmente ou em um mesmo setor, quando ocorrem variações temporais dessa drenagem. Dessa forma, um setor do rio pode ser anastomosado em período de ausência de chuva, quando há excesso de carga sólida em relação à descarga, e exibir a fisionomia meandrante nos períodos de cheia.

A diferenciação entre os tipos de canais é definida pelo grau de sinuosidade ou índice de sinuosidade, que representa a relação entre o comprimento do canal e a distância do eixo do vale (Figura 5.1). O valor igual ou superior a 1,5 define o padrão meândrico do canal (Dury, 1969) enquanto que a proximidade do valor 1 indica um canal retilíneo.

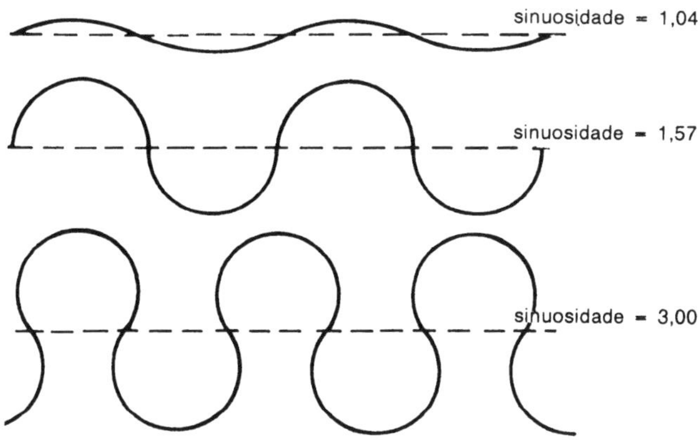

Figura 5.1 — *Os tipos de canais (reto, anastomosado e meândrico) são diferenciados pelo seu grau ou índice de sinuosidade. Exemplos de valores.*

A distinção entre os diferentes tipos de canais tem certo interesse, uma vez que os processos de erosão, transporte e deposição atuam de acordo com o tipo de canal, onde a sua seção transversal reflete o interrelacionamento entre a descarga, carga sedimentar, declive, largura e profundidade, velocidade do fluxo e rugosidade do leito.

Por sua vez, o tipo de carga detrítica é responsável, muitas vezes, pelas diferentes sinuosidades dos canais. Assim, os canais meandrantes relacionam-se aos elevados teores de silte e argila, os canais anastomosados a uma carga mais arenosa, e o aumento da quantidade de carga detrítica pode diminuir a sinuosidade dos canais.

Defina o padrão do canal que está estudando através do cálculo do índice de sinuosidade de um trecho ou de vários trechos do rio, utilizando a carta topográfica ou, no campo, com auxílio de uma trena. Poderá, também, relacionar a carga detrítica do fundo do leito com os diferentes tipos de canais. Ainda, poderá analisar o processo de variação dessa carga detrítica em função da mudança do tipo de canal. Não esqueça de buscar explicações para esses fatos.

2.2. *Medição das Velocidades do Fluxo*

Este exercício mostra como medir a velocidade do fluxo fluvial. Com essas medições e usando a imaginação, é possível criar uma série de pequenos projetos de pesquisa, no campo, sobre as características dos rios. Como exemplo, é possível verificar as mudanças da velocidade, em um sistema fluvial, considerando que os processos fluviais indicam que os fluxos a montante dos rios se caracterizam por altas velocidades. Outra pesquisa poderá verificar as variações de velocidade em um cotovelo de meandro, ou em uma seção transversal de canal simétrico. Ainda poderá ser analisada a distribuição do tamanho das partículas dos sedimentos da carga de fundo, com a variação das velocidades no perfil longitudinal ou da seção transversal do canal.

A velocidade da corrente é medida em metros por segundo (m/s) por tratar-se de uma relação entre uma distância percorrida (espaço) e o tempo de percurso (V = D/T). Medições de velocidade média, para um dado trecho do rio, podem ser utilizadas para calcular a descarga (Exercício 5.5). Dados de velocidade da corrente podem ser obtidos empregando-se o método dos flutuadores ou a técnica que utiliza correntômetros.

a) Flutuadores

A forma mais simples de se obter medições de velocidade da superfície do rio é através dos flutuadores, que deslizam na superfície do rio, em uma distância determinada. Pesquisas experimentais têm mostrado que a velocidade média dos rios, em uma seção vertical, é 0,85 vez a velocidade da superfície. Como se observa, a velocidade das águas é variável ao longo do perfil transversal, decrescendo com a profundidade e na direção das margens, devido às forças de fricção entre a água do fluxo e as paredes laterais ou fundo do canal. Dessa forma, se a velocidade das águas for medida pelo uso dos flutuadores, é possível estimar a velocidade média do rio multiplicando-se a velocidade da superfície por 0,85. Essa variação ocorre, também, ao longo do perfil longitudinal.

O flutuador deve ser de tamanho pequeno (inferior a 10 cm de diâmetro) e percorrer o fluxo o mais submerso possível para evitar o efeito da velocidade dos ventos durante a medição. Quando as profundidades mínimas do rio forem inferiores a 15-20cm e a largura do canal inferior a 1-2m, o método dos flutuadores deve ser abandonado.

Exemplos simples de flutuadores são as pequenas bolas coloridas de brinquedo, de plástico rígido, enchidas pela metade, com água, areia ou solo. Caso o peso do material seja insuficiente ou em excesso para permitir a submersão, o volume de material colocado dentro da bolinha deve ser revisto. Também podem ser utilizadas as laranjas maduras que possuem a vantagem de serem visíveis e uma parte delas ficar abaixo da linha d'água. Outras informações podem ser obtidas em Marques e Argento (1988).

O procedimento da medição da velocidade da corrente, utilizando flutuadores, é relativamente simples. De início, selecione um trecho do rio de 10m de comprimento e com algumas condições ideais como possuir seções transversais estáveis, nem muito profundas nem rasas; ser relativamente reto e com fluxo livre da presença de vegetação e grandes blocos.

Jogue o flutuador no centro do canal, a 3 metros a montante do ponto de medição, e registre o tempo que ele leva para passar entre o início e o final do trecho selecionado para medição. Use um cronômetro ou um relógio que marque os segundos. Esse procedimento deve ser repetido, pelo menos, 3 vezes, sem contar as medições que o flutuador tocou a margem, que devem ser abandonadas.

Faça uma tabela com os resultados, na caderneta de campo, calcule a velocidade média da superfície do canal e faça a correção para obter a velocidade do rio, como mostra o exemplo da Tabela 5.1.

TABELA 5.1 – Velocidades do rio Bacaxá (RJ) obtidas a partir do método dos flutuadores, em trecho selecionado, de 10 metros de extensão.

Nº de repetições	Tempo do flutuador (segundos)	Tempo médio	Velocidade média da superfície (m/s)	Velocidade média do rio (m/s)
1	20,0			
2	12,0	16,13	0,6199	0,5269
3	16,4			

b) Correntômetros

A estimativa mais precisa da velocidade do fluxo é obtida pelo uso dos correntômetros, instrumentos conhecidos também como molinetes (Figura 5.2). Há uma variedade grande desse instrumental, mas, basicamente, ele possui uma pequena hélice conectada a um tubo compacto que fica preso a uma haste. No momento da medição,

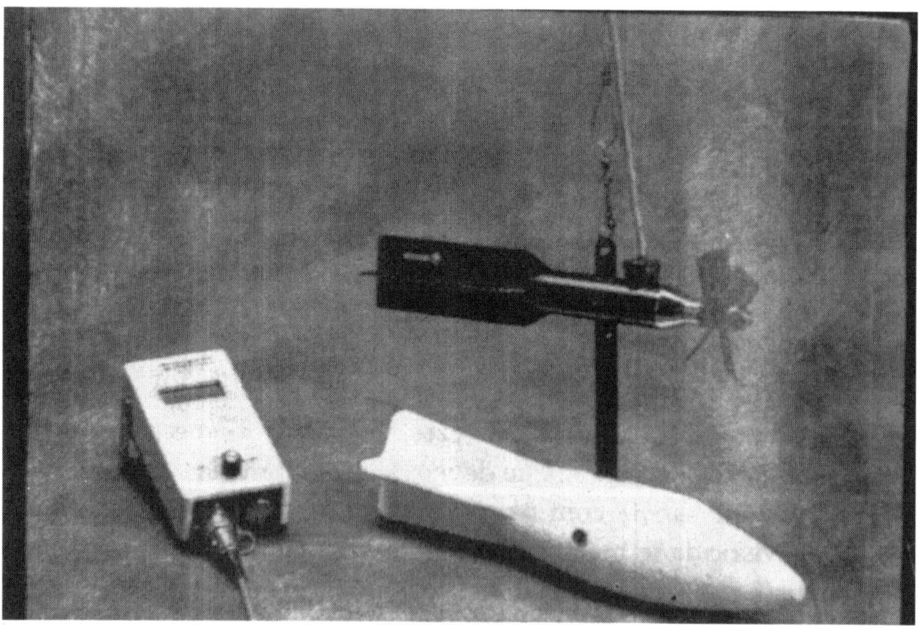

Figura 5.2 — *Correntômetro, instrumento utilizado para medir as velocidades do fluxo do rio.*

o aparelho deve estar voltado para jusante (sentido contrário da corrente) e paralelo à direção do fluxo principal (local do talvegue).

O número de revoluções da hélice é proporcional à velocidade do rio, no ponto de medição. Em geral, os correntômetros são calibrados no laboratório, através de equações de calibragem fornecidas pelas fábricas.

A velocidade é medida em um número de pontos, na seção transversal do rio, e em diferentes profundidades, registrando-se o número de revoluções da hélice em 60 segundos e convertendo-se o número de revoluções, por segundo, em uma medida de velocidade. Alguns aparelhos fornecem essa leitura direta.

Quando as medições da velocidade são apenas para o cálculo da descarga, divida a largura da seção transversal do canal em 11 distâncias iguais para obter 10 pontos de medição de igual espaçamento (Figura 5.3a) e faça medições da velocidade localizadas a uma distância do fundo do canal que corresponda à relação entre a multiplicação de 0,4 pela profundidade da água. Por exemplo, se a profundidade da água no ponto 5 for de 30cm, a profundidade média

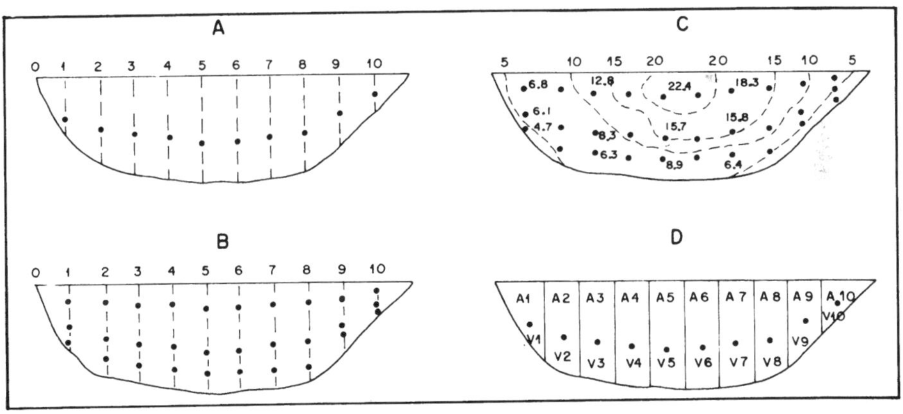

Figura 5.3 — *Medições de velocidade em um canal de 1,10m de largura. (A) Localização dos pontos verticais para medição da velocidade com o emprego do correntômetro (0,4 vez a profundidade do ponto vertical). (B) Três diferentes profundidades para cada ponto vertical de medição de velocidade, correspondendo a 0,2; 0,4; e 0,8 vez a profundidade desse ponto vertical. (C) Linhas de isovelocidades delineadas por sensibilidade. (D) Áreas parciais associadas a cada segmento de velocidade.*

deve ser medida a 12cm do fundo (30cm x 0,4), como mostra a Tabela 5.2. A velocidade média do rio é obtida através da soma das velocidades individuais para cada ponto medido e dividida pelo número de pontos.

TABELA 5.2 – Exemplo de registro da seção transversal e dados de velocidade coletados em campo, a partir do uso do correntômetro.

Pontos de medição	Profundidade da água (cm)	Local da medição (prof. x 0,4)	Velocidade (m/s)
1	20	8,0	0,061
2	26	10,4	0,079
3	28	11,2	0,083
4	30	12,0	0,108
5	31	12,4	0,157
6	31	12,4	0,164
7	30	12,0	0,158
8	29	11,6	0,136
9	20	8,0	0,068
10	10	4,0	0,047

Havendo necessidade de verificar as variações de velocidade dentro da seção transversal, os 10 espaçamentos iguais entre os perfis verticais podem ser mantidos, porém a velocidade pode ser medida em três diferentes profundidades, para cada setor vertical, correspondendo a 0,2; 0,4; e 0,8 vez a profundidade desse ponto vertical. Por exemplo, para uma profundidade da água igual a 30cm, você poderá medir a velocidade a 6cm (30 x 0,2), 12cm (30 x 0,4) e a 24cm (30 x 0,8) do fundo. As medições podem ser plotadas como na Figura 5.3b, escolhendo uma escala horizontal e vertical para a seção transversal do rio. Igualmente, poderão ser traçadas as linhas de igual velocidade (isovelocidades) construídas, por sensibilidade (Figura 5.3c).

Medições detalhadas das distribuições da velocidade em espaçadas seções de cotovelo de meandros ou nas seções dos canais com depressões e soleiras (fundos e rasos) possibilitarão identificar mudanças no ponto de máxima velocidade, em um pequeno trecho do rio.

2.3. Área e Forma da Seção Transversal

Para construir a seção transversal do canal, também conhecida como perfil transversal do canal ou seção molhada, tire a medida da largura do rio (superfície da água), em metros, e divida por 11 para obter 10 pontos de igual espaçamento.

Estenda uma trena, transversal ao rio, e em cada ponto definido faça a medição das profundidades da água, anotando, na caderneta de campo, como mostra a coluna 2 da Tabela 5.2. Em canais largos e de profundidades acentuadas é possível fazer as austragens nas pontes. Plote esses valores no papel milimetrado, escolhendo escalas horizontal e vertical, relacionadas com a situação real (exemplo: 1cm no papel milimetrado pode equivaler a 1m no terreno). Sempre que possível, as escalas vertical e horizontal devem ser iguais.

Unindo os pontos plotados é possível representar a forma da seção molhada como mostra a Figura 5.3a. A forma do fundo do leito pode apresentar sinuosidades (soleiras e depressões) que demonstram intensa atividade na dinâmica do transporte dos sedimentos.

Elaborações sucessivas e repetidas dos perfis transversais, em uma escala de tempo intermediária (de meses a 1 ano), representa um bom método para avaliar as mudanças laterais dos canais e a erosão das margens (Figura 5.4).

Como a área da seção transversal sofre modificações com a variação do volume do fluxo, você poderá fazer sucessivas medições ao longo do ano. Poderá, também, utilizar a largura do canal, considerando as margens plenas. Nesse caso, utilize observações quanto ao padrão de vegetação e de sedimentos para definir as margens do canal durante os períodos de cheia (débitos que enchem, na medida justa, o canal fluvial). Esses dados podem ser coletados em campo ou em fotografias aéreas.

Utilizando as mesmas escalas vertical e horizontal, conte o número de quadrados contidos dentro da seção transversal, desenhada no papel milimetrado, e calcule a área real, em metros qua-

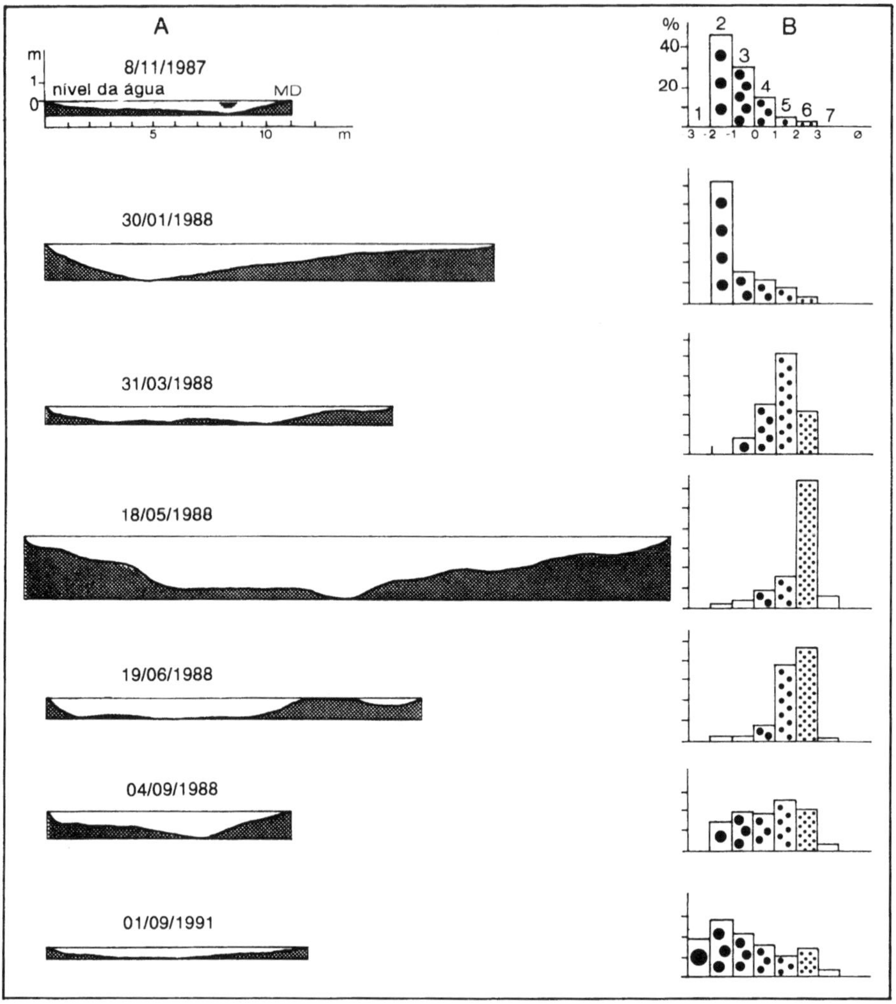

Figura 5.4 — *Rio Capivari (Rio de Janeiro). Série de perfis transversais, de novembro de 1987 a agosto de 1991, onde podem ser observadas as mudanças ocorridas no leito, em função da variação dos débitos; respectivos histogramas de composição granulométrica dos sedimentos de fundo (talvegue); (1) cascalho; (2) grânulo; (3) areia muito grosseira; (4) areia grosseira; (5) areia média; (6) areia fina (Cunha, 1993).*

drados. A área pode ser obtida, também, com o uso de um planímetro. Outra maneira de calcular a área da seção molhada do canal (A) é através do produto da largura (L) pela profundidade média (P), sendo representada pela expressão A = L x P média.

O valor da área da seção transversal pode ser utilizado para o cálculo do raio hidráulico do canal ou da descarga (Exercícios 2.4 e 2.5).

2.4. *Raio Hidráulico*

A eficiência do fluxo é medida pelo raio hidráulico que corresponde ao quociente da área da seção transversal molhada, pelo perímetro molhado. Desta relação conclui-se que, quanto menor for o perímetro molhado (ou mais lisa a calha fluvial), maior será o valor do raio hidráulico, expresso em metros. A facilidade de o fluxo escoar é função direta do raio hidráulico; portanto, quanto maior for o seu valor, mais lisa será a calha, que oferecerá maior facilidade ao escoamento do fluxo.

Os dados para representar essa relação são fáceis de serem coletados. A área é obtida pela realização do exercício anterior e o perímetro é dado pela circunferência do canal, utilizando a figura montada no papel milimetrado Você poderá calcular a eficiência do fluxo do rio em estudo, seguindo os passos indicados nesse exercício. Poderá fazer, também, um controle da eficiência do fluxo nos diferentes meses do ano.

2.5. *Medição da Descarga do Rio*

O fluxo fluvial é constituído pela descarga, cargas sólida e dissolvida, sendo a descarga definida como o volume de água que flui em determinado ponto do canal, num período de tempo. Para grandes rios a unidade de medida é o metro cúbico por segundo (m^3/s), enquanto que, para pequenos rios, a descarga é medida em litros por segundo (l/s) onde 1000 l/s equivalem a um $1m^3$.

A descarga pode ser medida utilizando-se diferentes métodos, mas o mais conhecido deles emprega a equação $Q = A.V$, que representa a relação entre a área (A) da seção transversal do canal (largura x profundidade média) e a velocidade da corrente (V), sendo expressa sob a forma $Q = L \times P \times V$, onde Q é a descarga, L é a largura, P é a profundidade média e V é a velocidade média. Dessa forma, para a obtenção da descarga são necessárias a estimativa da velocidade média (metros por segundo) e a medição da área da seção molhada do canal (metros quadrados).

a) Descargas obtidas com o uso dos flutuadores

Como a vazão representa o produto da área da seção molhada (A em m^2) pela velocidade da corrente (V em m/s), esses valores podem ser obtidos com a resolução dos Exercícios 5.2 e 5.3. Agora, basta calcular o valor de Q multiplicando A x V, obtendo-se o resultado em m^3/s.

b) Descargas obtidas com o uso do correntômetro

Desenhe a seção molhada, no papel milimetrado, utilizando os procedimentos do Exercício 5.3. Cada ponto de medição da velocidade representa o ponto médio da área da seção parcial. A área A1 está associada com a velocidade V1, e assim por diante.

Calcule a área de cada setor, de acordo com a Figura 5.3d, e depois, multiplique cada área pela respectiva velocidade, obtendo o valor da descarga setorial, em m^3/s ou l/s. A descarga total do rio é obtida pelo somatório dos valores das descargas setoriais (Tabela 5.3).

2.6. *Predição de Vazão (Curva-Chave)*

O método da análise temporal de curvas de descarga em seções transversais (curva-chave) é utilizado para se obter, de forma rápida, a vazão correspondente a um determinado nível de água do rio e para estudar a dinâmica fluvial. Para a realização das curvas de descarga são necessários dados de vazão (Q = A x V), e altura do nível da água do rio (h), por um longo período de tempo. Em rios de grande porte a vazão é coletada por linígrafos em postos fluviométricos, administrados, em geral, por instituições públicas (a maioria pelo Departamento Nacional de Águas e Energia Elétrica — DNAEE).

Como a vazão (Q) é calculada pelo produto da área da seção transversal (A = L x P) pela velocidade média (V), alterações nesses parâmetros modificam a relacão entre h e Q. Porém, se ao longo do

TABELA 5.3 – **Exemplo de valores da descarga obtidos a partir do emprego do correntômetro**

Área ($m^{2)}$		Velocidade (m/s)		Descarga (l/s)	
A_1	0,122	V_1	0,061	Q_1	7,44
A_2	0,025	V_2	0,079	Q_2	1,95
A_3	0,028	V_3	0,083	Q_3	2,32
A_4	0,029	V_4	0,108	Q_4	3,13
A_5	0,030	V_5	0,157	Q_5	4,71
A_6	0,030	V_6	0,164	Q_6	4,92
A_7	0,029	V_7	0,158	Q_7	4,58
A_8	0,027	V_8	0,136	Q_8	3,67
A_9	0,025	V_9	0,068	Q_9	1,70
A_{10}	0,119	V_{10}	0,047	Q_{10}	5,59
Descarga total do rio: 40,01lm^3/s					

tempo a forma da seção transversal (L e P) se mantiver constante, a curva-chave não sofrerá modificações.

De posse dos dados de h e Q, monte um gráfico cartesiano colocando no eixo de y, o valor da altura da água (h) e no eixo de x, a descarga correspondente (Q). Calcule a reta de melhor ajuste ou trace-a por sensibilidade, seguindo o exemplo da Figura 5.5. Com esse gráfico é possível obter o valor da descarga para um determinado valor do nível da água do rio, obtido nos trabalhos de campo, e analisar a dinâmica da geometria fluvial.

Ao analisar o gráfico observe que a redução de h para uma mesma descarga pode estar associada à intensificação da erosão no leito do rio. De maneira inversa, o aumento da cota (h), para uma mesma descarga, pode estar relacionado à agradação do fundo do leito.

Como exemplo, Evlyn (1985) observou que, no ribeirão Canas, São Paulo, no período de 1956 a 1958, o aumento da altura da lâmina

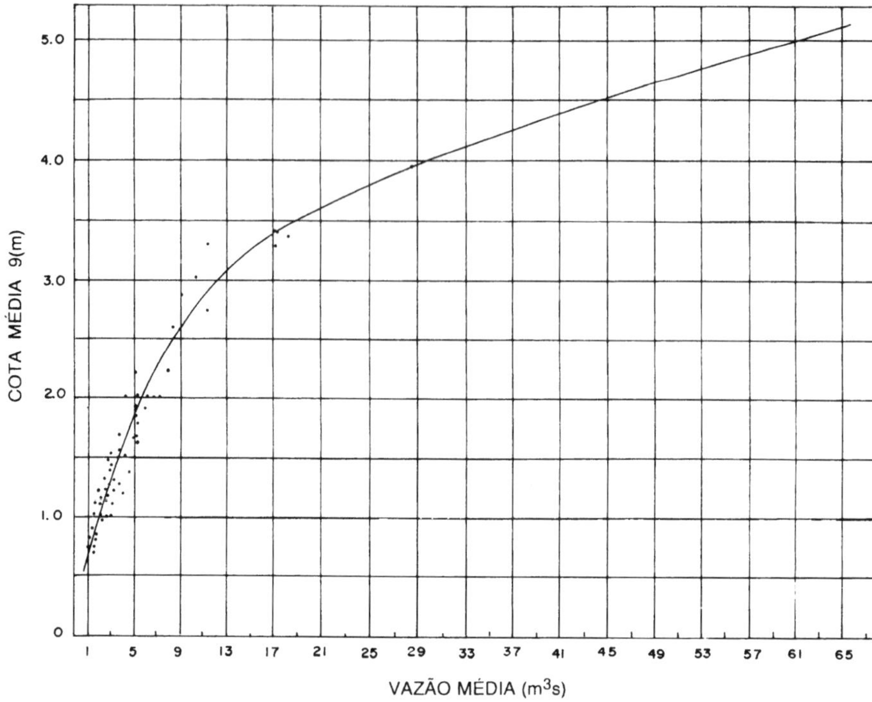

Figura 5.5 — *Curva-chave — relação cota (h) e vazão (Q) para o alto rio Grande, no posto de medição Fazenda Mendes (Cunha, 1978).*

de água determinou um aumento proporcional na vazão (Figura 5.6). Assim, a largura do canal pareceu aumentar em proporção com o aumento da profundidade.

No período seguinte (1959-1963), essa relação se modificou de forma que a variação da altura da água, de 80cm para 1,20m, não implicou na variação da vazão. Dessa forma, concluiu que o canal se manteve com largura constante, ocorrendo pequena alteração na área da seção transversal, com aumento do nível das águas (h). A partir de 1,20m, a vazão passou a aumentar rapidamente para pequenos incrementos do nível das águas, o que sugeriu um alargamento do canal, a partir desse ponto. Após a realização do gráfico, interprete-o levando em consideração as mudanças da profundidade e da largura do canal.

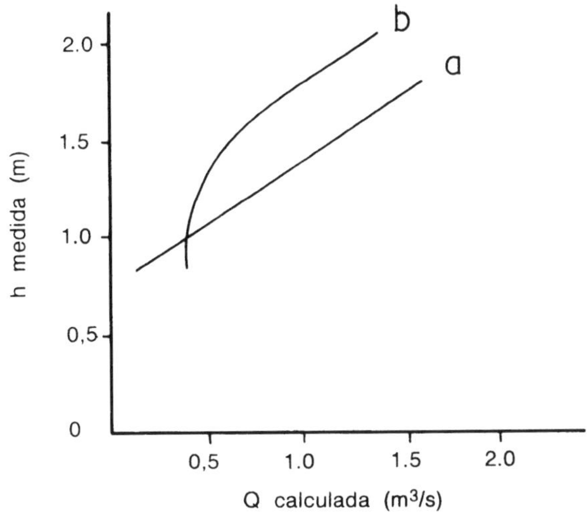

Figura 5.6 — *Curva-chave do ribeirão Canas, São José dos Campos, São Paulo. (A) Período de 1956 a 1958. (B) Período de 1959 a 1963 quando o rio Canas foi canalizado. Ocorreram mudanças na forma da seção transversal do canal de um período para outro (Evlyn, 1985).*

2.7. Carga de Fundo

As mudanças que se realizam no sistema fluvial, em rios transportadores de carga grosseira, podem ser verificadas através da análise do tamanho e da forma das partículas da carga de fundo. Esse método permite examinar os efeitos dos tipos de rocha sobre o tamanho e a forma das partículas, e fazer uma comparação dessas propriedades, nos locais onde os grandes tributários confluem para sistemas maiores.

Você pode realizar algumas investigações como, por exemplo, avaliar as mudanças na distribuição do tamanho e da forma das partículas, na seção transversal, nas curvas dos meandros e nos trechos retilíneos. Ainda, poderá ser feita uma comparação das mesmas propriedades entre os cascalhos do terraço fluvial e os ambientes fluviais atuais.

Lembre-se de que os processos fluviais de erosão, transporte e deposição de sedimentos são definidos pela distribuição da velocidade e da turbulência do fluxo, e estão em constantes mudanças. Ao longo do perfil longitudinal, quando a velocidade é lenta e uniforme, constituindo o fluxo laminar, os processos erosivos são diminutos e a capacidade de transporte reduzida, deslocando, apenas, partículas muito finas.

Ao contrário, no período dos fluxos turbulentos, a capacidade de transporte atinge partículas maiores, ocorrendo velocidades críticas a partir das quais os grãos, de diferentes tamanhos, iniciam sua movimentação. Ao longo do perfil transversal, a velocidade e a turbulência das águas são também variáveis, definindo locais preferenciais de erosão e deposição das partículas.

A análise das propriedades físicas dos sedimentos (tamanho e forma) permite o exame das mudanças nas características dos sedimentos no espaço e no tempo. Assim, é possível examinar a direção e a taxa ou velocidade de mudança, verificar a natureza dos processos cujos resultados são responsáveis pelo desenvolvimento das formas do canal.

Colete amostras da carga de fundo, ao longo do canal, seguindo o talvegue, ou transversal ao rio, com o mesmo espaçamento indicado para a coleta dos valores da profundidade do canal, como no Exercício 2.3 (Figura 5.7a). Ainda, escolha um trecho do rio e faça uma rede de pontos de amostragem como mostra a Figura 5.7b. Não esqueça de fazer um esquema com todas as medições, na caderneta de campo.

a) Tamanho da partícula

As partículas que constituem a carga de fundo do rio podem ser classificadas em um número de categorias que vai do matacão (partículas de diâmetro maiores que 256mm) até argilas que correspondem aos diâmetros inferiores a 0,003mm (Tabela 5.4).

Para as partículas mais grosseiras, constituídas de fragmentos de rochas como o matacão, os blocos e os seixos, existem algumas técnicas de coleta do valor do tamanho, que devem ser aplicadas no campo. Muitas propriedades podem ser determinadas com o uso do paquímetro, do medidor de seixos (*pebblemeter*) ou mesmo de uma

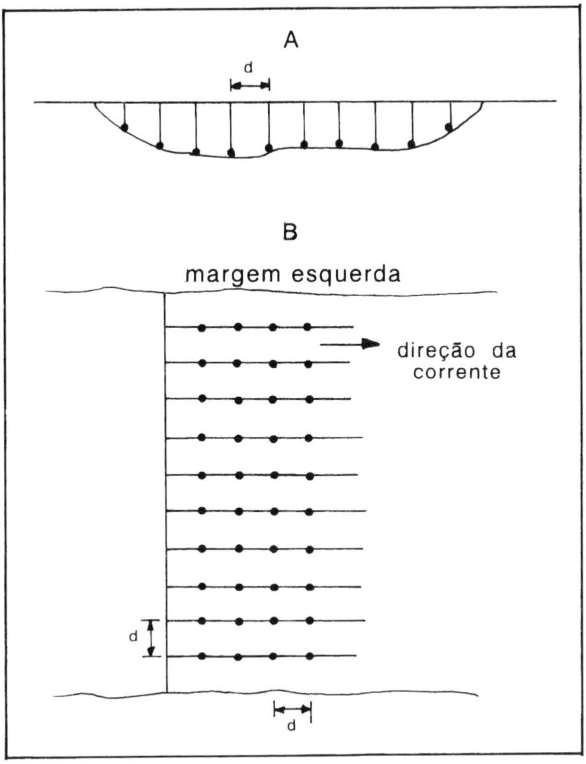

Figura 5.7 — *Esquema de amostragem da carga de sedimentos de fundo do canal. (A) Localização de pontos de amostragem no perfil transversal. O espaço definido pela letra d corresponde à divisão da largura por 11. (B) Visão em planta do perfil longitudinal indicando a localização dos pontos de amostragem.*

régua graduada que permita medir os eixos em um sistema de coordenadas (Figura 5.8).

Para obter os valores, segure a partícula grosseira e faça a medição do eixo de maior comprimento (eixo a). Rode a partícula 90° e anote o valor do eixo de maior largura (eixo b). Rode-a, novamente, e anote o eixo de maior altura (eixo c). Na caderneta de campo, além de anotar as medições, aponte, também, o tipo de rocha sendo recomendado, nessa atividade, o uso de um mapa geológico.

O tamanho médio da partícula é obtido pela expressão $\frac{(a + b + c)}{3}$ Consultando a Tabela 5.4 você poderá classificá-la quanto ao seu tamanho.

TABELA 5.4 – **Escala de tamanho dos sedimentos segundo Wentworth (1922).**

Partícula	Diâmetro	
	phi	mm
Matacão	-10 a -8	1024,00 a 256,00
Bloco	-8 a -6	256,00 a 64,00
Seixo	-6 a -2	64,00 a 4,00
Grânulo	-2 a -1	4,00 a 2,00
Areia muito grossa	-1 a 0	2,00 a 1,00
Areia grossa	0 a 1	1,00 a 0,50
Areia média	1 a 2	0,50 a 0,250
Areia fina	2 a 3	0,250 a 0,125
Areia muito fina	3 a 4	0,125 a 0,062
Silte grosso	4 a 5	0,062 a 0,0312
Silte médio	5 a 6	0,0312 a 0,0156
Silte fino	6 a 7	0,0156 a 0,0078
Silte muito fino	7 a 8	0,0078 a 0,0039
Argila	>8	<0,0039

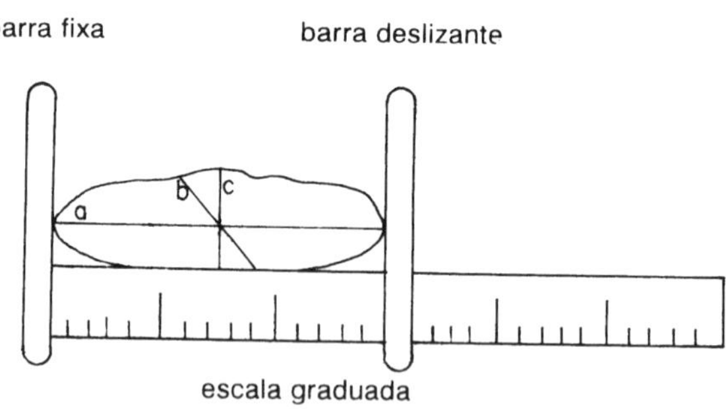

Figura 5.8 — *Medidor de seixos* (pebblemeter), *instrumento de fácil construção, utilizado para medir o tamanho das partículas superiores a 4mm. (a) Eixo de maior comprimento, (b) eixo de maior largura, (c) eixo de maior altura.*

Para tornar a amostragem representativa, é necessário medir um número suficiente de partículas grosseiras para todos os tipos de rocha. Recomenda-se a medição de um mínimo de 30 para cada tipo de litologia. Para coletá-las, selecione-as aleatoriamente, dentro de uma moldura de madeira de 0,5m ou 1m de lado (0,25 a $1m^2$). A localização do quadrado, no leito do rio, depende dos objetivos da amostragem.

Para a coleta das partículas menores e a determinação do seu tamanho, assim como o cálculo dos parâmetros estatísticos, recomenda-se seguir as sugestões encontradas no Capítulo 6, item 2.1.

Com os resultados, em percentuais, é possível montar histogramas que identifiquem a competência dos fluxos ao longo do perfil longitudinal do rio (Figura 5.9), do corte transversal do canal (Figura 5.4)

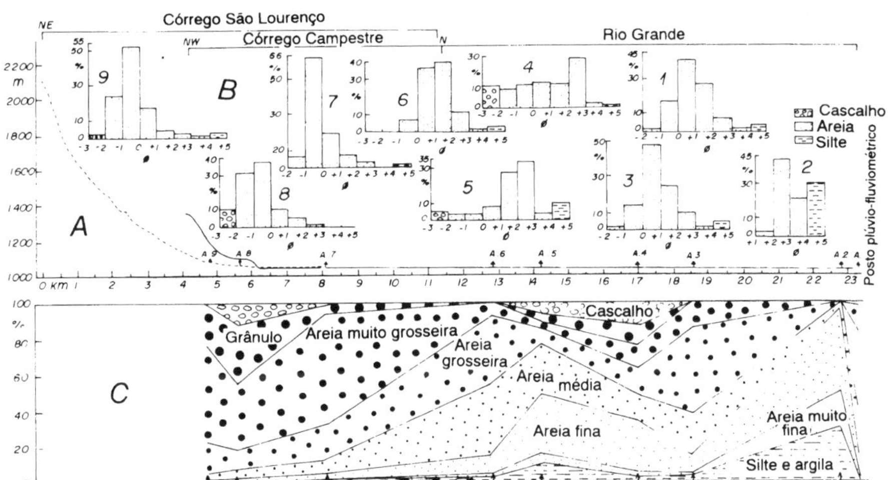

Figura 5.9 — *Composição granulométrica do material de fundo do leito, alto rio Grande, Rio de Janeiro. (A) Perfil longitudinal com a localização das amostras. (B) Histogramas de composição granulométrica. (C) Diagrama de frequência acumulada ao longo do perfil (Cunha, 1978).*

ou mesmo avaliar, no decorrer do tempo, as mudanças induzidas pelo aporte de sedimentos de um rio tributário. Essas mudanças são nítidas em rios represados, uma vez que o controle da vazão uniformiza a distribuição dos sedimentos ao longo do rio (Figura 5.10).

Utilizando o método da interpolação espacial faça comparações do tamanho e da forma das partículas em rios adjacentes, um que tenha sofrido mudanças ambientais e o outro não, ou compare, ao longo do próprio rio, trechos naturais e trechos que tiveram mudanças ambientais por algumas condições, como por exemplo, a canalização ou a exploração de alúvios. O tipo de estudo proposto só é viável para bacias de drenagem com características físicas homogêneas.

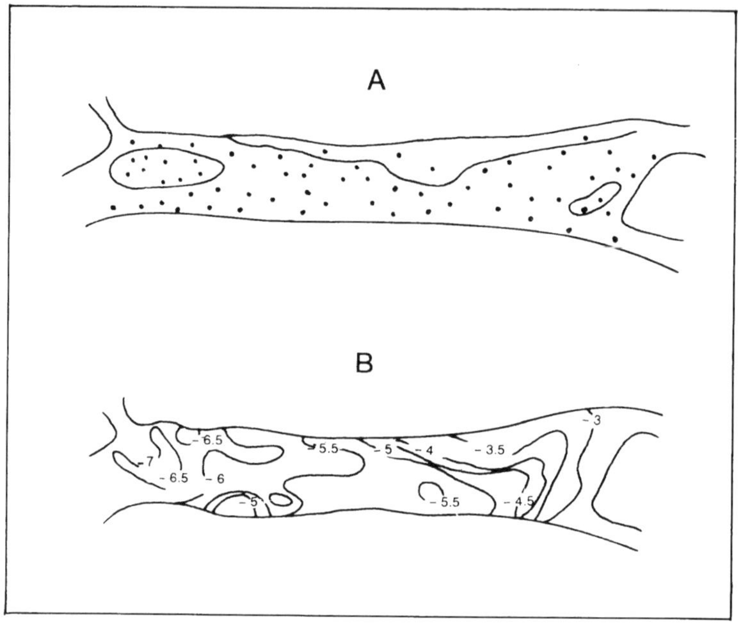

Figura 5.10 — *Variação do tamanho médio das partículas em um trecho de agradação do rio Rheidol, a jusante da confluência com o rio Peithnant, Inglaterra, 18 anos após o seu represamento (Petts, 1984). (A) Distribuição da rede de amostras. (B) Padrão de distribuição dos sedimentos superficiais do fundo do leito, refletindo uma redução gradual da fração arenosa (valores em phi)*

b) Forma da partícula

A forma da partícula controla seu comportamento durante o transporte e deposição, enquanto que o seu arredondamento ou angularidade reflete a distância e o rigor do transporte.

A medição precisa da forma da partícula é de difícil execução devido à tentativa de representar o objeto em terceira dimensão por um simples número. Alguns índices de forma têm sido criados com ênfase nas simples medições dos eixos a, b e c, já mencionados.

O método de Zingg (1935), após medir os eixos a, b e c para cada seixo, calcula as razões b/a e c/b. Consultando o gráfico da Figura 5.11 ou a Tabela 5.5 é possível classificar a forma do seixo. Como alternativa, você pode representar, por um simples histograma ou diagrama circular, os dados obtidos, fazendo comparações da forma do grão com o tipo de rocha ou fazendo um histórico da distribuição da freqüência baseado em classes de arredondamento.

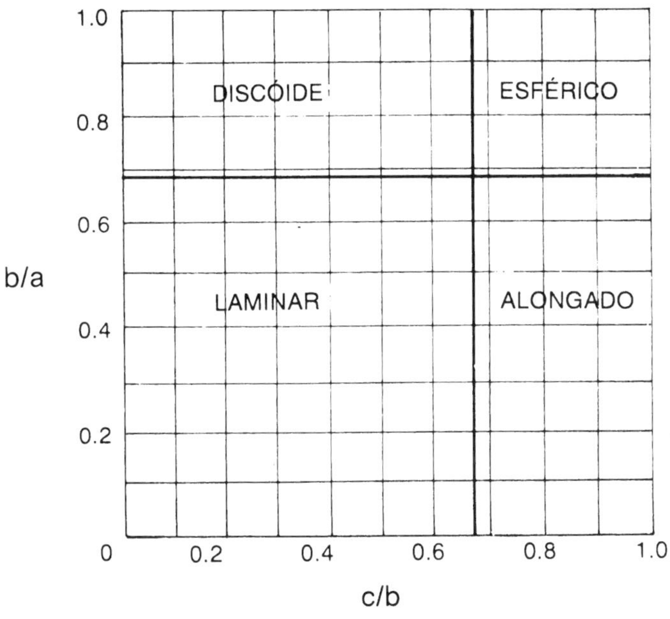

Figura 5.11 — *Classificação de Zingg para a forma da partícula (Suguio, 1973).*

Faça a coleta e processe as amostras dos sedimentos de fundo do rio selecionado para estudo, bem como analise os resultados seguindo as observações indicadas, passo a passo, nesse exercício.

TABELA **5.5 – Forma dos seixos, segundo Zingg (1935).**

Classe	B/A	C/B	Forma
1	>0,67	>0,67	esférica
2	>0,67	<0,67	discóide
3	<0,67	>0,67	alongada
4	<0,67	<0,67	laminar

2.8. Monitoramento da Erosão das Margens (Pinos de Erosão)

As medições nas margens dos rios, ao longo do tempo, podem avaliar as mudanças laterais dos canais e as taxas de erosão. As técnicas empregadas para essas avaliações devem ser selecionadas considerando a escala disponível de tempo de amostragem.

Para um longo período de análise (de 1 a 100 anos), utilizam-se as evidências sedimentológica e botânica, assim como as fontes históricas, enquanto que os recursos planimétricos e as sucessivas repetições dos perfis transversais são técnicas escolhidas quando a escala de tempo de observação é intermediária (de meses a 1 ano).

Para o curto tempo de investigação, que pode durar horas, dias, poucos meses ou poucos anos, emprega-se a fotogrametria terrestre, ou os pinos de erosão. Essa escala de tempo reduzido focaliza a variação espacial, dando ênfase aos estudos de processos detalhados de mudança, sem preocupação em obter a taxa de erosão. Devido às suas vantagens, a colocação de pinos de erosão tem sido o método mais popular entre os pesquisadores que trabalham com a erosão das margens, seguindo o trabalho pioneiro de Wolman (1959).

O roteiro abaixo permite acompanhar o processo de erosão nas margens do rio selecionado para o estudo de caso, colocando os pinos de erosão.

De início, introduza os pinos no material da margem, com o auxílio de um martelo, montando uma rede de pinos ou, no caso de segmentos de canais de primeiras ordens, ao longo do perfil transversal (Figura 5.12). As ponteiras ou os pregos, de 20cm ou mais de comprimento, são exemplos que você pode utilizar como pinos.

Figura 5.12 — *Malha de pinos de erosão colocada na calha e nas margens de um canal de primeira ordem, localizado na floresta da Tijuca, bacia do rio Cachoeira (RJ), para medir a evolução do canal (Faria, em publicação).*

Observe que o comprimento dos pinos deve ser longo o suficiente para evitar que eles sejam totalmente expostos e levados pela erosão. Ainda, esse comprimento deve levar em conta as taxas esperadas de erosão e o planejamento da freqüência de visitas ao local para remontar ou recompor os pinos.

O número e a densidade de pinos devem ser suficientes para definir, com certo grau de certeza, a natureza da variação espacial da erosão e um valor médio representativo da erosão. Entretanto, não devem ser numerosos de forma a tornar inviável o tempo de leitura. Para isso, adote, se possível, uma distância de 1 a 5 metros entre os pinos. Na caderneta de campo, faça um esquema com as distâncias utilizadas na montagem da grade de pinos, como o exemplo da Figura 5.13.

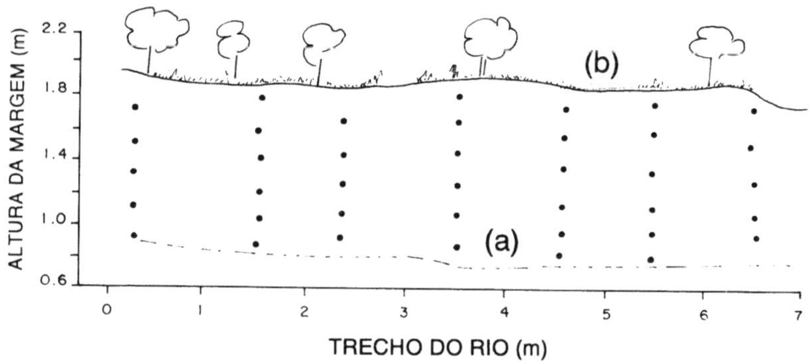

Figura 5.13 — *Face vertical da margem de um trecho do rio com a distribuição espacial dos pinos de erosão. (A) Marca do nível da água. (B) topo da margem.*

O diâmetro dos pinos deve ser o menor possível (em torno de 2 a 6mm) para não chamar atenção e para minimizar os efeitos nas con-dições das margens, no momento da colocação. Diâmetros menores podem ser usados em locais muito ativos quando são necessários pinos mais longos.

Com o avanço da erosão, os pinos vão ficando expostos ,sendo necessárias freqüentes idas ao local, com curtos intervalos (semanal, mensal, completados por leituras após os maiores eventos), para anotar, na caderneta de campo, a espessura do material perdido (distância entre a ponta do pino e a margem/parte exposta do pino).

Devido aos distúrbios iniciais, durante a instalação dos pinos, alguns pesquisadores recomendam um período de estabilização (1 a 3 meses) antes do início das medições.

Ainda, utilizando gráficos da seção transversal, referentes ao início e ao final da observação, é possível calcular o volume dos sedimentos perdidos.

2.9. Traçado do Perfil Longitudinal

O perfil longitudinal de um rio sofre contínuas flutuações, devido às variações no escoamento e na carga sólida, o que acarreta muitas irregularidades no seu leito como as corredeiras e as depressões. Ao longo do canal, o rio tenta eliminar essas iregularidades, na tentativa de adquirir um perfil longitudinal côncavo e liso, com declividade suficiente para transportar a sua carga. Utiliza, para isso, o mecanismo de erodir, onde a velocidade aumenta e inicia a sedimentação onde há decréscimo de velocidade.

Em geral, os perfis longitudinais são traçados a partir dos mapas de curvas de níveis para permitir a visualização do desenvolvimento longitudinal do curso de água, desde a origem até a foz.

De início, escolha as escalas do gráfico. O eixo de x refere-se ao comprimento do rio, cuja escala deve ser a da carta para facilitar a construção do perfil, embora não seja obrigatório. O eixo de y indica as cotas altimétricas do ponto mais alto para o mais baixo. A escala da carta deve ser evitada, apesar de representar o perfil de forma exata, quando o desnível topográfico for muito fraco (fazer um exagero acentuado) ou forte (fazer um exagero menor).

Ao exagerar a escala vertical a realidade fica deformada mas o perfil poderá ser melhor analisado. A escolha da escala vertical e o exagero em relação à escala horizontal deve ser determinado em relação ao desnível altimétrico (cota altimétrica da nascente menos a cota da foz).

Utilizando uma tira de papel estreita, percorra a extensão do rio, marcando, a partir da nascente, todos os pontos de interseções do rio com as curvas de níveis, anotando os seus valores (pontos de altitude). A tira de papel deve seguir o curso do rio acompanhando todas as suas curvaturas.

Para traçar o perfil, coloca-se a tira de papel no gráfico, na posição horizontal, a partir da esquerda, sendo marcadas as interseções, de acordo com a escala vetical (altitude). Deve-se utilizar uma ponta de lápis fina, de preferência lapiseira, para aumentar a precisão. Em seguida, ligam-se os pontos, evitando-se as linhas retas.

Com as informações da Figura 5.14, trace o perfil do rio selecionado. Caso faça a opção de hierarquizar os segmentos de canais, conforme a Figura 5.15, realize esta tarefa primeiro (consulte o Capítulo 9, Exercício 2.4).

Figura 5.14 — *Rede de drenagem localizada na carta topográfica de Casimiro de Abreu, indicada para o traçado do perfil longitudinal. Equidistância das curvas de níveis: 20m.*

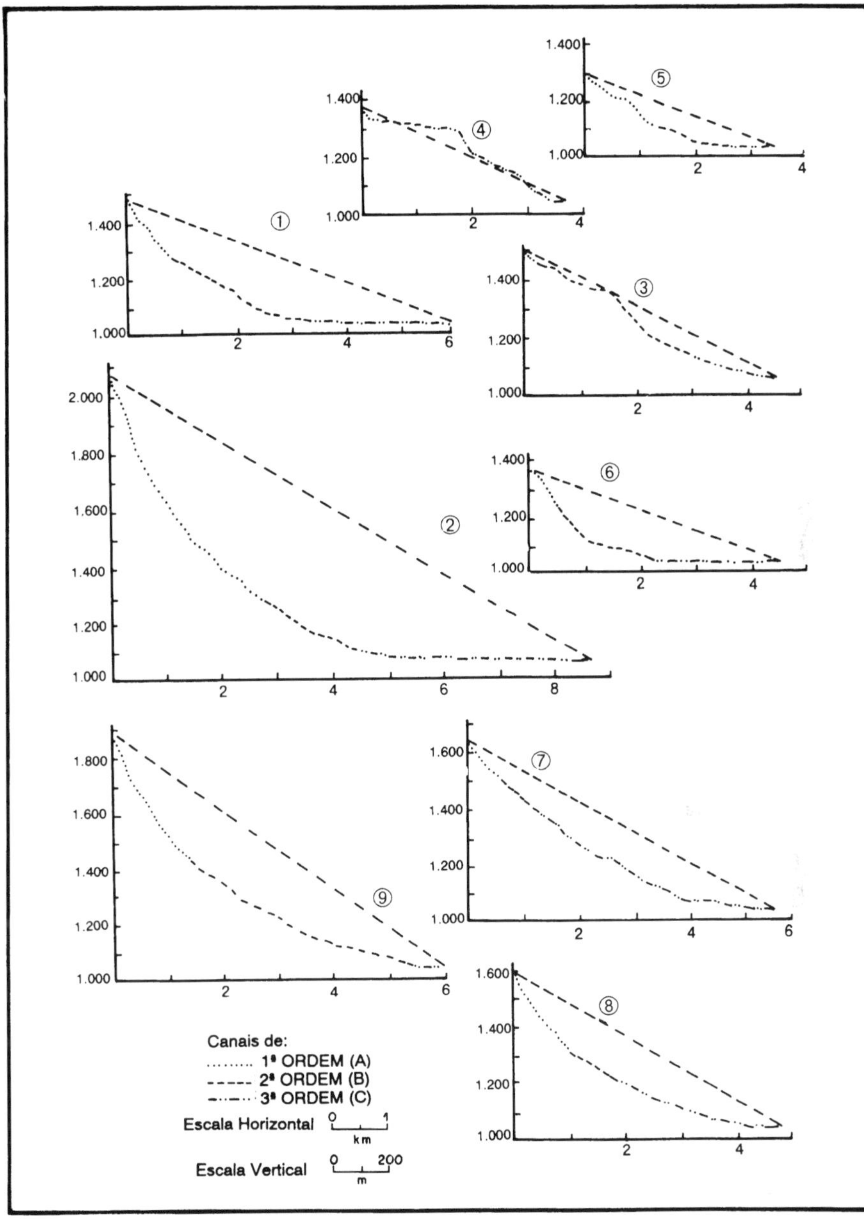

Figura 5.15 — *Perfis longitudinais dos afluentes do rio Grande, Nova Friburgo, RJ. Observar os diferentes comprimentos e inclinações para os segmentos de 1ª, 2ª e 3ª ordem (Cunha, 1978).*

No caso de pretender fazer o perfil longitudinal composto, com um ou mais afluentes, tenha o mesmo procedimento, explicado anteriormente, com a tira de papel do rio principal, marcando nele, além das interseções com as curvas de níveis, os pontos de confluência. Cada afluente terá sua tira de papel com as mesmas observações. Ao plotar, no gráfico, os afluentes, comece do ponto de confluência para a esquerda.

Por fim, as escalas horizontal e vertical selecionadas devem ser indicadas no gráfico, assim como a orientação da nascente, da foz e das mudanças de orientação, utilizando os pontos cardiais.

2.10. Avaliação do Equilíbrio Fluvial

A avaliação do equilíbrio fluvial pode ser realizada através do método da dinâmica fluvial, que se baseia no uso de relações geométricas entre componentes das bacias hidrográficas. Admite que em uma região estável exista uma relação direta entre a área da bacia e a área da seção transversal do canal.

Quando esses dados são plotados em papel log x log (Figura 5.16), a aproximação é linear. Modificações nesta relação indicam a instabilidade. Esse método, cujos valores de área da seção transversal podem ser substituídos por relações similares que empreguem a largura, profundidade do rio ou a distribuição do tamanho da partícula dos sedimentos, embora resolvendo problemas de custo, só pode ser aplicado em regiões homogêneas. Caso a bacia hidrográfica em estudo tenha essas características, você poderá avaliar o seu equilíbrio fluvial.

Para começar, percorra todo o rio para definir os locais possíveis de serem medidas as áreas das seções transversais (veja Exercício 2.3 para o cálculo dessas áreas) e realize a tomada dos dados que constituirão o eixo de y, no gráfico. Ainda no campo, localize esses pontos na carta topográfica e, no gabinete, calcule a área das bacias correspondentes.

De posse de todos os dados e utilizando o papel log x log, inicie o gráfico pelo lado esquerdo, colocando os valores mais a montante do rio, até o local em desequilíbrio (marcado por A, na Figura 5.16). Trace, por sensibilidade, a reta de ajuste dos pontos e extrapole até a foz. Se os valores a jusante do rio (esquerda do gráfico) permanecerem muito acima ou abaixo da reta extrapolada, o canal poderá apresentar-se maior ou menor do que o esperado.

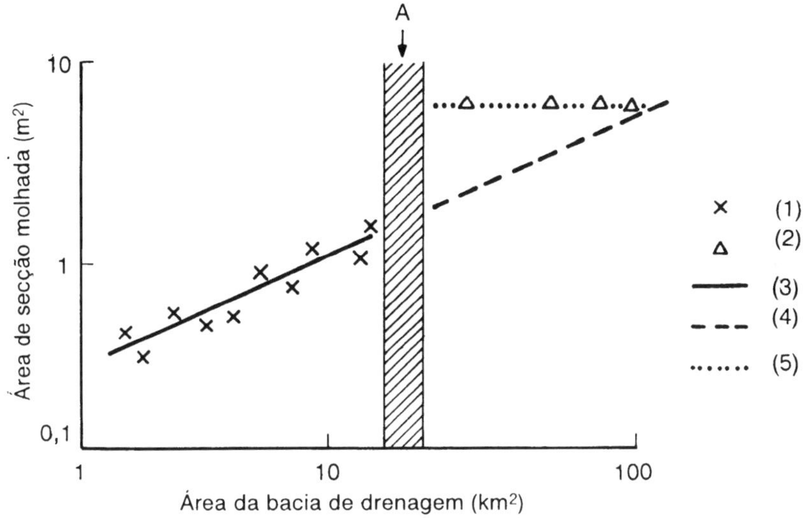

Figura 5.16 — *Rompimento do perfil de equilíbrio resultante da atividade humana. (A) Área urbana, reservatório ou substituição da vegetação por cultivos. (1) Dados a montante do local onde a atividade humana se desenvolve, (2) dados a jusante, (3) reta de ajuste para os dados a montante, (4) reta de ajuste extrapolada, (5) reta de ajuste dos dados a jusante (Cunha, 1995).*

Obtenha, então, o grau que esses valores diferem do valor esperado através do cálculo da razão de alargamento do canal que é expresso pela divisão do tamanho observado pelo tamanho esperado.

No gráfico e nos resultados das razões pode ser observado que o efeito do desequilíbrio (pela urbanização, obras de engenharia e outros) diminui em direção a jusante do canal, à medida em que ocorrem contribuições de fluxos de tributários naturais.

2.11. Montagem das Estações de Monitoramento e Experimental

Escolha uma bacia hidrográfica (cerca de 3km^2) e localize um trecho do rio que servirá de estação de monitoramento, onde o maior número dos exercícios sugeridos poderá ser aplicado.

O monitoramento da estação deve ter a periodicidade indicada em cada exercício, com intervalos fixos ou após o registro dos maiores eventos em observação. Dados produzidos, ordenação da coleta de material e observações gerais quanto à geologia, presença de vegetação, aparecimento de obstáculos, características gerais da bacia hidrográfica e outras anotações devem ser registrados na caderneta de campo onde constarão, ainda, esquemas, tabelas e croquis.

A organização dessas informações, durante a obtenção dos dados, facilita a análise dos mesmos quando é possível realizar comparações de dados temporais, importantes para o acompanhamento dos processos definidores dos distintos ambientes fluviais.

É possível, também, a criação de modelos experimentais em um local espaçoso, como os fundos de um terreno (entre 600 e 2.000m^2), onde serão produzidas maquetes e modelos reduzidos dos canais, reservatórios e até mesmo de bacias hidrográficas para acompanhamento dos processos envolvidos e controle dos dados. Use a criatividade utilizando materiais como caixa d'água, tijolos, calhas, areia e outros.

A estação experimental poderá ser montada no campo onde serão simuladas situações que não ocorrem, na realidade, no momento da coleta do dado como, por exemplo, a produção da chuva.

3. Questões de Auto-Avaliação

1. Indique, fazendo comentários, os diferentes tipos de leitos encontrados nos canais fluviais explicando as causas dessa variação.

2. A organização dos padrões de canais reflete o interrelacionamento entre as variáveis da geometria hidráulica, que resulta no ajuste do canal à sua secção transversal. Explique os diferentes tipos encontrados na natureza, levando em conta o descrito acima. Faça, também, um comentário sobre a distribuição espaço-temporal dos padrões de canais na bacia hidrográfica, indicando alguns exemplos.

3. Qual a utilização e importância do emprego das redes de hierarquia fluvial? Desenhe uma rede de drenagem e ordene-a até 3ª ordem, segundo Strahler.

4. A área da bacia hidrográfica drena um sistema fluvial constituído por um conjunto de canais de escoamento interligados. A disposição espacial desses rios, controlada ou não pela estrutura geológica, define os padrões de drenagem que podem ser classificados com base na forma do escoamento, na gênese ou na geometria dos canais. Diferencie os padrões de drenagem levando em conta a inclinação das camadas geológicas.

5. Que tipo de informação prática é possível obter através da identificação dos padrões geométricos da drenagem? Utilizando cartas topográficas (1/50 000), do seu Estado ou Município, você poderá identificar e selecionar diferentes padrões de drenagem.

6. Quais as principais variáveis da geometria hidráulica, e em que medida as interrelações entre elas geram uma constante fragilidade de variação, atribuindo à geometria hidráulica um caráter dinâmico.

7. Como ocorrem os processos de erosão, transporte e deposição ao longo do canal fluvial, quando se consideram a velocidade e turbulência dos fluxos, a descarga e carga sólida?

8. Faça um comentário sobre o equilíbrio dos rios com seus fluxos, levando em conta o período de duração desse equilíbrio e a importância da participação da bacia hidrográfica.

9. O homem, como agente geomorfológico, tem atuado nas mudanças fluviais de maneira direta e/ou indireta. Em que medida essas mudanças atuam e quais questionamentos podem ser feitos diante das incertezas das respostas dos rios a essas modificações.

10. Analise as alterações na dinâmica fluvial decorrentes do aproveitamento das águas fluviais.

4. Bibliografia

CUNHA, S.B. Ambiente e características hidrológicas da bacia do alto rio Grande (Nova Friburgo-RJ). Dissertação de Mestrado. Programa de Pós-Graduação em Geografia. Universidade Federal do Rio de Janeiro, 1978, 188 p.

CUNHA, S. B. Impacto das obras de engenharia sobre o ambiente biofísico da bacia do rio São João (Rio de Janeiro-Brasil). Tese de doutorado. Departamento de Geografia. Universidade de Lisboa, 1993, 415 p.

CUNHA, S.B. Geomorfologia Fluvial. In GUERRA,A.J.T. e CUNHA,S.B. (Orgs.), *Geomorfologia: Uma Atualização de Bases e Conceitos.* Editora Bertrand Brasil, Rio de Janeiro, 2ª ed., 211-252 p., 1995.

DACKOMBE, R.V & GARDINER,V. *Geomorphological Field Manual.* George Allen & Unwin, Londres, 1981, 253 p.

DURY, G.H. Relation of morphometry to runoff frequency. In *Water, Earth and Man* (Chorley, R.J. editor), Methuen e Co, Londres, 419-430 p., 1969.

EVLYN, M.L.NOVO Métodos de análise da morfodinâmica fluvial:uma comparação entre métodos de análise fluviométrica e métodos de análise multitemporal de sensoriamento remoto. *Revista Brasileira de Geociências* 15(3):207-212, 1985.

FARIA,A.P. Dinâmica dos canais fluviais de primeira ordem. Cadernos de Geociências (IBGE), número 16 (em publicação).

GOUDIE, A. *Geomorphological Techniques.* George Allen & Unwin, Londres, 1981, 395 p.

LOURENÇO, L. Caderno de trabalhos práticos de Geografia Física (1ª parte). Faculdade de Letras. Universidade de Coimbra, 1988, 266 p.

MARQUES, J. S.& ARGENTO, M.S.F. O uso dos flutuadores para a avaliação da vazão de canais fluviais. *Geociências,* Rio Claro, São Paulo, vol.7: 173-183, 1988.

PETTS, E.G. Sedimentation within a regulated river. Earth Surface Processes and Landforms, vol. 9: 125-134, 1984.

SUGUIO, K. *Introdução à Sedimentologia*. Editora Edgard Blucher, São Paulo, 1973, 317 p.

WENTWORTH, C. K. A scale of grade and class terms for clastic sediments. *Journal of geology*, 30:377-392, 1922.

WOLMAN, M.G. Factors influencing erosion of a cohesive river bank. *American Journal of Science*, 257:204-216, 1959.

ZINGG, T. H., Beitrag zur Schotteranalyse. Schweitz. Mineralog. Petrog. Mitt., Bd., 15:39-140.

CAPÍTULO 6

GEOMORFOLOGIA COSTEIRA

Dieter Muehe

1. *Introdução*

A evolução do relevo, geralmente resultado de uma longa interação entre tectonismo, litologia e clima, pressupõe, para sua compreensão, a reconstituição paleogeográfica da área considerada. A compreensão desta evolução pode, muitas vezes, fornecer importantes indicações para a inferência da evolução futura, ou para melhor avaliar a representatividade de uma tendência evolutiva, observada num curto espaço de tempo, que pode, de fato, representar uma tendência, ou apenas uma recorrência dentro de um conjunto de ciclos.

Se, de um lado, os estudos paleogeográficos exigem a associação de técnicas de sismo- lito- bio- e crono-estratigrafia, assim como o mapeamento da distribuição espacial de feições morfológicas e litológicas, o estudo dos processos atuais, para o caso específico da região costeira, requer a caracterização da cobertura sedimentar e de sua mobilidade em função de parâmetros oceanográficos, como ondas, correntes e maré, e meteorológicos e hidrológicos, como precipitação, direção e intensidade do vento e descarga fluvial.

Modificações nas taxas de aporte e retirada de sedimentos, alterando o balanço sedimentar de um dado trecho do litoral, tendem a provocar problemas sérios em áreas urbanizadas, ou nas quais o uso das praias representa uma importante opção de lazer e de atividade econômica, principalmente quando o balanço é negativo, gerando erosão.

Em vista dos crescentes problemas que se vêm registrando justamente na interface entre litoral e oceano, em grande parte provocados por intervenção do homem no sistema natural, serão abordados neste capítulo algumas técnicas básicas de medição ou inferência de processos costeiros através da caracterização, e análise de distribuições granulométricas dos sedimentos de praia e fundo marinho adjacente, da topografia do perfil de praia e da medição expedita de parâmetros de onda na zona de arrebentação.

2. *Exercícios, Técnicas e Aplicações*

2.1. *Caracterização dos Sedimentos*

2.1.1. *Amostragem*

A escolha do método de amostragem depende dos objetivos da pesquisa, se de caracterização do depósito sedimentar, do estudo de processos ou da direção de transporte. Em função do objetivo, será necessário decidir sobre a maneira de realizar a coleta, a freqüência de amostragem e o espaçamento entre amostras, isto é, a malha amostral.

Por exemplo, para caracterizar as diversas feições geomorfológicas da praia, ao longo de um perfil, como topo do cordão litorâneo, berma de tempestade, berma e face da praia, é preciso levar em conta que a praia é construída por uma superposição de estratos, cada estrato representando a topografia de um dado momento. Estes estratos muitas vezes apresentam granulometria distinta, ora mais grossa, ora mais fina, o que permite, juntamente com diferentes concentrações de minerais pesados, identificar estes estratos. Então, para obter uma amostra representativa da granulometria é preciso obter material do maior número de estratos possível. Se a largura da feição geomorfológica é muito estreita, podemos cavar uma pequena trincheira e coletar, por raspagem, material ao longo de todo um lado da trincheira, amostrando assim todos os estratos. Podemos também coletar amostras em estratos isolados e relacionar a granulometria destes estratos a eventos de tempestade (areia mais grossa) e tempo bom (areia mais fina). Podemos ainda aproveitar a trincheira, e estudar, desenhar ou fotografar a disposição dos estratos. É assim que se diferenciam paleo-ambientes de rio, duna e praia, pois cada ambiente tem uma maneira própria de apresentar o arranjo dos estratos sedimentares. Voltando à amostragem, no caso de uma feição mais larga, podemos cavar várias pequenas trincheiras, ao longo do perfil, cortar uma fina fatia com a pá, de cima para baixo, de um dos lados da trincheira, e jogar este material em cima de uma lona. Repete-se o mesmo procedimento em todas as trincheiras, tomando o cuidado de retirar sempre a mesma quantidade de material. Todo o material coletado é, então, homogeneizado e quarteado, até a obtenção de uma amostra, da ordem de 500g a 1kg, para a análise de laboratório.

No quarteamento, a amostra é despejada sobre uma superfície formando um cone. Corta-se este cone em quatro quartos iguais, e coleta-se o material de dois quartos opostos entre si. Repete-se o processo até a obtenção da amostra no peso desejado.

Se o objetivo é estudar o arco praial, usa-se a mesma metodologia espaçando-se as trincheiras ao longo da praia, a intervalos que dependem do comprimento do arco praial e da variabilidade granulométrica. Por exemplo, na praia de Itaipuaçu, no município de Niterói, um distanciamento de 1km entre amostras, para um arco praial de 9km, mostrou, como resultado, um gradiente de variação contínuo do diâmetro médio dos sedimentos, tornando desnecessária uma redução do espaçamento das amostras. Em outras praias, espaçamentos menores são freqüentemente indicados. Uma maneira diferente de amostrar é quando queremos estudar a relação da forma topográfica, por exemplo, a inclinação da face da praia, com a granulometria. Neste caso retiramos a amostra mais superficial possível, de preferência com o uso de uma espátula. Caracterizamos, deste modo, o estrato formado no momento da coleta, de modo idêntico à coleta de amostras, numa seqüência de estratos de mesma granulometria, exposta na trincheira. A mesma opção entre a amostragem do estrato sedimentar superior, para caracterizar o processo, e uma série de estratos, para caracterizar o depósito, precisa ser feita no estudo de sedimentos da superfície do fundo marinho. Para a superfície usamos dragas leves, de reduzida penetração. Para estratos mais profundos usamos busca: fundos de mandíbula, tubos testemunhadores, caixas testemunhadoras (*box corers, kasten corers*).

Como exercício de amostragem, faça três pequenas trincheiras, na berma de uma praia que apresente boa definição de estratos. Distribua estas trincheiras a distâncias de 1/4 do comprimento do arco praial. Identifique os principais estratos e retire uma pequena amostra, não mais que 100g, de cada um destes estratos, e uma amostra ao longo de todo um lado de cada trincheira. Homogeneize esta última amostra e reduza-a, por quarteamento, a um tamanho suficiente para a análise granulométrica. Acondicione cada amostra em saco plástico, devidamente identificada com o local e data da amostragem. A utilização de esparadrapo comum para anotação com esferográfica preta, para etiquetagem, tem apresentado boa resistência contra o efeito da água do mar, que tende a apagar rapidamente as anotações. Leve as amostras, ao laboratório, para análise.

2.1.2. *Granulometria* versus *Velocidade de Decantação*

As questões aqui apresentadas limitam-se ao tratamento das areias, já que são estes os sedimentos que geralmente constituem as praias e a cobertura sedimentar da zona de surfe e arrebentação, estendendo-se, nas áreas de reduzido aporte fluvial, a grande parte da plataforma continental interna.

A análise granulométrica, é, na maior parte das vezes, feita por meio de peneiramento a seco, utilizando-se um conjunto de peneiras em intervalos tais que permitam o estabelecimento de uma curva da distribuição granulométrica por meio de interpolação. Uma vez estabelecida a curva, descreve-se o formato da mesma através de parâmetros estatísticos que, por sua vez, permitem sua utilização em análises quantitativas classificatórias, de correlação com outros parâmetros físicos ou biológicos, ou ainda na aplicação de modelos físicos de previsão e simulação. Erros, além dos inerentes ao próprio método, resultam quando a composição mineralógica da areia apresenta mistura de minerais de densidades diferentes. A situação mais típica para este caso é de uma areia, predominantemente quartzosa ($\rho = 2{,}65 g/cm^3$), com teor elevado de minerais pesados, isto é, minerais cuja densidade é superior a do bromofórmio ($\rho > 2{,}85 g/cm^3$), líquido utilizado para a separação por decantação. Como, na análise por peneiramento, os grãos do sedimento são caracterizados pelo tamanho e não pelo peso, os de densidade maior apresentam, sob o ponto de visto hidrodinâmico, o comportamento de uma areia quartzosa de tamanho maior que a determinada pelo peneiramento. É o que se chama de equivalente hidráulico ao quartzo. Este inconveniente pode ser contornado pela substituição da análise por peneiramento pela determinação da velocidade de decantação em um fluido de densidade conhecida, normalmente a água, utilizando-se para isto de um tubo de sedimentação.

Uma maneira simples, barata e rápida de análise de areias por decantação foi desenvolvida por Emery (1938), que utilizou um tubo de vidro de 142cm de altura por 21mm de diâmetro, que se afunila ao longo de 7cm, da extremidade inferior, para um diâmetro interno de 7mm. A esta extremidade inferior é fixado um tubo graduado de 15cm de comprimento, até uma torneira, para a leitura do volume sedimentado. A torneira consiste de um cone de vidro com furo de 5mm de diâmetro para a saída dos sedimentos. A altura total do percurso de decantação é, portanto, de 164cm (Figura 6.1). O objetivo do uso do tubo de sedimentação é o de poder analisar uma grande quantidade de amostras em pouco tempo e a baixo custo, inclusive a

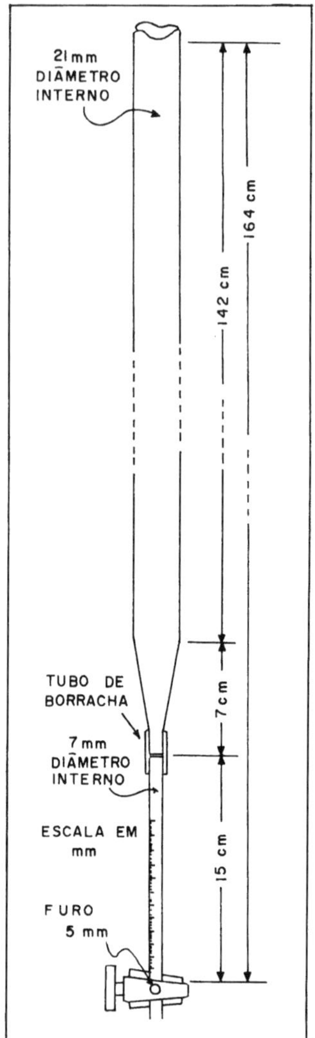

Figura. 6.1 — *Dimensões e feições do tubo de sedimentação (reproduzido de Emery, 1938).*

bordo de embarcações, já que dispensa o uso de balança. Os tempos de sedimentação foram calibrados, experimentalmente, com amostras de granulometria determinada por peneiramento. Uma correlação entre os parâmetros estatísticos de distribuição granulométrica, obtidos pelas análises de peneiramento e sedimentação, mostrou uma boa aproximação, entre os dois métodos, das medidas de tendência central (média e mediana), porém baixa correlação entre as medidas de dispersão (desvio padrão, assimetria e curtose) (Muehe, 1976). Esta baixa correlação é resultado do pequeno tamanho da amostra usada para a análise por decantação, que não permite uma boa definição das caudas da curva granulométrica. Um resultado, fisicamente mais correto, da utilização do tubo de sedimentação, é o da velocidade de decantação de um sedimento, um parâmetro que define melhor que o tamanho granulométrico as características hidráulicas de um sedimento. Neste caso, determina-se a velocidade mediana de decantação da amostra, considerando-se o tempo necessário para a sedimentação das partículas no tubo de sedimentação, cuja altura é conhecida.

Mas qual dos dois métodos é o mais adequado? De um lado temos um ensaio demorado, tedioso e de custo relativamente elevado com a aquisição do conjunto de peneiras, estufa para secagem, vibrador de peneiras e balança de precisão. De outro, um ensaio rápido para cuja realização basta o tubo de sedimentação e um cronômetro. A resposta, evidentemente, depende dos objetivos. A necessidade de precisão na determinação dos parâmetros estatísticos da distribuição granulométrica, fundamental para a inferência de direções de transporte, das condições hidrodinâmicas atuantes e para o estabelecimento de correlações com a fauna bentônica, recomenda o uso do método de peneiramento. Já a determinação da velocidade de decantação é apropriada para o estudo de sistemas processo-resposta em que são estabelecidas relações de causa e efeito entre hidrodinâmica, granulometria e topografia, como é o caso da variabilidade do perfil transversal, subaéreo e submarino de uma praia, em função das ondas e da granulometria dos sedimentos.

a) *Análise por peneiramento*

Na análise por peneiramento o tamanho da amostra deve ser calibrado, de tal forma que permita uma boa representação das caudas da curva granulométrica, sem que ocorra um excesso de material que venha a impedir o contato dos grãos com a malha da peneira. Para uma amostra bem selecionada, cuja distribuição granulométrica abarca apenas algumas poucas peneiras, como é típico de sedimentos de dunas, o tamanho da amostra pode ser menor do que para uma amostra mal selecionada. Em termos práticos, para peneiras com diâmetro de 8 polegadas (20,32cm), que são as mais encontradas no mercado, uma amostra, com cerca de 50g, é adequada para uma boa análise.

As amostras coletadas na praia ou fundo marinho, por seu teor de sal que as tornam higroscópicas, devem ser lavadas e mantidas imersas em água de um dia para o outro. Após nova lavagem são colocadas em estufa, à temperatura em torno de 100° C, até secar. A seguir, é coletada uma sub-amostra, por meio de quarteamento, ou através do quarteador de Jones. Neste equipamento a separação é feita por meio de um conjunto de calhas dispostas paralelamente em lados opostos de um recipiente retangular, sendo o material recolhido em cada um dos dois lados do recipiente. A cada operação a amostra é dividida em duas metades, repetindo-se o processo até a obtenção da amostra no tamanho desejado.

Ocorrendo conchas e fragmentos de conchas em areias predominantemente quartzosas, estas devem ser retiradas, o que geralmente pode ser feito à mão ou, no caso de fragmentos muito pequenos, por meio de ataque com ácido clorídrico. Devido à liberação de gases, este processo deve ser feito em capela, com proteção da vista e uso de luvas de borracha. A formação de espuma deve ser inibida através de resfriamento com jatos de água por meio de uma pisseta. O teor de calcário, presente na amostra, pode ser expresso em percentagem, em relação ao peso da amostra antes da retirada dos carbonatos. As amostras submetidas a tratamento com ácido clorídrico são novamente lavadas e postas a secar.

Uma vez seca, a amostra é pesada, colocada no conjunto de peneiras e postas a vibrar no vibrador de peneiras, durante 15 minutos. O material retido em cada peneira é, então, coletado e pesado.

O conjunto de peneiras, utilizado no Laboratório de Geomorfologia Fluvial, Costeira e Submarina do Departamento de Geografia da UFRJ, segue uma seqüência básica de intervalos de

0,5Φ (fi), sendo $\Phi = -\log_2 mm$, com inserção das peneiras de 1,75; 1,25; 3,75 e 3,25Φ, para melhor definição das caudas da curva granulométrica.

Para exemplificar, reproduz-se, na Figura 6.2, uma planilha de análise granulométrica com os pesos retidos, acumulados, e a percentagem acumulada dos pesos retidos em cada peneira, de uma amostra de sedimento da praia de Camburi, em Vitória, Espírito Santo. Para calcular os parâmetros estatísticos da distribuição granulométrica, lançam-se os percentuais do peso acumulado num gráfico de probabilidade aritmética e traça-se uma curva passando por estes pontos (Figura 6.3). Para tornar mais preciso o traçado da curva é recomendável a utilização de uma régua flexível.

A partir da curva obtêm-se, no eixo das abcissas, os valores em fi (Φ) correspondentes aos seguintes percentis, lidos no eixo das ordenadas:

Percentil	Φ
5	- 1,14
16	- 0,75
25	- 0,53
50	- 0,13
75	0,13
84	0,23
95	0,42

São estes os dados que necessitamos para calcular os parâmetros estatísticos, cujos resultados se aproximam dos obtidos pela estatística paramétrica convencional. Várias fórmulas foram estabelecidas para o cálculo dos parâmetros, sendo as mais usadas as de Folk & Ward (1957), reproduzidas abaixo:

Mediana $$Md = \Phi_{50} \tag{6.1}$$

Média $$Mz = \frac{\Phi_{16} + \Phi_{50} + \Phi_{84}}{3} \tag{6.2}$$

INSTITUTO DE GEOCIÊNCIAS - UFRJ
Departamento de Geografia
Laboratório de Geomorfologia Fluvial, Costeira e Submarina

ANÁLISE GRANULOMÉTRICA POR PENEIRAMENTO

LOCAL: Praia de Camburi

AMOSTRA: Base da face da praia. **DATA:**__/__/__/

Malha USBS	Diâmetro mm	Diâmetro Φ	Peso Retido g	Peso Retido acumul. g	Peso Retido acumul. %
5	4,000	- 2,00			
6	3,360	- 1,75			
8	2,380	- 1,25	*1,53*	*1.53*	*3,16*
10	2,000	- 1.00	*2,50*	*4,03*	*8,33*
14	1,410	- 0,50	*8,70*	*12,73*	*26,32*
18	1,000	0,00	*16,72*	*29,45*	*60,90*
25	0,710	0,50	*17,39*	*46,84*	*96,86*
35	0,500	1,00	*1,43*	*48,27*	*99,81*
45	0,350	1,50	*0,07*	*48,34*	*99,96*
60	0,250	2,00	*0,02*	*48,36*	*100,00*
80	0,177	2,50			
120	0,125	3,00			
140	0,105	3,25			
200	0,074	3,75			
230	0,062	4,00			
Fundo	<0,062	>4,00			

Peso inicial (g) *50,23*
Peso final (g) *48,36*
Peso dos carbonatos (g). *1,87* Analisado por: ________

Figura 6.2 — *Exemplo de planilha de análise granulométrica.*

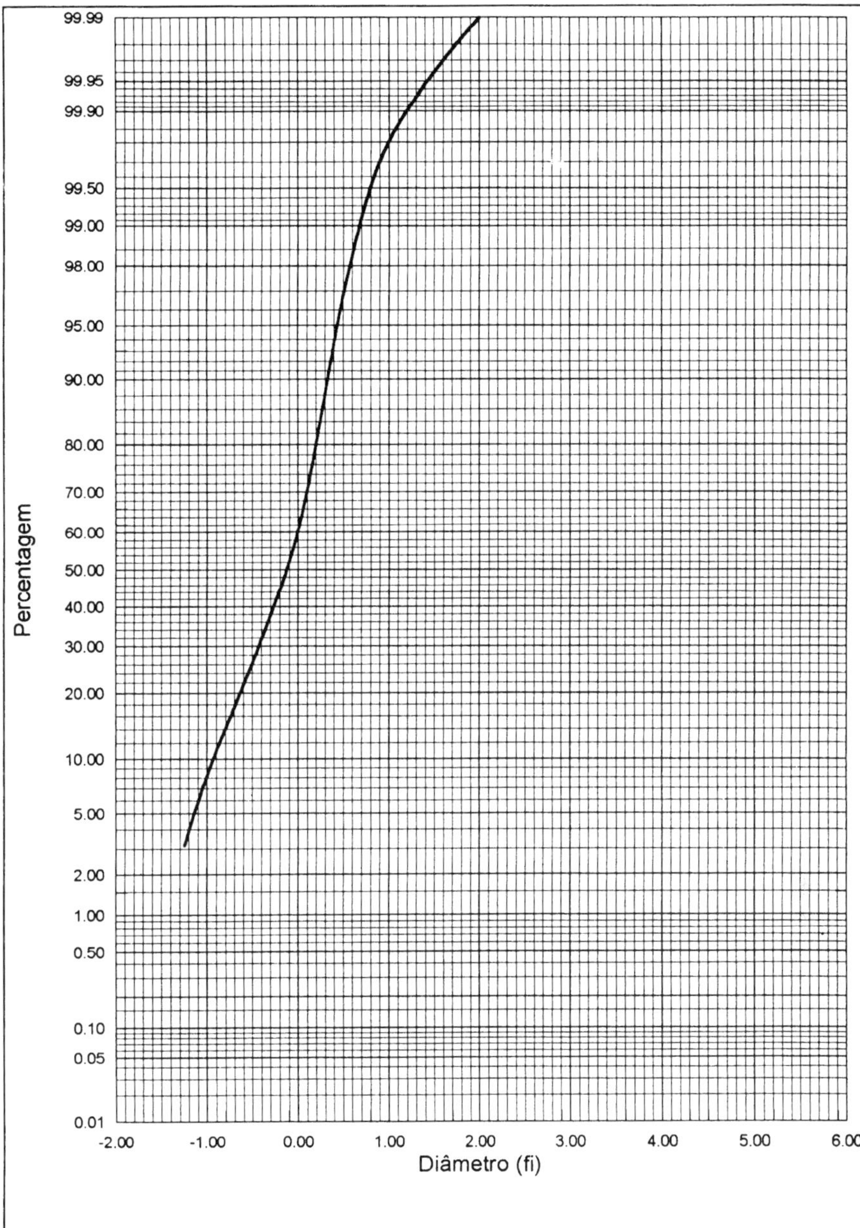

Figura 6.3 — *Curva granulométrica acumulativa, traçada em papel de probabilidade aritmética.*

Desvio Padrão Gráfico $$\sigma_I = \frac{\Phi_{84} - \Phi_{16}}{4} + \frac{\Phi_{95} - \Phi_5}{6{,}6} \quad (6.3)$$

Assimetria Gráfica $$Sk_I = \frac{\Phi_{16} + \Phi_{84} - 2\Phi_{50}}{2{,}44(\Phi_{84} - \Phi_{16})} + \frac{\Phi_5 + \Phi_{95} - 2\Phi_{50}}{2(\Phi_{95} - \Phi_5)} \quad (6.4)$$

Curtose Gráfica $$K_G = \frac{\Phi_{95} - \Phi_5}{2{,}44\,(\Phi_{75} - \Phi_{25})} \quad (6.5)$$

Curtose Gráfica Normalizada $$K'_G = \frac{K_G}{1 + K_G} \quad (6.6)$$

Programas de computador, como o de Toldo & Medeiros (1986), permitem calcular os parâmetros estatísticos da distribuição granulométrica, apenas entrando com os dados obtidos no peneiramento, sem necessidade de traçar a curva acumulativa.

A moda, a mediana e a média são valores de tendência central de uma amostra. A mediana se situa entre a moda, isto é, o valor correspondente à maior freqüência de ocorrência de uma dado tamanho granulométrico, e a média, cuja posição, obtida por meio de um gráfico de freqüência simples, é mais afetada pela posição das caudas da curva. Como numa distribuição simétrica a posição da moda, da mediana e da média coincidem, a simples análise da posição da média em relação à mediana já nos fornece uma idéia se uma distribuição tende mais para o lado das frações grossas (assimetria negativa, valor da média, em fi, menor que o da mediana) ou para o lado das frações finas (assimetria positiva, valor da média, em fi, maior que o da mediana). A maior sensibilidade da média às variações na configuração da curva granulométrica, justamente por ser mais afetada pela configuração das extremidades da mesma, torna-a um parâmetro adequado para o estudo de processos, ao passo que a mediana caracteriza melhor o depósito sedimentar, como um todo, por se situar mais próximo do valor modal. É preciso, porém, verificar se a amostra apresenta mais de uma moda. Neste caso, a representatividade das medidas de tendência central fica comprometida.

A classificação de uma amostra, baseada no tamanho das partículas, normalmente expressa pelo valor da média ou mediana, é geralmente feita empregando-se a classificação de Wentworth (1922), que obedece os limites abaixo:

CLASSIFICAÇÃO	Φ	mm		
Areia muito grossa	–1 a 0	2	a	1
Areia grossa	0 a 1	1	a	0,5
Areia média	1 a 2	0,5	a	0,25
Areia fina	2 a 3	0,25	a	0,125
Areia muito fina	3 a 4	0,125	a	0,0625
Silte	4 a 8	0,0625	a	0,0039
Argila	> 8			< 0,0039

A transformação de valores de milímetro para fi, e vice-versa, pode ser feita facilmente através das seguintes relações:

$$\Phi = \log(mm^{-1}) / \log(2) \qquad (6.7)$$

$$mm = \frac{1}{2^{\Phi}} \qquad (6.8)$$

As medidas de dispersão e assimetria fornecem uma idéia mais precisa sobre o formato da curva, que a simples comparação entre média e mediana. Vamos analisar cada um destes parâmetros. O desvio padrão (σ) descreve a dispersão em relação à média. Na estatística paramétrica, 1σ, para cada lado da média, corresponde a 68,3% da distribuição, 2σ correspondem a 95,4% da distribuição, e 3σ correspondem a 99,7% da distribuição. Isto significa que, se descrevêssemos a distribuição de um espectro de altura de ondas, através da estatística paramétrica, como tendo uma altura média de 1m e desvio padrão de 0,5m, saberíamos que estamos lidando com ondas entre 0,5 a 1,5m de altura. Mas, neste caso, estaríamos cobrindo apenas 68% do espectro. Poderíamos ampliar a abrangência da nossa interpretação para 95%, considerando o valor de 2σ, isto é 1 ± 2 x 0,5, o que nos fornece uma variação de alturas entre 0 e 2m. Mas, se usássemos 3σ, buscando englobar praticamente todo o espectro, teríamos uma variação de ± 1,5m para cada lado da média, o que nos daria, para as ondas mais baixas, um valor de – 0,5m. Como não podemos ter ondas de altura negativa, a explicação reside no fato de a distribuição ser assimétrica para o lado das ondas mais altas, uma característica que o desvio padrão não avalia. É mais seguro nos limitarmos a avaliar a dispersão pelo valor de apenas 1σ. No caso do desvio padrão gráfico (σ_I), o mesmo abarca 90% da distribuição em vez de 68,3%, representando um desvio de 1,65σ para cada lado da média.

Os limites para a classificação do selecionamento pelo desvio padrão gráfico, em valores de fi, propostos por Folk (1968), são os seguintes:

Muito bem selecionado	< 0,35
Bem selecionado	0,35 a 0,50
Moderadamente bem selecionado	0,50 a 0,71
Moderadamente selecionado	0,71 a 1,00
Mal selecionado	1,00 a 2,00
Muito mal selecionado	2,00 a 4,00
Extremamente mal selecionado	> 4,00

A assimetria descreve se a curva é ou não simétrica, e, sendo assimétrica, para que lado se inclina a cauda mais longa da curva. Numa curva assimétrica positiva, como vimos no exemplo das ondas, a cauda da curva à direita do valor modal, se estende mais que a localizada à esquerda, dirigindo-se em direção aos sedimentos mais finos. Isto, na escala fi, se traduz por valores mais elevados. O contrário ocorre na assimetria negativa onde a cauda mais estendida é a do lado esquerdo do valor modal, direcionando-se para as frações grossas do sedimento. Em depósitos residuais, como nos sedimentos de praia, em que as frações mais finas são retiradas pelo refluxo da onda, é comum encontrarmos distribuições assimétricas negativas.

Os limites, em valores adimensionais, para a classificação da assimetria gráfica, de acordo com Folk (1968), são os seguintes:

Assimetria muito negativa	– 1,0 a – 0,3
Assimetria negativa	– 0,3 a – 0,1
Simétrica	– 0,1 a 0,1
Assimetria positiva	0,1 a 0,3
Assimetria muito positiva	0,3 a 1,0

A curtose é uma medida de esbeltez da curva de distribuição. Ela compara o selecionamento entre os 90% centrais da curva com os 50% centrais. O valor de 2,44, que aparece no denominador da fórmula da curtose gráfica, é o valor que, numa distribuição normal, se teria de multiplicar a diferença entre o 75° e o 25° percentil para obter o mesmo valor da diferença entre o 95° e o 5° percentil. Neste caso o quociente seria 1, e o selecionamento da cauda seria o mesmo da porção central da curva. Curvas de distribuição normal são denominadas mesocúrticas, as de configuração esbelta são denominadas leptocúrticas, e as de configuração achatada, platicúrticas. A curtose normalizada é freqüentemente utilizada em estudos estatísticos devido a tendência de distribuição assimétrica dos valores de curtose. Seu significado geológico não é muito claro, mas distribuições leptocúrticas foram relatadas por Ponçano (1975) na baía de Sepetiba, em áreas de transporte de sedimentos, enquanto que as platicúrticas foram encontradas em zonas deposicionais. Resultados semelhantes foram encontrados em sedimentos da plataforma continental interna do Rio de Janeiro. Em estudos de meiofauna, a curtose tem, se mostrado um parâmetro sensível (Silva *et al.*, 1994), talvez por refletir indiretamente características de porosidade e permeabilidade; um assunto que está sendo objeto de investigação.

Os limites de classificação da curtose e da curtose normalizada propostos por Folk (1968) são:

	Curtose	Curtose normalizada
Muito platicúrtico	< 0,67	< 0,40
Platicúrtico	0,67 a 0,90	0,40 a 0,47
Mesocúrtico	0,90 a 1,11	0,47 a 0,53
Leptocúrtico	1,11 a 1,50	0,53 a 0,60
Muito leptocúrtico	1,50 a 3,00	0,60 a 0,75
Extremamente leptocúrtico	> 3,00	> 0,75

a.1) *Interpretação dos resultados granulométricos*

O emprego dos parâmetros estatísticos das distribuições granulométricas caracterizaram os estudos sedimentológicos das décadas de 50 e 60, quando se buscou, através dos mesmos, inferir direções de transporte, condições hidrodinâmicas de transporte e deposição, e reconstituições paleo-ambientais. Assim, Folk & Ward (1957) e Mason & Folk (1958) conseguiram identificar ambientes distintos de sedimentação, através da correlação gráfica de parâmetros granulométricos. Passega (1957, 1964) e Passega & Byramjee (1969) inferiram condições hidrodinâmicas, através da correlação gráfica entre o 1° e o 50° percentil da distribuição granulométrica. Sahu (1964), utilizando os parâmetros granulométricos, estabeleceu, por meio de análise discriminatória, uma série de equações empíricas, permitindo a distinção entre ambiente eólico e de praia, entre praia e ambiente marinho raso e entre ambiente marinho raso e fluvial. Visher (1969) procurou, através de inflexões da curva granulométrica, identificar sub-populações distintas de grãos transportados em suspensão, saltação e rolamento, inferindo daí os processos dominantes de transporte, como correntes, espraiamento e recuo da onda na face da praia, ação de ondas, precipitação de material originalmente em suspensão, correntes de turbidez e dunas eólicas. Mais recentemente é apresentado por McLaren (1981) um modelo de interpretação que busca inferir a direção de transporte dos sedimentos, a partir das características granulométricas do sedimento na área fonte e das modificações esperadas ao longo da direção de transporte. Deixa, portanto, de interpretar os parâmetros granulométricos em termos de valor absoluto para analisá-los, de forma comparada, com as características de outras amostras supostamente localizadas a montante do fluxo de transporte. Assim, se um sedimento, na área fonte, sofre erosão, o material transportado e depositado tem que ser mais fino, melhor selecionado e com assimetria mais negativa que o sedimento original. Este, por sua vez, se torna, após a erosão, mais grosso, mais bem selecionado e com assimetria mais positiva. Se, por outro lado, um sedimento, que está sendo transportado, sofre deposição seletiva, o depósito resultante pode ser mais fino ou mais grosso que o material da área fonte, mas o selecionamento será melhor e a assimetria mais positiva.

Vamos, então, retomar nosso exemplo da praia de Camburi. O valor da mediana é o próprio valor do 50º percentil, isto é – 0,13Φ. Para calcular a média somamos algebricamente os valores correspondentes aos percentis indicados na Eq. (6.2) e dividimos o resultado por 3, isto é: $\frac{-0{,}75 + (-0{,}13) + 0{,}23}{3} = -0{,}2166$. Adotando o mesmo procedimento para o restante dos parâmetros, teremos, após a aplicação das Eqs. (6.1) a (6.6) e (6.8), os seguintes resultados:

$$
\begin{aligned}
Md &= -0{,}13\Phi \ (1{,}09\text{mm}) \\
Mz &= -0{,}22\Phi \ (1{,}16\text{mm}) \\
\sigma_I &= 0{,}48\Phi \ (0{,}72\text{mm}) \\
Sk_I &= -0{,}28 \\
K_G &= 0{,}97 \\
K'_G &= 0{,}49
\end{aligned}
$$

Trata-se, portanto, de uma areia muito grossa, bem selecionada, de distribuição assimétrica para o lado das frações grossas e mesocúrtica.

b) *Análise por tubo de sedimentação*

Como vimos, o tubo de sedimentação tanto pode ser usado para a determinação do diâmetro granulométrico, quanto para a determinação da velocidade de decantação. A vantagem do emprego do tubo de sedimentação sobre a análise por peneiramento não reside apenas na rapidez do ensaio, mas também na reprodução mais correta das condições de sedimentação, e que se expressam no comportamento hidrodinâmico dos grãos de igual tamanho, mas pesos específicos diferentes. O exemplo abaixo é uma comparação entre os resultados da análise das frações leves (quartzo) e pesadas de uma amostra realizada por decantação e por peneiramento (Figura 6.4). Quando analisado no tubo de sedimentação os minerais pesados (curva 1) apresentam o diâmetro mediano (50° percentil) mais grosso que os minerais leves. Já no peneiramento a situação se inverte. Na comparação dos resultados da análise dos minerais leves, os mesmos apresentam praticamente o mesmo valor da mediana (curvas 2 e 3), mas o peneiramento permitiu uma definição mais precisa da configuração da cauda fina da curva. Discrepância muito significativa ocorre entre os resultados da análise das frações pesadas. Por decantação estes minerais aparecem como sendo muito mais grossos que os analisados por peneiramento, o que se explica pela maior velocidade de decantação, devido à maior densidade das partículas. O resultado do peneiramento, apesar de correto em termos de dimensão, não corresponde ao comportamento hidrodinâmico das frações pesadas.

Para a análise por decantação, enche-se o tubo de sedimentação, que é fixado na parede em posição vertical, com água destilada. Não deve ser usada água de torneira, que pode causar a agregação de partículas de areia fina. A amostra, cerca de 3 gramas, é colocada no tubo introdutor que, após completado com água destilada, é vigorosamente sacudido para eliminação de bolhas de ar. O nível da água no tubo de sedimentação é rebaixado o suficiente para impedir o transbordamento após a colocação da amostra e da água contida no tubo introdutor. Para a introdução da amostra leva-se o tubo introdutor até o topo do tubo de sedimentação, com ambas as extremidades tapadas com os dedos polegar e indicador. Destapa-se a base do tubo introdutor, efetuando, ao mesmo tempo, a introdução da amostra. Nesse exato instante é acionado um cronômetro e efetuada a leitura do volume acumulado na base do tubo de sedi-

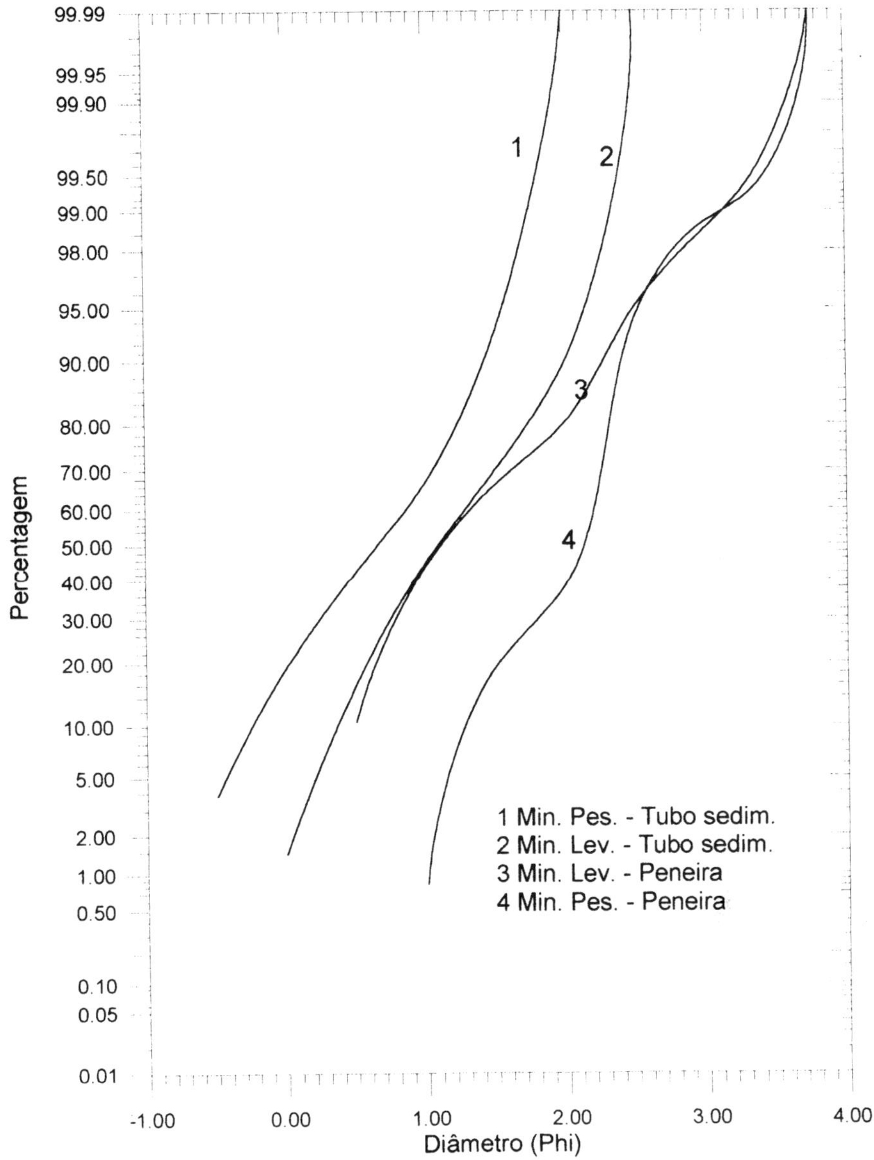

Figura 6.4 — *Comparação entre resultados obtidos por decantação e peneiramento das frações leves e pesadas de uma mesma amostra.*

mentação, obedecendo os intervalos de tempo da planilha representada na Figura 6.5, obtidos, para diferentes temperaturas de água, a partir das curvas de calibração estabelecidas por Emery (1938).

Diâmetro		Tempo de Sedimentação (s)				Volume acumulado	Percentagem acumulada
(mm)	(Φ)	40 °C	30 °C	20 °C	10 °C		
1,00	0,00	12,0	12,5	13,5	14,0	*0*	*0*
0,71	0,50	13,5	14,5	15,0	16,0	*0,7*	*10,29*
0,50	1,00	16,3	17,5	18,7	20,0	*1,3*	*19,11*
0,35	1,50	22,0	23,8	25,7	27,8	*2,9*	*42,64*
0,25	2,00	30,6	33,9	38,5	42,5	*5,4*	*79,41*
0,177	2,50	49,0	55,0	62,0	73,8	*6,8*	*100,00*
0,125	3,00	80,0	87,0	102,0	127,0		
0,105	3,25	105,0	113,0	132,0	166,0		

Figura 6.5 — *Planilha para análise granulométrica por tubo de sedimentação (Tubo de Emery).*

Nesta mesma planilha estão inscritos, em itálico, os resultados de uma análise de areia da praia de Itacoatiara, em Niterói. Os volumes acumulados, lidos no tubo graduado de sedimentação, para cada tempo, previamente estabelecido em função da temperatura da água, são lançados na coluna "volume acumulado". As percentagens acumuladas são calculadas dividindo-se o volume acumulado em cada intervalo granulométrico pelo volume total, no caso 6,8cm, e multiplicando-se o resultado por 100. Temos, então, o percentual acumulado para cada um dos intervalos granulométricos, e podemos calcular os parâmetros estatísticos utilizando o mesmo procedimento descrito, na análise por peneiramento, para a determinação dos parâmetros granulométricos. Procure, agora, realizar os cálculos necessários. Você verá que o primeiro valor, de 10,29% para o diâmetro 0,5Φ, é muito alto, e obriga a realizar uma interpolação assumindo o valor zero para o intervalo imediatamente anterior. É um problema comum e resulta da má definição da cauda da curva. Os resultados obtidos, para os valores da Figura 6.5, são:

$$Md = 1{,}62\Phi;\ Mz = 1{,}48\Phi;\ \sigma_I = 0{,}61\Phi;\ Sk_I = -0{,}38;\ K_G = 1{,}00;\ K'_G = 0{,}50.$$

Pequenas diferenças nos resultados são normais, e resultam de diferenças no traçado da curva e na leitura dos valores dos percentis.

Uma outra maneira de usar o tubo de sedimentação é para determinar a velocidade mediana de decantação dos sedimentos de uma amostra. Utilizamos para tal fim a planilha da Figura 6.6. Neste ensaio efetuamos a leitura acumulada a cada 3 segundos, calculamos a altura do percurso, isto é, a altura do tubo menos a altura acumulada, a percentagem do volume acumulado, a velocidade de decantação para cada intervalo de tempo, e a velocidade mediana de decantação. Vamos, então, passar para um exemplo prático de determinação da velocidade mediana de decantação de uma amostra da praia da Massambaba, próximo a Arraial do Cabo. Por razão de espaço, a planilha prevê um tempo máximo de decantação de apenas 42 segundos. No entanto, amostras de areia fina e muito fina reque-

A Tempo de sedimentação (s)	B Altura sedimentada (cm)	C Distância (164-B) (cm)	D Volume acumulado (%)	E Velocidade (C/A) (cm/s)
3	0,00	164,00	0,00	54,67
6	0,00	164,00	0,00	27,33
9	0,00	164,00	0,00	18,22
12	0,00	164,00	0,00	13,67
15	0,00	164,00	0,00	10,93
18	0,10	163,90	1,90	9,11
21	1,10	162,90	20,95	7,76
24	2,10	161,90	40,00	6,75
27	3,00	161,00	57,14	5,96
30	4,50	159,50	85,71	5,32
33	5,00	159,00	95,24	4,82
36	5,20	158,80	99,05	4,41
39	5,25	158,75	100,00	4,07
42				

Figura 6.6 — *Planilha para determinação da velocidade de decantação.*

rem mais tempo para completar o processo de decantação. Neste caso é só aumentar a coluna dos tempos de sedimentação de acordo com as necessidades.

Na coluna B são lançadas as alturas acumuladas de sedimento na base do tubo de sedimentação. Na coluna C, calculamos a distância percorrida, ou seja, a altura do tubo menos a altura acumulada. A percentagem do volume acumulado, coluna D, é obtida pelo quociente entre o volume acumulado, num dado instante de tempo, e o volume total acumulado no final do experimento, no caso 5,25cm. A velocidade de decantação é obtida pelo quociente entre a distância do percurso e o tempo do percurso. Temos, então, as velocidades correspondentes às diversas percentagens da amostra total, faltando determinar a velocidade mediana. Para isto, o ideal é utilizar uma planilha eletrônica, mas, na falta desta, podemos determinar o valor de 50% da velocidade, traçando uma curva de velocidade *versus* percentagem do volume acumulado, do mesmo modo pelo qual calculamos o valor da mediana na análise granulométrica, bastando, porém, determinar os valores mais próximos imediatamente acima e abaixo dos 50% acumulados. A seguir, ligar estes dois pontos e obter o valor da velocidade mediana correspondentes ao volume de 50%. Uma outra alternativa é determinar a mediana através da proporção de incremento do volume acumulado e da correspondente velocidade de decantação. Para isto necessitamos dos seguintes valores:

Primeiro volume acumulado superior a 50%	= (A1) =	57,14
Velocidade correspondente	= (V1) =	5,96
Volume acumulado anterior aos 50%	= (A2) =	40,00
Velocidade correspondente	= (V2) =	6,75

A mediana é calculada da seguinte forma:

$$Md_v = V2 - (50 - A2) \times (V2 - V1) - (A1 - A2)$$

Substituindo, teremos:

$$Md_v = 6{,}75 - (50 - 40{,}00) \times (6{,}75 - 5{,}96) / (57{,}14 - 40{,}00) = 6{,}289 cm/s.$$

Seguindo os procedimentos descritos para a análise por peneiramento ou tubo de sedimentação, determine os parâmetros estatísticos das distribuições granulométricas das amostras coletadas na praia, conforme sugerido no item 2.1.2. Com os dados obtidos, faça a classificação textural de todas as amostras. Feito isto verifique se as três amostras integradas mudam de diâmetro médio, de uma trincheira para outra, e qual o comportamento dos diferentes estratos. Registrando-se uma tendência definida de modificação do diâmetro médio granulométrico, procure avaliar, a partir do desvio padrão e da assimetria, a direção de transporte.

2.2. Determinação de Parâmetros da Onda a partir de Observação Visual

As ondas que observamos chegando à praia não apresentam mais sua forma original em águas profundas. Ao entrarem em águas com profundidade inferior a 1/4 do seu comprimento, passam a sofrer o efeito do fundo, fazendo com que a crista da onda, por efeito da refração, tenda a se ajustar à disposição das curvas batimétricas. Neste processo, que pode provocar convergência ou divergência das ortogonais, que são as linhas traçadas perpendicularmente à crista, a onda pode aumentar ou diminuir de altura. O comprimento diminui, assim como a celeridade, mas o período se mantém. Quando a onda atinge uma profundidade entre 0,7 e 1,2 vezes sua altura, ela arrebenta.

A avaliação da altura, período e direção de incidência das ondas sobre a linha de costa é fundamental para o cálculo do transporte de sedimentos e para a caracterização geomorfológica da praia. A determinação correta destes parâmetros exige a instalação de um ondógrafo direcional, o que geralmente é feito apenas em projetos de construção de portos devido ao elevado custo deste equipamento. É surpreendente que muitos estudos de transporte litorâneo de sedimentos ainda se baseiem em observações visuais, que por sua vez fornecem, freqüentemente, uma estimativa bastante razoável do clima de ondas.

a) *Determinação da altura da onda na arrebentação (H_b)*

É o parâmetro que representa a energia da onda, sendo fundamental na quantificação dos processos costeiros. Essa observação pode ser feita por estimativa, de preferência reunindo várias pessoas e tirando a média das observações. É uma prática adequada em condições de tempestade. Sob condições de mar mais tranqüilo, podemos medir a altura de uma série de ondas levando uma mira topográfica até o ponto de recuo máximo da onda, na face da praia. Enquanto uma pessoa mantém a mira na posição vertical, o observador se posiciona na face da praia, de modo a poder ler a altura, na intersecção com a mira, da linha imaginária que liga a linha do horizonte com a altura da onda pouco antes de arrebentar. Deve-se procurar eliminar as ondas mais freqüentes e as mais elevadas, buscando caracterizar a altura significativa, estatisticamente definida como sendo a média das alturas de 1/3 das ondas mais altas. Pode-se, também, efetuar uma seqüência de medidas e aplicar esta estatística. Geralmente, porém, é difícil manter a mira na posição, e a medição tem que ser feita rapidamente.

b) *Determinação do período da onda (T)*

O período é o intervalo de tempo, medido em segundos, para a passagem de duas cristas de onda sucessivas por um mesmo ponto fixo. Para a determinação do período médio, o observador deve cronometrar a passagem de 11 cristas e dividir o resultado por 10. Para a observação feita a partir da praia, podemos utilizar a zona de arrebentação como ponto fixo, e efetuar a contagem de cada onda no momento de arrebentar. Seria de supor que a tendência de erro seria no sentido de obter um período médio mais curto que o real por juntar, na mesma contagem, ondas de período e altura, menores pertencentes a um segundo espectro. Entretanto, comparações feitas entre os resultados obtidos por dois observadores independentes, com o resultado de medições, mostrou uma tendência de superestimar o período de ondas com período inferior a 11s, e subestimar o período de ondas com período superior a 14s (Plant & Griggs, 1992).

c) *Determinação do ângulo de incidência das ondas* (α_b)

O objetivo desta observação é medir o ângulo que as ondas fazem entre a arrebentação e a zona de espraiamento da onda na face da praia, para fins de avaliar, juntamente com a altura da onda, a direção e intensidade do transporte longitudinal de sedimentos. Pela dificuldade de efetuar uma medição da direção das ondas, é a medida mais sujeita a erros. Para começar, precisamos conhecer a direção da praia, no lugar da observação. Para isto, o ideal é medir, de preferência com uma bússola de geólogo, a direção do ângulo de mergulho da face da praia, que é sempre perpendicular à direção da praia. Existem dois tipos de bússolas: a do tipo Brunton, americana, e a do tipo Breithaupt, alemã. Esta última, por formar um conjunto tampa-base, com nível de bolha na base, só se nivela quando a tampa da bússola está na inclinação máxima da superfície que estamos medindo, indicando a direção correta (Figura 6.7). Como queremos saber o ângulo entre a linha de arrebentação e a linha de praia, não importa se a direção medida é magnética ou verdadeira. A determinação da direção deve ser feita em várias posições, para verificar a consistência do valor medido, de preferência colocando a bússola sobre uma tábua para evitar as pequenas irregularidades da superfície da face da praia. No caso de uma praia com cúspides, é preciso tomar cuidado para não medir no flanco das cúspides, pois, neste caso, estaríamos obtendo direções oblíquas à direção da linha de praia.

Uma maneira mais simples, porém ainda menos precisa, é medir a obliqüidade de incidência, utilizando simplesmente um transferidor, destes de semicírculo. Alinha-se a base do transferidor paralelamante à praia e procura-se determinar o ângulo entre a direção das ondas e o eixo do transferidor, perpendicular à base.

Uma vez determinada a direção da inclinação da face da praia,

Figura 6.7 — *Medição da direção do mergulho da face da praia com emprego da bússola.*

resta medir a direção de aproximação das ondas na altura da arrebentação, o que é feito direcionando-se a bússola perpendicularmente à direção da crista da onda. Podemos, então, determinar o ângulo de incidência, diminuindo a direção de propagação das ondas, isto é, a ortogonal da direção da inclinação da face da praia. Se o resultado for positivo, a direção da corrente longitudinal e, por conseqüência, a direção do transporte de sedimentos serão para a direita do observador olhando da terra para o mar. Se for negativo, serão para a esquerda.

Exemplo:

	Situação 1	Situação 2
Direção da inclinação da face da praia	180° (sul)	180° (sul)
Direção de onde vem a onda	160° (su-sudeste)	200° (su-sudoeste)
Diferença	20° (su-sudoeste)	– 20° (su-sudeste)

Portanto, na situação 1, a face da praia estava voltada exatamente para o sul, as ondas vinham de su-sudeste, de modo que o ângulo formado entre a linha de arrebentação e a linha da praia era de 20° com a corrente longitudinal direcionada para a direita do observador. No segundo exemplo, as ondas passaram a incidir de su-sudoeste, com o mesmo ângulo do exemplo anterior, mas o fluxo de transporte sedimentar se inverteu, passando a ser direcionado para a esquerda do observador. Se, nos dois casos, a topografia da zona de surfe se manteve constante, o volume de sedimentos transportados, para cada uma das direções, terá sido igual, se a altura das ondas também foi igual, e o balanço contábil da movimentação dos sedimentos é zero. Se, porém, a altura das ondas foi diferente, o transporte de sedimentos terá sido maior por ocasião das ondas mais altas. A soma desses eventos, num período mais longo, pelo menos um ano, permitirá avaliar se o balanço da movimentação dos sedimentos é próximo a zero, isto é, o arco praial está em equilíbrio no que diz respeito ao transporte longitudinal de sedimentos, ou se o balanço é positivo ou negativo, indicando a ocorrência de um transporte residual, de sedimentos.

Com base na metodologia apresentada, procure determinar o período, a altura e o ângulo de incidência das ondas. Repita as medições várias vezes, para ganhar experiência, de preferência reunindo várias pessoas, para comparar os resultados e discutir sobre a melhor forma de realizar o trabalho.

2.3. Cálculo do Transporte Longitudinal de Sedimentos

Correlações estatísticas mostram que a velocidade da corrente longitudinal, medida a meia distância entre a arrebentação e a praia, é função da altura e obliqüidade de incidência das ondas na zona de arrebentação, sendo expressa, segundo Longuet-Higgins (1970), pela relação:

$$\overline{V_l} = 1{,}19(gH_b)^{0{,}5}\, sen\alpha_b \cos\alpha_b \qquad (6.9)$$

onde g é a aceleração da gravidade, H_b a altura da onda significativa na arrebentação, e α_b o ângulo de incidência das ondas.

Com uma pequena modificação na Eq. 6.9, podemos fazer uma estimativa do volume de areia transportada por dia, utilizando a equação estabelecida por Komar (1983):

$$Q_s = 3{,}4\ (EC_n)_b\ sen\alpha_b \cos\alpha_b \qquad (6.10)$$

onde E é a energia da onda expressa pela relação

$$E = \frac{1}{8}\ (pgH_b^2) \qquad (6.11)$$

sendo p a densidade da água do mar (1032kg/m³), α_b é o ângulo de incidência da onda, e C_n é a velocidade de grupo das ondas. Mas, como n é igual a 1 em águas rasas, a expressão se reduz à velocidade da onda individual, sendo

$$C = \sqrt{gd} \qquad (6.12)$$

ou melhor,

$$C = \sqrt{g(d + H)} \qquad (6.13)$$

quando a altura da onda (H) é significativa em relação à profundidade (d), como ocorre na zona próxima à praia. Como a onda arrebenta quando a relação H/d se situa entre 0,75 e 1,2, podemos considerar $d = H_b$, de modo que

$$C = \sqrt{g(2H_b)} \qquad (6.14)$$

Esta determinação, na realidade, pressupõe uma caracterização da altura e período da onda representativa para um dia de 24 horas, e não uma observação isolada. Além disso, estes parâmetros devem ser obtidos através de análise espectral. Mesmo assim, na falta de melhor opção, podemos utilizar esta equação, não com o objetivo de calcular o volume transportado para efeitos de projetos de engenharia, mas para comparações relativas entre o transporte para um e outro lado da praia. Para não extrapolar nossa medida, feita num dado instante, para um dia inteiro, podemos dividir o coeficiente k por 24, de modo que nossa observação passa a se referir apenas ao volume transportado por hora. Nesse caso, devemos ter o cuidado de realizar as observações mais ou menos no mesmo horário, pois, em muitos locais, o mar se torna mais agitado com o passar do dia. Pode-se, também, realizar várias observações ao longo do dia, e considerar a média destas observações como representativo para o mesmo dia.

Vamos, então, a um exemplo, considerando que a altura significativa das ondas na arrebentação é de 1,7m com um ângulo de incidência de 5°, e expressando os resultados no sistema MKS (Metro, Quilograma, Segundo), sendo:

$$\begin{aligned} H_b &= 1{,}7\text{m} \\ \rho &= 1020\text{kg}/\text{m}^3 \\ g &= 9{,}81\text{m}/\text{s}^2 \end{aligned}$$

Através da Eq. (6.9), podemos calcular a velocidade da corrente longitudinal:

$$\overline{V_l} = 1{,}19(9{,}81 \cdot 1{,}7)^{0{,}5}\, sen 5^\circ \cdot \cos 5^\circ$$

$$\overline{V_l} = 0{,}42\text{m}/\text{s}$$

Para o cálculo do volume, através da Eq. 6.10, temos que calcula, primeiro, a energia da onda (Eq. 6.11) e a celeridade (Eq. 6.14) Assim,

$$E = \frac{1}{8}\,(1020 \,.\, 9{,}81 \,.\, 1{,}7^2)$$

$$E = 3614{,}7 \text{ joules}/\text{m}^2$$

$$C = \sqrt{9{,}81(2 \,.\, 1{,}7)}$$

$$C = 5{,}77 m/s$$

$$Q_s = 3{,}4 \cdot 3614{,}7 \cdot 5{,}77\ sen5^\circ \cos 5^\circ$$

$$Q_s = 6155 m^3/dia \text{ ou } Q_s = 256 m^3/\text{hora}$$

Como treinamento para este exercício, procure determinar a altura e o ângulo de incidência das ondas, numa ocasião em que a incidência seja marcante. Na mesma ocasião, lance, na zona de surfe, uma garrafa, um pedaço de madeira ou outro objeto qualquer que flutue, e meça a distância, direção e velocidade de deslocamento. Compare a velocidade obtida com a velocidade calculada pela Eq. 6.9. Repita este procedimento, sob diferentes condições de altura e incidência das ondas, represente os valores calculados e os valores medidos num gráfico de correlação, e avalie o resultado. Verifique se a direção de transporte é compatível com a direção de transporte inferida pela análise granulométrica, conforme sugerido no exercício do item 2.1.2.

2.4. Determinação do Clima de Espraiamento — Refluxo da Onda na Face da Praia (Clima de **swash***)*

A onda, após a arrebentação, se desloca em direção à praia, apresentando uma zona de surfe de maior ou menor extensão, até atingir a face da praia, onde se espraia até perder velocidade, refluindo em seguida. Neste percurso parte da água se infiltra enquanto a maior parte reflui, por escoamento superficial. Este processo de espraiamento e refluxo pode se completar ou não antes da chegada de uma nova onda. O segundo caso ocorre quando o período de *swash,* isto é, o período de espraiamento e refluxo apresenta período maior que o período das ondas, de modo que T_{swash}/T_{onda} é maior que 1. A maneira como todo este processo se desenrola depende do estado do mar, do estado da praia e da granulometria, e tem efeito importante sobre a fauna bentônica. Para determinar o clima de *swash* são propostas por McArdle & McLachlan (1992) as seguintes medidas:

- Período das ondas
- Período de espraiamento da onda na face da praia
- Período de espraiamento e refluxo da onda na face da praia
- Distância de espraiamento na face da praia

A determinação do período das ondas já foi vista no item 2.2.b. Para a determinação do período de espraiamento devemos cronometrar o tempo, em segundos, desde o início da subida da onda, na base da face da praia, e o alcance máximo na face da praia. Este percurso representa a distância de espraiamento, que deverá ser medida e expressa em metros. A determinação do período de espraiamento-refluxo segue o mesmo procedimento da determinação do período de espraiamento, acrescido da medida do tempo, até o recuo máximo do refluxo da onda.

O objetivo no estabelecimento destes parâmetros é o de gerar variáveis ambientais capazes de ajudar na compreensão de diferenciações nas características das comunidades bentônicas da praia.

Procure fazer um treinamento prático de aplicação desta metodologia. A medição instantânea, do alcance máximo da onda, pode ser substituída pela cravação de várias pequenas estacas, em intervalos predeterminados, ao longo de um perfil, da face da praia, e anotar a distância e o tempo de espraiamento e espraiamento-recuo, de uma seqüência de ondas, para o estabelecimento da média destas observações.

2.5. *Perfil de Praia e sua Variabilidade*

O perfil transversal de uma praia varia com o ganho ou perda de areia de acordo com a energia das ondas, ou seja, de acordo com as alternâncias entre tempo bom (engordamento) e tempestade (erosão). A adaptação do perfil da praia e submarino às diversas condições oceanográficas resulta em modificações da topografia que podem provocar esforços significativos sobre estruturas rígidas, como oleodutos e gasodutos, e mesmo sobre cabos de fibras óticas por efeito de remoção da cobertura sedimentar. Por exemplo, num estudo da variabilidade do perfil da praia de Ipanema (Rio de Janeiro) e fundo marinho adjacente (Muehe & Döbereiner, 1977) mostrou-se que, num intervalo de pouco mais de um mês, durante o qual se registrou a entrada de uma frente fria com ventos de mais de 80km/h, ocorreram amplitudes máximas de variação do perfil transversal de 2,6m na praia, 2,2m da zona de surfe e 1,2m um pouco além da zona de arrebentação (Figura 6.8). Isto explica por que seções de dutos ficam ocasionalmente sem apoio do fundo, passando a sofrer tensões verticais, devido a esforços gravitacionais e laterais, devido a movimentação de bancos ou outras feições de acumulação.

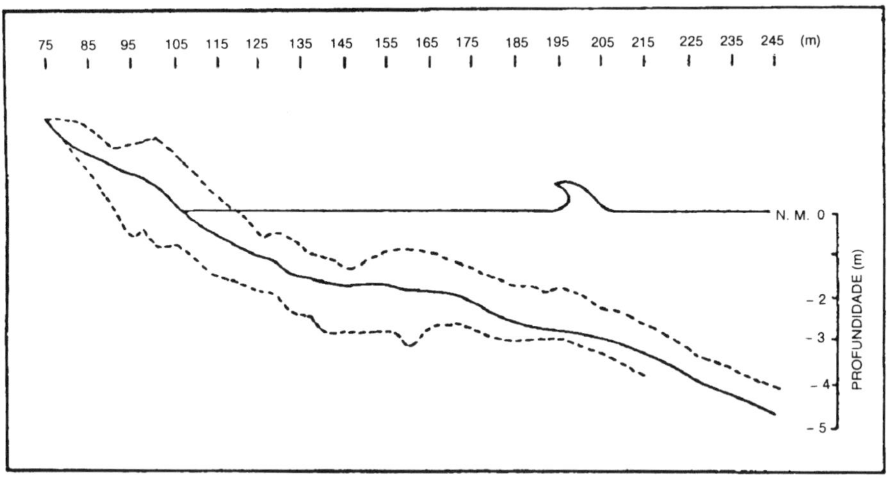

Figura 6.8 — *Exemplo da amplitude de variação de um perfil de praia (praia de Ipanema), e fundo marinho adjacente (Muehe & Döbereiner, 1977).*

Quando se fala em perfil de praia, trata-se, geralmente, do perfil transversal e não do perfil em planta. A determinação do perfil transversal pode ser feita através de nivelamento topográfico por meio de nível, teodolito ou balizas, ou ainda por meio de sensoriamento remoto.

O objetivo, no estabelecimento destes perfis, é o de monitorar uma praia e, se possivel, do fundo marinho adjacente, para verificar a manutenção de uma tendência erosiva ou progradacional, para avaliar a variabilidade vertical do perfil para o dimensionamento de projetos de engenharia, para determinar o volume de aterro hidráulico, para fins de recuperação de uma praia ou, ainda, para o estudo de relações entre a dinâmica da praia e variáveis biológicas, para fins acadêmicos ou de avaliação da suscetibilidade à contaminação ou poluição por determinados elementos ou compostos.

Dependendo da extensão do arco praial, e dos objetivos, poderão ser realizados levantamentos de um ou mais perfis, em intervalos de tempo que podem ser horários, diários, semanais, mensais ou trimestrais, e mesmo mais espaçados, no tempo, após uma fase de monitoramento durante a qual se tenha obtido uma boa caracterização da variabilidade topográfica do perfil. Quanto ao posicionamento espacial dos perfis, os mesmos passam de um mínimo de um perfil, localizado no centro do arco praial, para três perfis, distanciados a 1/4 do comprimento do arco praial, a um número de perfis distanciados de modo a representar distintos segmentos do arco praial.

O ideal, no levantamento de um perfil, é estendê-lo para a zona submarina até uma profundidade correspondente ao fechamento do perfil, isto é, até a profundidade em que a variabilidade topográfica do perfil tende a zero, sendo, portanto, condicionado pelo clima de ondas. Em termos práticos esta profundidade se situa em torno de 7 a 10m. Freqüentemente, entretanto, não se tem disponibilidade de equipamentos e embarcação para o levantamento da zona sub-marina, ou as condições oceanográficas são por demais severas para a realização dos trabalhos, de modo que é comum restringir o perfil ao segmento subaéreo, levando o mesmo até o recuo máximo da onda, de preferência por ocasião da baixa mar.

Sob o ponto de vista da metodologia de levantamento, podemos dividir o perfil em três segmentos:

1. subaéreo, que vai do pós-praia até o limite inferior da face da praia
2. da zona de surfe e arrebentação
3. perfil submarino propriamente dito

a) *Perfil subaéreo*

O método mais comum de nivelamento topográfico é através do uso do nível topográfico ou do teodolito, em conjunção com a mira topográfica. O teodolito se diferencia do nível por permitir a leitura de ângulos verticais. A mira topográfica é uma régua graduada, geralmente telescópica, de até 4m de altura. O nivelamento é feito medindo-se a diferença de altura entre o nível, ou teodolito, cuja altura é previamente determinada, e a superfície do terreno ao longo do perfil. As medidas de distância, ao longo do perfil, são feitas por meio de uma trena, podendo também ser feitas por leitura ótica, através do método de estadimetria. Este método se baseia na semelhança de triângulos, em que a relação entre a distância focal (altura do triângulo) e a distância entre duas marcações (retículos) na ocular do nível ou teodolito (base do triângulo) serve para a determinação da distância entre o aparelho e a mira. Para isto basta determinar a altura da base do novo triângulo na posição da mira, através da diferença das leituras na mira, do retículo superior e inferior. Esta diferença, multiplicada por 100, que é a relação distância focal/base do triângulo na ocular, fornece a distância em metros. Equipamentos topográficos modernos permitem a determinação de distâncias por emissão e recepção de ondas eletromagnéticas na faixa do infravermelho, mas são de custo relativamente elevado.

O método mais simples de realizar perfis da porção emersa da praia, empregando equipamento extremamente barato, é o das balizas, também denominado de método das balizas de Emery (Emery, 1961). Para isto basta confeccionar duas balizas de 1,5m de altura, pintadas em faixas de cores alternadas, com largura de 2cm, montadas numa base que as mantenham em pé. A diferença de altura entre dois pontos, ao longo do perfil, é determinada pelo observador da baliza de ré, sendo obtida pela projeção de uma linha imaginária que liga a linha do horizonte com o topo da baliza mais baixa, que tanto pode ser a baliza de vante quanto a de ré. A diferença de altura é determinada por contagem das faixas de 2cm pintadas nas balizas, e permite uma aproximação de até 1cm, precisão suficiente para este tipo de ambiente. A distância horizontal, entre as balizas, é medida por meio de trena ou utilizando-se o comprimento da própria baliza (Figura 6.9).

Figura 6.9 — *Levantamento do perfil da praia de massambaba, com balizas.*

A planilha representada na Figura 6.10 reproduz os dados de um levantamento pelo método das balizas. A parte inicial do perfil, até a distância de 25,54m do marco de referência, estabelecido arbitrariamente, já havia sido levantada em ocasião anterior, por meio de teodolito. Tratando-se de um segmento estável do perfil, não havia necessidade de repetir o nivelamento. As medidas de distância foram somadas acumuladamente, e a altitude (cota) de cada ponto, determinada pela diferença em relação ao ponto imediatamente anterior. A altura da referência de nível havia sido determinada, aproximadamente, em função da altura do nível médio do mar, prevista pela tábua de maré da localidade mais próxima, tomando como altura do nível do mar, no momento da observação, o recuo máximo da onda na face da praia.

INSTITUTO DE GEOCIÊNCIAS - UFRJ
Departamento de Geografia
Laboratório de Geomorfologia Fluvial, Costeira e Submarina

NIVELAMENTO TOPOGRÁFICO PELO MÉTODO DAS BALIZAS DE EMERY

LOCAL: _*Praia da Massambaba*_______________

PERFIL: _*Leste*_____ DATA: _21/_5_/_95 HORA[1] __*Normal*__

DISTANCIA (m)	DISTANCIA ACUM. (m)	ΔALT. (m)	COTA (m)	OBSERVAÇÕES
0,00	*25,50*		*3,54*	*Base da Referência de Nível*
2,79	*28,29*	*-0,34*	*3,20*	
4,14	*32,43*	*-0,35*	*2,85*	
3,05	*35,48*	*-0,13*	*2,72*	
3,82	*39,30*	*-0,08*	*2,64*	
4,18	*43,48*	*-0,04*	*2,60*	
4,98	*48,46*	*0,00*	*2,60*	
2,80	*51,26*	*+0,01*	*2,61*	
3,79	*55,05*	*+0,01*	*2,62*	
3,86	*58,91*	*-0,29*	*2,33*	
4,62	*63,53*	*-0,50*	*1,83*	
6,05	*69,58*	*-0,68*	*1,15*	
9,87	*79,45*	*-0,90*	*0,25*	*Recuo máximo da onda às 15:12 h*

1. Observar se é ou não horário de verão.

Altura da Onda (H_b) ____*3,50* m
Período da Onda (T) ___*140*__ s/10 = ___*14*_ s
Incidência da Onda (α_b) ___*-3*_°
Direção da *Longshore* para _leste
$\Omega = H_b/\omega_s T$: ____________
$\Sigma_b = \tan\beta\,(H_b/L_o)^{0,5}$ ____________

Distância do *upwash*____*30*__ m
Duração do *upwash* ____*9,09*_ s
Período do *swash* ____*20,65*_ s
Velocidade do *upwash* _*1,45*_ m/s
$T_{swash/T}$: __________1,48____
Gradiente da face da praia: _____

Figura 6.10 — *Planilha de perfilagem com balizas.*

Com os dados de distância e cota, podemos, então, traçar o perfil. O modo mais trabalhoso é realizar o desenho à mão, em papel milimetrado. O mais rápido é o uso de programas de computador, tipo planilha eletrônica, ou programas gráficos. A Figura 6.11 é a representação gráfica dos dados da Figura 6.10, tendo sido feita por meio do programa *Grapher for Windows* da Golden Software Inc.

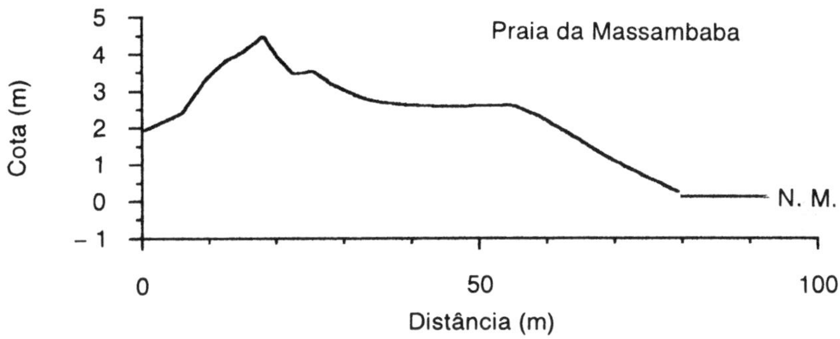

Figura 6.11 — *Perfil da praia da Massambaba.*

Uma vez estabelecido o perfil da praia, podemos calcular o volume de areia, determinando a área abaixo do perfil, por meio de um planímetro. Se multiplicarmos o valor da área, expressa em metros quadrados, por 1, ou seja, mantendo o próprio valor da área, teremos o volume de areia por metro linear de praia, expresso em metros cúbicos. Se tivermos dois perfis, paralelos entre si, podemos calcular o volume do trecho, compreendido entre os perfis, somando as áreas dos dois perfis e multiplicando pela metade da distância entre os mesmos. Para a cubagem de areia, para fins de aterro, basta levantarmos várias seções topográficas e determinar o volume total.

b) Perfil da zona de surfe e arrebentação

Dependendo do tipo de praia, uma porção significativa dos

sedimentos incorporados na dinâmica da praia é estocada na zona de surfe e arrebentação. É o caso de praias dissipativas, caracterizadas por baixo gradiente topográfico, areias finas e múltiplas linhas de arrebentação. A extensão do perfil para dentro da zona de arrebentação pode ser simples, no caso de praias de baixa energia, quando, então, o nivelamento pode ser feito por meio de nível topográfico ou teodolito, obtendo-se as distâncias por leitura estadimétrica. Em praias de energia elevada, as ondas impedem a manutenção da mira na posição vertical. Além disso, muitas praias apresentam forte gradiente submarino, e o portador da mira perde rapidamente contato com o fundo. Uma solução é o lançamento de equipamentos capazes de atravessar a zona de surfe e arrebentação. Um dos mais simples é o trenó submarino, impulsionado pelo refluxo da onda atuando numa tábua de vaivém (Reimnitz & Ross, 1971; Langley, 1992; Grosskopf & Kraus, 1994). Quando a onda se desloca em direção à praia, a tábua é empurrada para baixo sem oferecer resistência. Já na reversão do fluxo, após a passagem da crista da onda, a tábua se eleva e funciona como uma vela impulsionando a estrutura tubular, sobre a qual está montada uma mira topográfica, em direção ao mar aberto (Figura 6.12). Neste caso, o levantamento topográfico é feito utilizando-se o nivelamento topográfico convencional, sendo a distância determinada por meio de estadimetria ou utilizando o cabo de reboque do trenó, previamente marcado.

c) *Perfil submarino para além da zona de arrebentação*

A extensão do perfil, para além da zona arrebentação, é feita por meio de um barco provido de ecobatímetro. O ideal é um barco inflável com motor de popa, de 25 a 50HP. Para a acoplagem do nivelamento topográfico, da praia e zona de surfe, ao levantamento ecobatimétrico, é necessário levar a embarcação até um ponto cuja profundidade foi determinada pelo levantamento topográfico, a partir da praia, e efetuar a calibração do ecobatímetro para a mesma profundidade.

Em locais de alta energia, em que a realização conjunta dos dois

Figura 6.12 — *Lançamento do trenó submarino.*

nivelamentos não é possível, ou quando o levantamento batimétrico não é feito no mesmo momento do levantamento subaéreo e da zona de surfe, será necessário instalar uma régua maregráfica. Neste caso, todo o nivelamento deverá ser amarrado a um mesmo *datum* vertical, devendo a correção da profundidade, registrada pelo ecobatímetro, ser efetuada pela curva de maré obtida por leitura, em intervalos de 10 minutos, na régua maregráfica.

A manutenção da direção do perfil, pela embarcação, é feita pela observação do alinhamento de duas balizas colocadas na praia. O posicionamento, ao longo do perfil, pode ser determinado por interseção, medindo os ângulos horizontais entre uma linha de base, o teodolito e a embarcação. As leituras angulares são feitas em intervalos de tempo constantes, por exemplo de 3 em 3 minutos, sendo o instante da leitura transmitida via rádio para a embarcação, quando o operador do ecobatímetro efetua uma marcação no perfil com registro do horário da leitura.

Equipamentos eletrônicos de posicionamento, como o Mini Ranger, entre outros, e mais recentemente, o desenvolvimento de equipamentos de posicionamento por satélite, como o DGPS (*Differential Global Positioning System*), cujo preço vem caindo substancialmente, oferecem excelente precisão e eliminam a necessidade do apoio topográfico descrito acima.

d) *Determinação do perfil de equilíbrio*

A determinação do perfil de equilíbrio da zona submarina adjacente à praia permite uma avaliação do grau de suscetibilidade da praia à erosão e o cálculo do volume de aterro hidráulico para um projeto de recuperação da praia, pois é no estoque de sedimentos, no perfil submarino, que a praia tem sua fonte de realimentação.

O perfil de equilíbrio pode ser calculado pela equação estabelecida por Dean (1991):

$$d(y) = Ay^{2/3} \qquad (6.15)$$

onde d(y) é a profundidade da água a uma distância y, da linha de praia, e"A", um parâmetro escalar, que depende das características do sedimento da face da praia em termos de diâmetro mediano granulométrico ou velocidade mediana de decantação.

O gráfico da Figura 6.13, estabelecido por Dean (1991), permite obter o valor do parâmetro escalar em função do tamanho dos grãos, ou da velocidade de decantação.

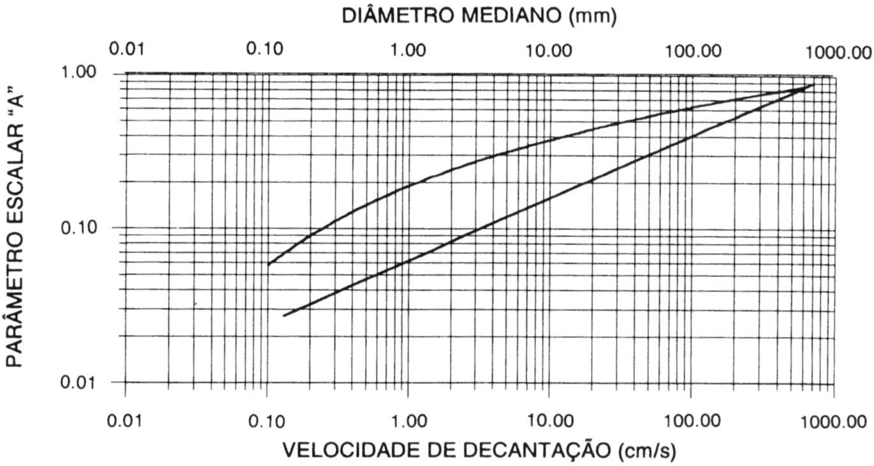

Figura 6.13 — *Gráfico de "A" em função do diâmetro mediano granulométrico dos sedimentos (curva superior), ou da velocidade de decantação (linha reta). Adaptado de Dean (1987).*

Vamos tomar como exemplo a praia Grande, na baía de Sepetiba, onde uma seqüência de perfis foram estabelecidos, em intervalos trimestrais, cobrindo desde à praia até a profundidade de 8m (Figura 6.14). A velocidade de decantação (ω_s) dos sedimentos, da metade da face da praia, foi determinada por meio do tubo de sedimentação e se situa em torno de 6cm/s. Do gráfico da Figura 6.13 tiramos o valor do parâmetro escalar "A" que é igual a 0,15. Podemos também obter este valor através da equação

$$A = 0{,}067 \, . \, \omega_s^{0{,}44} \qquad (6.16)$$

Assim, aplicando a Eq. (6.15) podemos determinar o perfil de equilíbrio calculando a profundidade para várias distâncias, contadas a partir da interseção do nível do mar com a face da praia. Teremos, então, as profundidades em função da distância, à qual deve ser somada a distância na qual a interseção da face da praia, com o nível do mar é representada no perfil, no caso 40m, conforme indicado a seguir:

Distância (m) (y)	Profundidade (m) $d(y) = 0{,}15 \cdot y^{2/3}$	Distância + 40 (m)
0	0,00	40
1	0,15	41
2	0,24	42
5	0,44	45
10	0,70	50
20	1,11	60
50	2,04	90
100	3,23	140
200	5,13	240
300	6,72	340
400	8,14	440
500	9,45	540

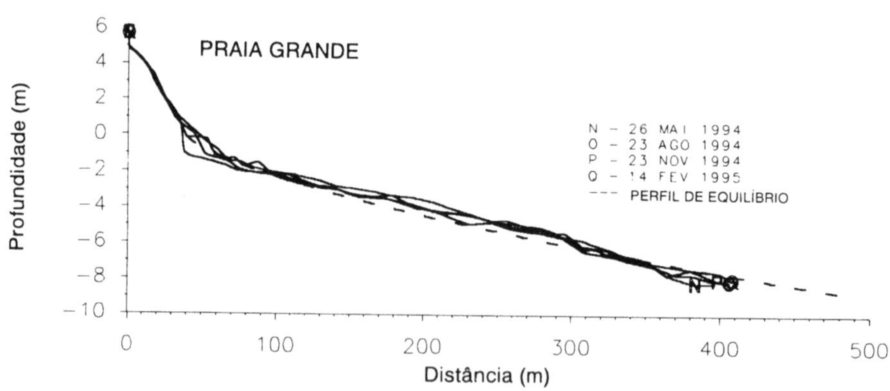

Figura 6.14 — *Superposição de perfis da praia Grande (baía de Sepetiba) e comparação com o perfil de equilíbrio (em tracejado).*

Podemos verificar, pela Figura 6.14, que os perfis levantados se situam próximos e, geralmente, acima do perfil de equilíbrio teórico, mostrando que os mesmos estão com adequado suprimento de areia. Desvios, em relação à curva teórica, ocorrem próximo à base da face da praia, fato que pode representar um pequeno desequilíbrio deste segmento do perfil, mas também resulta da imprecisão inerente ao modelo. Trabalhos que buscam obter uma expressão que melhor se ajusta à transição da praia à zona submarina são encontrados em Bodge (1992), Komar & McDougal (1994), entre outros.

Para ganhar prática nos trabalhos de topografia, tente começar a usar as balizas, limitando-se, inicialmente, à porção emersa da praia. Se houver algum problema de erosão numa praia, procure começar ali com o levantamento de alguns perfis, repetindo o levantamento em intervalos de tempo compatíveis com sua disponibilidade de tempo. Este trabalho já é um monitoramento e poderá ser muito útil para verificar se o fenômeno erosivo representa um evento isolado, decorrente de uma, ou mais, tempestades, ou se há uma tendência definida de retrogradação. Deste resultado pode depender a decisão de investir recursos num diagnóstico mais detalhado, geralmente bastante oneroso. Procure, a seguir, ampliar o escopo do trabalho, relacionando o perfil da praia, ou a área, abaixo do perfil, com a altura da onda e com o diâmetro granulométrico dos sedimentos da face da praia, obtendo, assim, dados para correlações estatísticas, buscando estabelecer relações de causa e efeito.

2.6. Determinação do Estado da Praia

A classificação de uma praia pela tipologia de estados ou estágios é um indicador muito prático para descrever o litoral, para compreender a resposta morfodinâmica a eventos extremos, e para análise da suscetibilidade a impactos. Entre os dois estados extremos, dissipativa e refletiva, mais quatro estados intermediários são reconhecidos (Short, 1979; Wright *et al.*, 1979, Wright *et al.*, 1982; Wright & Short, 1984; Wright *et al.*, 1985; Wright & Short, 1983, entre outros). Uma descrição dos diversos estados é encontrada em Muehe (1994). A relação entre o estado da praia e uma expressão matemática que relaciona as características da onda significativa e dos sedimentos com a morfologia foi estabelecida por Wright & Short (1984) através do parâmetro ômega (Ω) de Dean (1973), sendo

$$\Omega = \frac{H_b}{\omega_s . T} \qquad (6.17)$$

os valores médios de ω, para os diversos estados, foram fixados por Wright *et al.* (1985):

Estado	$\overline{\Omega}$	Desvio padrão
Refletivo	≤1,5	—
Terraço de baixa mar (TBM)	2,40	0,19
Bancos transversais (BT)	3,15	0,64
Banco e praia de cúspides (BPC)	3,50	0,76
Banco e calha longitudinal (BCL)	4,70	0,93
Dissipativo	> 5,5	—

Como exemplo prático, podemos aproveitar as medidas de altura e período da onda na arrebentação, realizadas na praia da Massambaba e registrada na planilha da Figura 6.10, tendo a velocidade de decantação determinada pelo tubo de sedimentação, obtendo-se uma velocidade de 6cm/s. Como estamos trabalhando no sistema MKS, a velocidade tem que ser expressa, não em cm/s mas em m/s, portanto, 0,06m/s. O valor de ω, calculado pela Eq. (6.17) será então de:

$$\Omega = \frac{3,5}{0,06 \; . \; 11,4} = 5,1$$

o que corresponde ao estado dissipativo. Por ocasião das medições havia entrado uma frente fria e a altura da onda medida foi excepcional. É assim plausível que a praia tenha se adaptado às condições extremas, por mudança da morfologia de fundo, sendo de esperar que, sob a ação de ondas de menor altura e período, o estado modal corresponda ao de banco e praia de cúspides.

Para este exercício, basta aplicar a experiência já adquirida na caracterização dos sedimentos e das ondas, sendo porém melhor substituir a análise de peneiramento pela determinação da velocidade de decantação. Procure, então, classificar os tipos de praia na sua área de atuação, e acompanhar algumas das praias para verificar se mudam de estado, em função das condições oceanográficas.

3. *Questões de Auto-Avaliação*

3.1. Considerando a possibilidade de uma elevação do nível do mar pelo efeito estufa, quais variáveis você propõe monitorar para diagnosticar qualquer alteração no equilíbrio da linha de costa?

3.2. Que tipo de mudanças você espera encontrar na média, desvio padrão e assimetria de amostras de sedimentos arenosos, coletadas ao longo de uma trajetória de transporte?

3.3. Uma praia, cujo estado modal corresponde ao de banco e calha longitudinal (BCL), apresenta, num dado momento, um parâmetro $\Omega = 3$. Que tipo de adaptação, em termos de erosão ou acresção, se espera para a praia voltar ao seu estado modal?

3.4. Quais os efeitos, no balanço de sedimentos e na morfologia, que podem ser esperados, na planície costeira e linha de costa, em decorrência da construção de barragens?

3.5. Que efeitos resultam da construção de obstáculos, como espigões, sobre o transporte longitudinal de sedimentos e conseqüentemente sobre os processos de progradação e retrogradação de praias? Procure alguns exemplos no litoral brasileiro.

4. *Bibliografia*

BODGE, K.R. Representing equilibrium beach profiles with an exponential expression. *Journal of Coastal Research*, 8:47-55, 1992.

DEAN, R.G. Heuristic models of sand transport in the surf zone. *Conference of Eng. Dyn. in the surf zone*. Sydney, Australia, 7 p., 1973.

DEAN, R.G. Coastal sediment processes: Toward engineering solutions. *Coastal Sediments '87. American Society of Civil Engineers*, 1-24, 1987.

DEAN, R.G. Equilibrium beach profiles. Characteristics and applications. *Journal of Coastal Research*, 7:53-84, 1991.

EMERY, K.O. Rapid method of mechanical analysis of sands. *Journal of Sedimentary Petrology*, 8(3):105-111, 1938.

EMERY, K.O. A simple method of measuring beach profiles. *Limnological Oceanography*, 6:90-93, 1961.

FOLK, R.L. *Petrology of Sedimentary Rocks*. The University of Texas. Geology, 370K, 38L, 383M. Hemphillís, Austin, Texas, 170 p., 1968.

FOLK, R.L & WARD, W.C. Brazos river bar: a study in the significance of grain size parameters. *Journal of Sedimentary Petrology*, 27:3-26, 1957.

GROSSKOPF, W.G. & KRAUS, N.C. Guidelines for surveying beach nourshment projects. *Shore and Beach, abril:* 9-16, 1994.

KOMAR, P.D. Beach processes and erosion. In: P. KOMAR (ed.). CRC *Handbook of Coastal Processes and Erosion*, CRC Press, Inc. Boca Raton, Florida, 1-20, 1983.

KOMAR, P.D. & McDOUGAL, W.G. The analysis of exponential beach profiles. *Journal of Coastal Research*, 10(1):59-69, 1994.

LANGLEY, T.B. Sea sled surveying trough the surf zone. *Shore and Beach*. Abril, 1992, 15-19, 1992.

LONGUET-HIGGINS, M.S. Longshore currents generated by obliquely incident sea waves. *Journal of Geophysical Research*, 75:6778-6801, 1970.

MASON, C.C. & FOLK, R. Diferentiation of beach, dune, and aeolian flat environments by size analysis, Mustang island, Texas. *Journal of Sedimentary Petrology*, 28(2):211-226, 1958.

McARDLE, S.B. & McLACHLAN, A. Sand beach ecology: swash features relevant to the macrofauna. *Journal of Coastal Research*, 8(2):398-407, 1992.

McLAREN, P. An interpretation of trends in grain size parameters. *Journal of Sedimentary Petrology*, 51(2):611-624,1981.

MUEHE, D. Analise granulométrica de areias por tubo de sedimentação — uma avaliação. *Notícia Geomorfológica*, 16(32):105-114, 1976.

MUEHE, D. Geomorfologia Costeira. In: *Geomorfologia: uma Atualização de Bases e Conceitos*. Guerra A.J.T e Cunha S.B. da (Orgs.) Editora Bertrand Brasil S.A.. 253-301, 2ª edição, 1994.

MUEHE, D. & DÖBEREINER C. Dinâmica do fundo marinho ao longo do pier de Ipanema, Rio de Janeiro. *Anais da Academia Brasileira de Ciências*, 49(2):281-286, 1977.

PASSEGA, R. Texture as characteristic of clastic deposition. *America Association of Petroleum Geologists Bulletim*, 41(9):1952-1984, 1957.

PASSEGA, R. Grain size representation by C-M patterns as a geological tool. *Journal of Sedimentary Petrology*, 34(4):830-847, 1964.

PASSEGA, R. & BYRAMJEE, R. Grain-size image of clastic deposits. *Sedimentology*, 13:233-252, 1969.

PLANT, N.P. & GRIGGS, G.B. Comparison of visual observations of wave height and period to measurements made by an offshore slope array. *Journal of Coastal Research*, 8(4):957-965, 1992.

PONÇANO, W.L. *Estudos geológicos e sedimentológicos na baía de Sepetiba, Estado do Rio de Janeiro*. Instituto de Pesquisas Tecnológicas, São Paulo. Relatório N.º 8488, V, 1975, 143 p.

REIMNITZ, E. & ROSS, D.A. The sea sled — a device for measuring bottom profiles in the surf zone. *Marine Geology*, 11:M27-M32, 1971.

SAHU, B.K. Depositional mechanisms from size analysis of clastic sediments. *Journal of Sedimentary Petrology*, 34(1):73-83, 1964.

SILVA, V.M.A.P. da, XIMENEZ, M.S. & ALMEIDA, T.C.M. Estudo da fauna bentônica da plataforma continental interna da região de Cabúnas (Macaé — RJ). *Congresso Brasileiro de Zoologia*, XX, Rio de Janeiro, Resumos, 1994.

SHORT, A.D. Three dimensional beach stage model. *Journal of Geology*. 87:553-571, 1979.

TOLDO JR., E.E. & MEDEIROS, R.K. Programa interpola em linguagem basic para análise estatística de propriedades texturais de amostras sedimentares em computador. *Pesquisas*, 18:91-100,1986.

VISHER, SG. Grain size distributions and depositional processes. *Journal of Sedimentary Petrology*, 39(3):1074-1106, 1969.

WENTWORTH, C. A. scale of grade and class terms for clastic sediments. *Journal of Geology*, 30:377-392, 1922.

WRIGHT, L.D., CHAPPELL, J., THOM, B.G., BRADSHAW, M.P. & COWELL, P. Morphodynamics of reflective and dissipative beach and inshore systems: Southeastern Australia. *Marine Geology*, 32:105-140, 1979.

WRIGHT, L.D., GUZA, R.T. & SHORT, A.D. Dynamics of high energy dissipative surf zone. Marine Geology, 45:41-62, 1982.

WRIGHT, L.D. & SHORT, A.D. Morphodynamics of beaches and surf zones in Australia. In: *Handbook of coastal processes and erosion.* (Paul D. Komar, ed.), 35-64. CRC Press, Inc., Boca Raton, Florida, 1983.

WRIGHT, L.D. & SHORT; A.D. Morphodynamic variability of surf zones and beaches: A synthesis. *Marine Geology*, 56:93-118, 1984.

WRIGHT, L.D., SHORT, A.D. & GREEN, M.O. Short term changes in the morphodynamic states of beaches and surf zones: An empirical predictive model. *Marine Geology*, 62:339-364, 1985.

CAPÍTULO 7

Geomorfologia Cárstica

Heinz Charles Kohler
José Flávio Morais Castro

1. *Introdução*

A geomorfologia cárstica estuda os relevos elaborados sobre rochas solúveis, tanto pela água meteórica como mineral. Esta condição imprime ao cenário cárstico feições típicas como: dolinas, uvalas, poliés, maciços, torres, humes, além de uma drenagem, ora superficial, ora subterrânea. Revela ainda uma paisagem endocárstica, domínio da espeleologia (ciência que estuda a forma, gênese e dinâmica do mundo subterrâneo).

A evolução do carste é comandada pelos processos geoquímicos da dissolução, acompanhados pelos processos físicos dos abatimentos. Isto torna a carstologia interdisciplinar. Para estudar o carste, o geomorfólogo deverá ter conhecimentos prévios de geologia (petrografia dos carbonatos, hidrogeologia, geoquímica, geofísica etc.) ou então participar de uma equipe pluridisciplinar, onde se destacariam ainda o: climatólogo, geógrafo, biólogo, pedólogo, físico, arqueólogo, paleontólogo, entre outros.

Os relevos cársticos evoluem segundo os mesmos processos, que geram outras paisagens não-cársticas (sobre rochas não-solúveis). No carste, porém, somam-se os processos de dissolução e abatimentos, condicionados, principalmente, pela natureza da rocha e pelo sistema hídrico. Isto torna o carste muito dinâmico e frágil, requerendo um planejamento de uso especial.

O endocarste (subterrâneo) é um grande armazenador de águas, facilmente poluíveis nas áreas de afloramentos, em função da macroposidade de suas rochas e da ausência do filtro natural formado pelo solo. Por outro lado, a qualidade das águas cársticas revela a qualidade de vida sobre o carste. O monitoramento dessas águas é fundamental para o gerenciamento destes relevos.

A beleza cênica da paisagem exocárstica e endocárstica, aliada aos raros e insubstituíveis testemunhos palentológicos e geomorfológicos, sugere opções de uso voltadas para a cultura, lazer e pesquisa. A explotação do calcário para a fabricação de cimento, cal e brita pode coexistir harmoniosamente com essas atividades, desde que planejadas através de estudos interdisciplinares.

Os exercícios propostos neste capítulo pretendem levar o geógrafo e outros estudiosos do relevo cárstico a entenderem melhor a geomorfologia cárstica.

A bibliografia complementar e os conceitos necessários para elaborar as respostas poderão ser encontradas em Kohler (1995).

2. *Exercícios, Técnicas e Aplicações*

Os exercícios relacionados à Figura 7.1 referem-se à interpretação de mapas topográficos, na escala 1:200.000, com curvas de nível a cada 100m.

Para melhor solução dos problemas propostos, sugere-se a elaboração de um mapa hipsométrico, tornando o relevo mais legível.

Procedimento:

Colorir os espaços entre as curvas do nível utilizando as cores padrões de cartografia. Das altitudes mais baixas às mais altas, verde, amarelo, marrom, vermelho. Podem ser utilizados tons de uma mesma cor, no caso do mais fraco ao mais forte.

2.1. *Identificação de Relevo Cárstico*

O mapa topográfico, representado na Figura 7.1, retrata um relevo cárstico e um relevo de cuesta. Procure identificá-los em função de seus diferentes elementos.

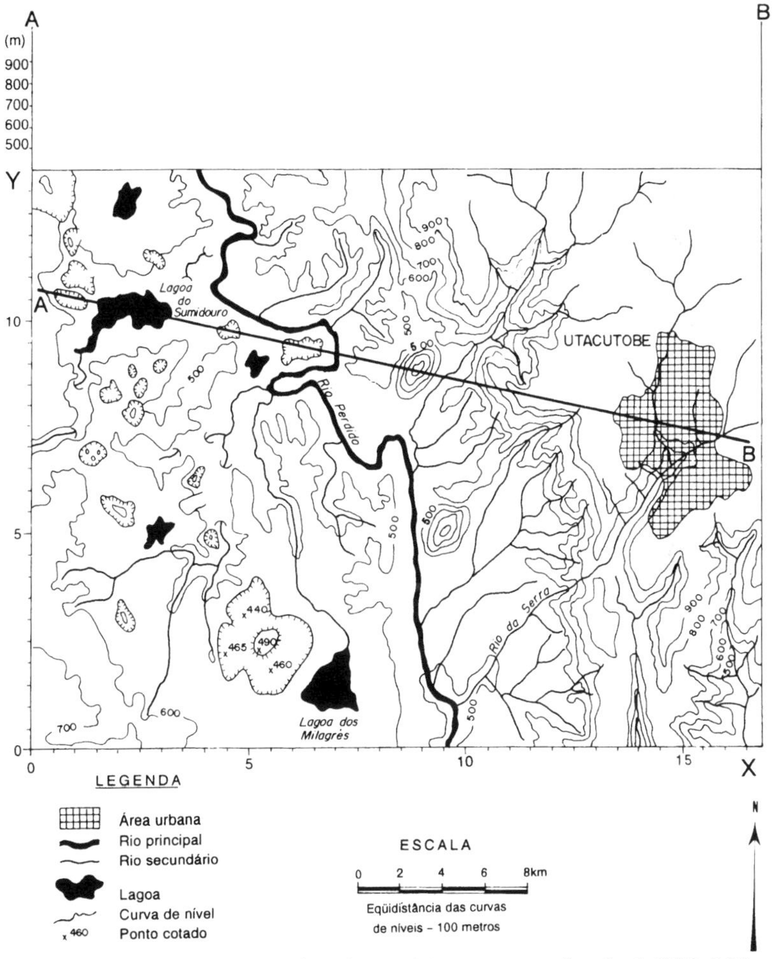

Figura 7.1 — *Mapa topográfico hipotético, na escala de 1:200.000, representando um relevo cárstico e um relevo de cuesta. Na parte superior do mapa foi deixado o espaço para ser traçado o perfil topográfico.*

Observação: Como os relevos de cuesta não foram tratados no Capítulo 7 do livro texto indicado na introdução, apesar de existirem cuestas cársticas, recomendamos os manuais clássicos da geomorfologia como fonte de consulta.

2.2. *Compartimento do Relevo Cárstico*

Um *perfil topográfico* reflete as formas do relevo naquele trecho. Quanto menor a diferença altimétrica entre as curvas de nível, maior a precisão de representação do relevo. Muitas vezes o relevo reflete o substrato geológico.

Trace o perfil topográfico (A–B) na Figura 7.1. Compartimente os diferentes domínios do relevo cárstico (lagoa, uvala, *poliés* etc.) e de cuesta (morro testemunho, depressão, frente da cuesta, reverso da cuesta etc.), e proponha um possível substrato geológico para os dois relevos.

2.3. *Elementos do Relevo Cárstico*

Utilizando os eixos (x,y) da Figura 7.1, localize os seguintes elementos da paisagem cárstica: dolina, uvala, hume, sumidouro, *ressurgência*.

2.4. *Drenagem Cárstica*

A drenagem reflete o tipo de relevo. Copie o sistema de drenagem da Figura 7.1 e localize anomalias no sistema (capturas, interrupções, direções discordantes com o rio principal etc.). Classifique a drenagem cárstica quanto à gênese e distribuição.

2.5. *Obras de Engenharia em Relevo Cárstico*

Projete uma estrada de ferro, que ligue a cidade de Utacutobe à Lagoa do Sumidouro, com um ramal para a Lagoa dos Milagres. Lembre-se de que uma ferrovia apresenta curvas abertas e declives pouco acentuados. Justifique o seu projeto.

2.6. *Aterro Sanitário*

Localize, se possível, na região situada na margem esquerda do Rio Perdido, um sítio ideal para a implantação de um aterro sanitário. Justifique sua proposta.

2.7. *Lapiás*

Justifique a ocorrência dos tipos de lapiás representados na Figura 7.2.

Figura 7.2 — *Tipos de lapiás em maciço calcário na região do Peruaçu, ao norte de Minas Gerais, no domínio da caatinga.*

2.8. *Paisagem e Drenagem Cárstica*

Construa uma rede de drenagem, de características cársticas, na escala de 1:25.000 em um quadrado de 9,5cm de lado. Complete sua paisagem cárstica introduzindo dolinas, uvalas, poliés, torres, desfiladeiros, humes e maciços, utilizando curvas de nível de 20m de eqüidistância entre si.

Procedimento: Inicie a representação de sua paisagem cárstica, pela drenagem. Localize primeiramente o rio principal, depois os afluentes, para, finalmente, localizar as dolinas, humes, desfiladeiros, maciços etc.

2.9. Compartimentação Cárstica

Compartimente a paisagem cárstica obtida no exercício anterior, através de um ou mais perfis topográficos significativos.

2.10. Dolina e sua Gênese

Justifique a importância das dolinas para a dinâmica de um relevo cárstico, e explique a gênese das dolinas representadas na Figura 7.3.

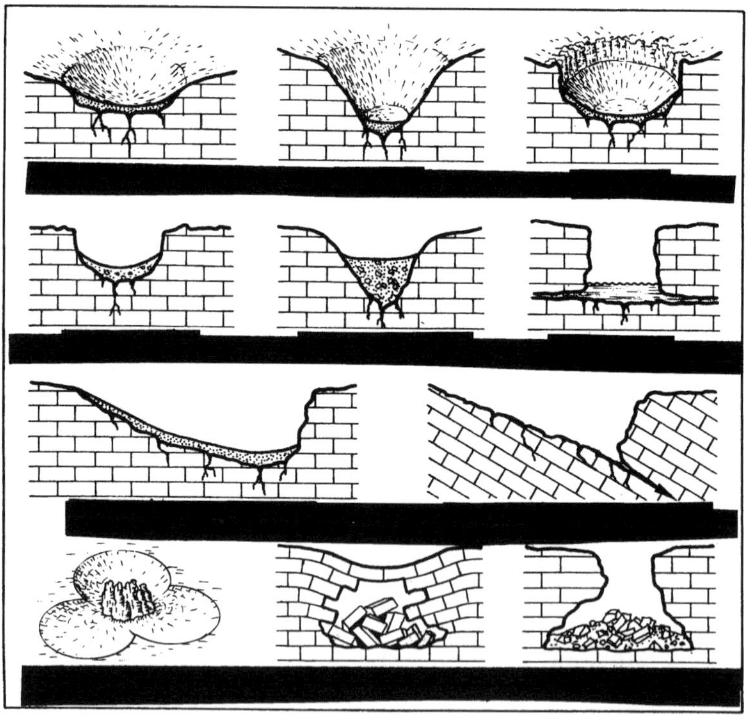

Figura 7.3 — *Tipos de dolinas (Modificado de Nicod, 1972).*

2.11. *Evolução do Relevo Cárstico*

Explique a evolução do relevo cárstico, representado na Figura 7.4.

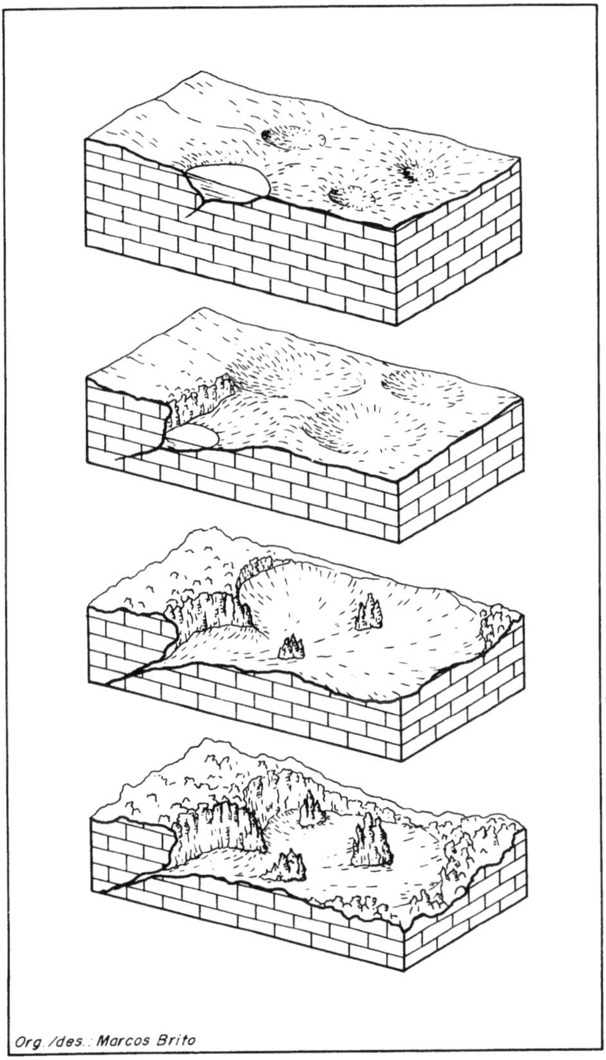

Figura 7.4 — *Evolução esquemática de um relevo cárstico.*

2.12. *Sistema Cárstico*

Interprete o sistema cárstico hipotético apresentado na Figura 7. 5.

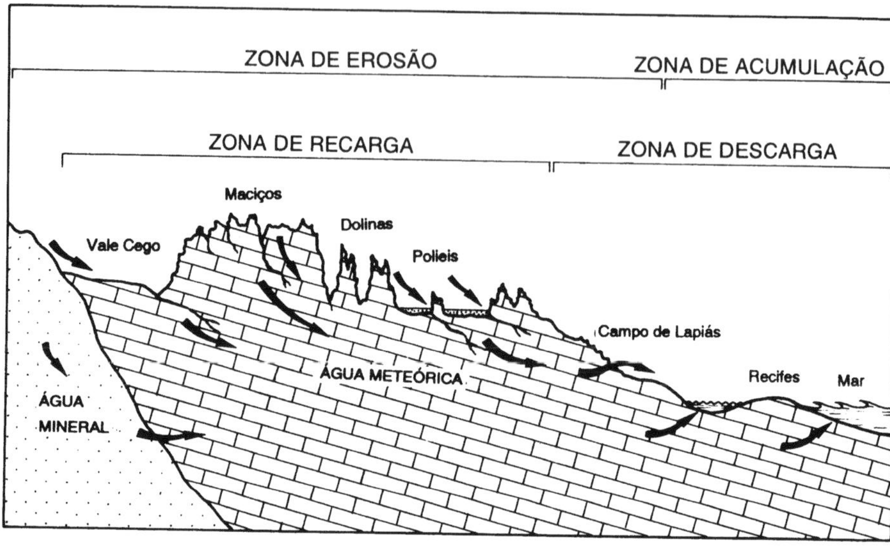

Figura 7.5 — *Sistema cárstico (Modificado - Ford e Williams, 1989).*

2.13. *Regime Hidrológico no Carste*

O carste apresenta três regimes hidrológicos principais. Utilize a Figura 7.6 para conceituar tais regimes.

3. *Questões de Auto-Avaliação*

3.1. Caso você venha a elaborar um zoneamento ecológico, numa Área de Proteção Ambiental (APA), localizada sobre um relevo calcário, quais seriam os principais fatores físicos da paisagem que norteariam este zoneamento?

3.2. Num relevo cárstico, onde a dissolução química da rocha, acompanhada pelos abatimentos físicos, são os principais fatores da

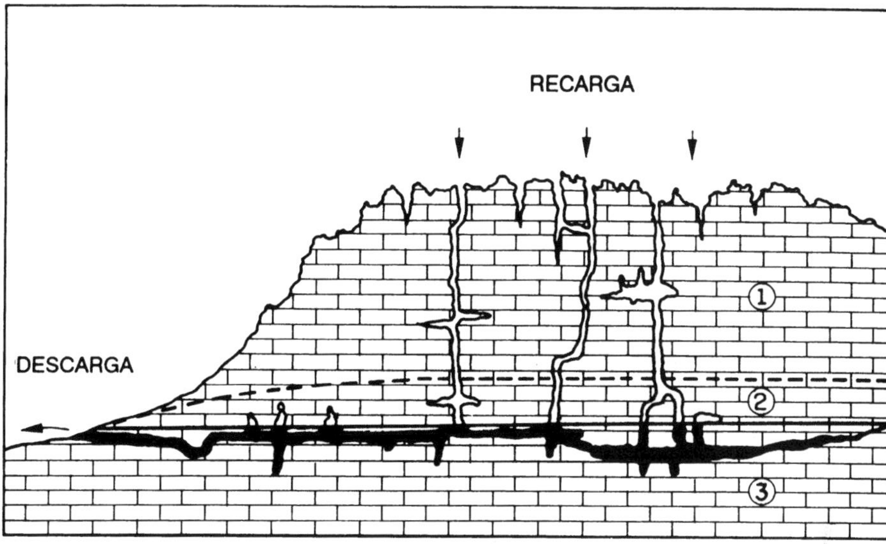

Figura 7.6 — *Regimes hidrológicos do carste.*

dinâmica, quais os parâmetros a serem observados, para se induzir ações preventivas e mitigadoras.

3.3. O clima, solo e a rocha são os principais elementos de uma paisagem, responsáveis pelo tipo de cobertura vegetal natural, que se instala em determinada posição de seu relevo. Como explicar a existência de plantas da família das cactáceas, sobre calcários num clima úmido, com índice de precipitação acima de 1.400mm por ano?

3.4. Diferencie os termos: cárstico, paleocárstico e pseudocárstico.

3.5. Ao analisar, com um estereoscópio, um par de fotografias aéreas, na escala de 1:25.000, você depara com inúmeras depressões fechadas, circulares, nunca maiores que 2.000m de diâmetro. Você pode afirmar que se trata de um relevo cárstico? Por quê?

3.6. As águas de um sistema cárstico não apresentam argilas em suspensão, dado seu pH alto (> 7), as argilas floculam e precipitam. Logo após uma chuva, como você separa, no campo, as águas provenientes da precipitação daquelas do aquífero cárstico?

3.7. Os relevos cársticos, principalmente o endocarste, são as paisagens que mais acumulam vestígios da paleofauna. Por quê?

3.8. A solubilidade da rocha num sistema cárstico imprime papel fundamental ao fluxo, direção e qualidade química do aquífero cárstico. Defina as diferentes zonas existentes entre as áreas de recarga e descarga do aquífero da Figura 7.6. Qual a diferença entre uma zona de dissolução do calcário e outra de acumulação do calcário?

3.9. Conceitue uma dolina e identifique os diferentes tipos representados na Figura 7.3.

3.10. Identifique os principais lapiás representados na Figura 7.2.

3.11. Conceitue o tipo de cenário cárstico da Figura 7.7, e defina os elementos : a, b, c, d, e.

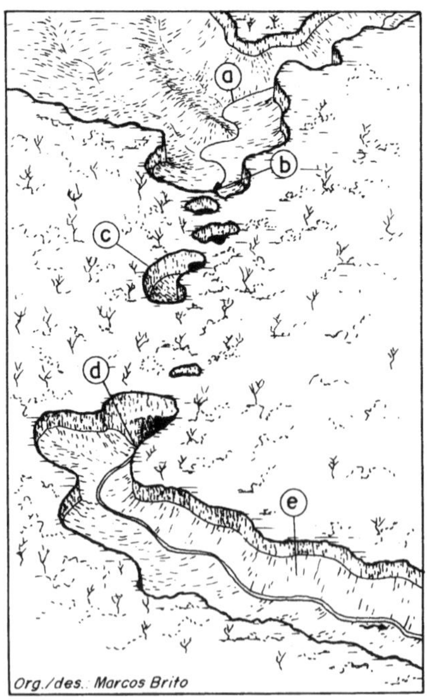

Figura 7.7 — *Paisagem fluviocárstica.*

4. *Bibliografia*

BOEGLI, A. *Karthidrology and physical speleology*, Nova York, Springer, 1980.

CHRISTOFOLETTI, A. *Geomorfologia*, São Paulo, Edgard Bluecher, 1986.

DAOXIAN,Y. *Karst Hydrogeology and Karst Environment Protection. International* Association of Hydrologycal Sciences, Guilin, 1988.

NELON, P. *Phénomenes Karstiques*, Paris, Mémoire et Documents. CNRS, 1972.

FORD, D. C. & WILLIAMS, P. W. *Karst Geimorphology and Hidrology*, London, Unwin Hyman, 1989.

GUERRA, A. T. *Dicionário Geológico Geomorfológico*, Rio de Janeiro, IBGE, 8.ª ed., 1993, 1.ª ed., 1954.

JENNINGS, J. N. *Karst Geomorphology*. Oxford, Basil Blackwell, 1985.

KOHLER, H. C. *Geomorfologia Cárstica*, in GUERRA, A.J.T. & CUNHA, S. B., (Orgs.) *Geomorfologia: Uma Atualização de Bases e Conceitos*, Rio de Janeiro: Bertrand do Brasil, 2.ª edição, 309-334 p., 1995.

KOHLER, H. C. MALTA, I.M. Roteiro de Excursões na região de Lagoa Santa: O cenário cárstico: guardião da fauna extinta aos legados bandeirantes. Belo Horizonte, III Congresso Brasileiro da ABEQUA, Publicação Especial, (2):1-56, 1991.

NICOD, J. *Pays e paisages du calcaire*. Paris, PUF, 1972.

PALMER, A. N. Origin and morphology of limestone caves. Geological Society of *America Bulletin*, (103): 1-25, 1991.

PENTEADO, M. M. *Fundamentos de Geomorfologia*. Rio de janeiro. Fundação IBGE, 1974, 186 p.

SWEETING, M. M. *Karst Landforms*. Londres, Macmillan, 1972.

SWEETING,M.M. *Karst Geomorfology*. Strousburg, Pensylvania. Benchmark Papers in Geology / 59, 1981.

WHITE, W. B., *Geomorphology and Hydrology of Karst Terrains*, Nova York. Oxford University Press, 1988.

WHITE, W.B. & WHITE, E. L. *Karst Hydrology*. Nova York, Van Nostrand Reinhold, 1989.

ZOETL, G. J. *Karst hydrologie*. Wien, Nova York, Springer-Verlag, 1974.

CAPÍTULO 8

GEOMORFOLOGIA DO QUATERNÁRIO

Josilda Rodrigues da Silva Moura
Cláudio Limeira Mello

1. Introdução

Neste capítulo, são apresentados exercícios, técnicas e aplicações de conhecimentos e questões de auto-avaliação. Todos eles estão baseados no capítulo Geomorfologia do Quaternário do livro *Geomorfologia: Uma Atualização de Bases e Conceitos* (Moura, 1995), a que os leitores são remetidos como forma de obterem uma literatura básica para a resolução dos mesmos.

Nas questões de auto-avaliação e exercícios propostos, buscou-se atingir uma parcela mais ampla possível das várias disciplinas relacionadas ao estudo da Geomorfologia do Quaternário, destacando-se aspectos básicos, como, entre outros, as variações climáticas quaternárias e as diferentes abordagens morfoestratigráficas. Foi conferida especial atenção à formulação de exercícios centrados na integração de estudos geomorfológicos, estratigráficos e pedológicos, partindo-se da concepção de serem estas análises integradas de fundamental importância para o estabelecimento de quadros evolutivos significativos.

Procurou-se, ainda, abordar aspectos característicos da Geomorfologia do Quaternário de regiões tropicais úmidas, particularmente do Sudeste do Brasil, sendo, dessa maneira, enfatizadas as feições de complexos de rampas de colúvio e de terraços fluviais, e os modelos evolutivos discutidos na literatura, para estas regiões. São propostas, também, questões de auto-avaliação e exercícios envolvendo a aplicação de conhecimentos da Geomorfologia do Quaternário, para a avaliação de problemas ambientais característicos do Sudeste do Brasil.

Sempre que se julgou necessário, foram indicadas referências bibliográficas complementares, relacionadas ao tema em discussão.

Finalmente, ressaltamos que, mais do que pretender respostas definitivas, constitui um objetivo principal deste capítulo estimular a discussão dos vários aspectos da Geomorfologia do Quaternário, considerando que muito pouco tem sido feito para a divulgação de sua importância e formulação de modelos mais coerentes de evolução geomorfológica.

2. *Exercícios, Técnicas e Aplicações*

2.1. *Modelo de Evolução do Quaternário Brasileiro*

A seqüência da Figura 8.1 (a; b; c; d; e) representa o esquema de evolução das vertentes proposto por Bigarella *et al.* (1965) para o Quaternário brasileiro. Com base nesse esquema evolutivo, construa um gráfico esquemático (x,y), no qual devem ser representadas, no eixo das ordenadas, as variações de altitude (B1; B2; B3; B4), e no eixo das abscissas, o tempo (T1; T2; T3; T4). Procure explicar diferentes etapas de erosão/sedimentação (B1; B2; B3; B4), a partir da discussão de influências das variações climáticas, das variações tectônicas e/ou das variações intrínsecas ao sistema (Schumm, 1973; 1975).

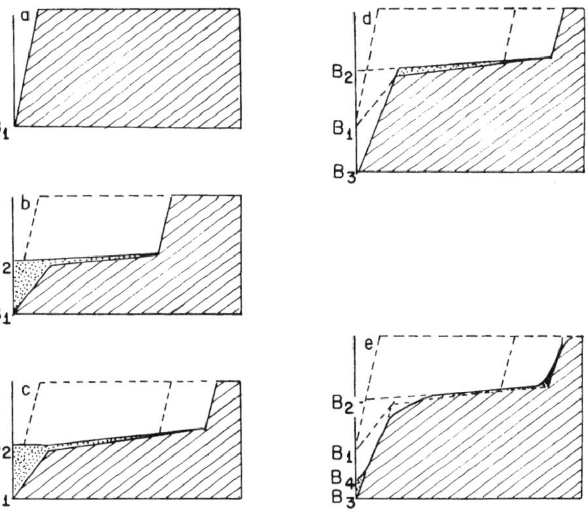

Figura. 8.1 — *Esquema de evolução das vertentes proposto por Bigarella* et al. *(1965), fundamentado nas alternâncias climáticas.*

2.2. *Modelo de Evolução dos Complexos de Rampa*

Identifique, a partir da ordenação estratigráfica da seqüência dos depósitos de encosta (colúvios), os sucessivos episódios de coluviação/reafeiçoamento da topografia, presentes, no "complexo de rampas" apresentado na Figura 8.2, reconhecendo as unidades coluviais com significado morfológico (unidades morfoestratigráficas, segundo Meis e Moura, 1984) e/ou significado estratigráfico.

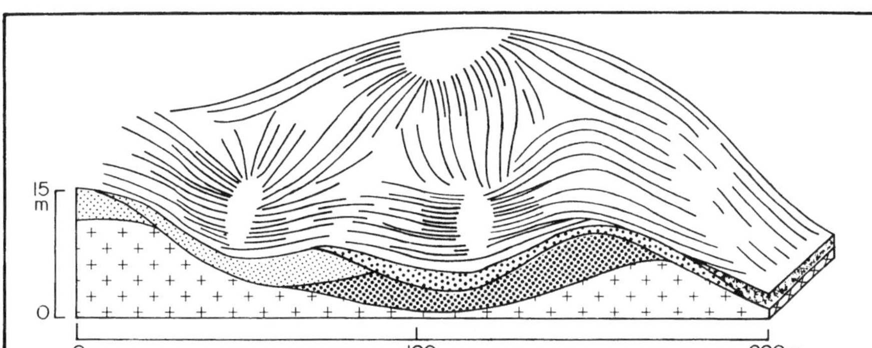

Figura 8.2 — *Bloco-diagrama esquemático da evolução dos "complexos de rampa" (Meis e Moura, 1984).*

2.3. *Evolução de Encostas e Nível de Base*

Na Figura 8.3, estão representadas duas situações de superposição de unidades coluviais em "complexos de rampas" adjacentes, decorrentes de condições distintas do controle do nível de base na evolução das encostas, reconhecidas por Meis e Moura (1984). De acordo com a disposição das camadas, procure discutir a dinâmica do nível de base na evolução das feições de "complexos de rampa" nas situações A e B.

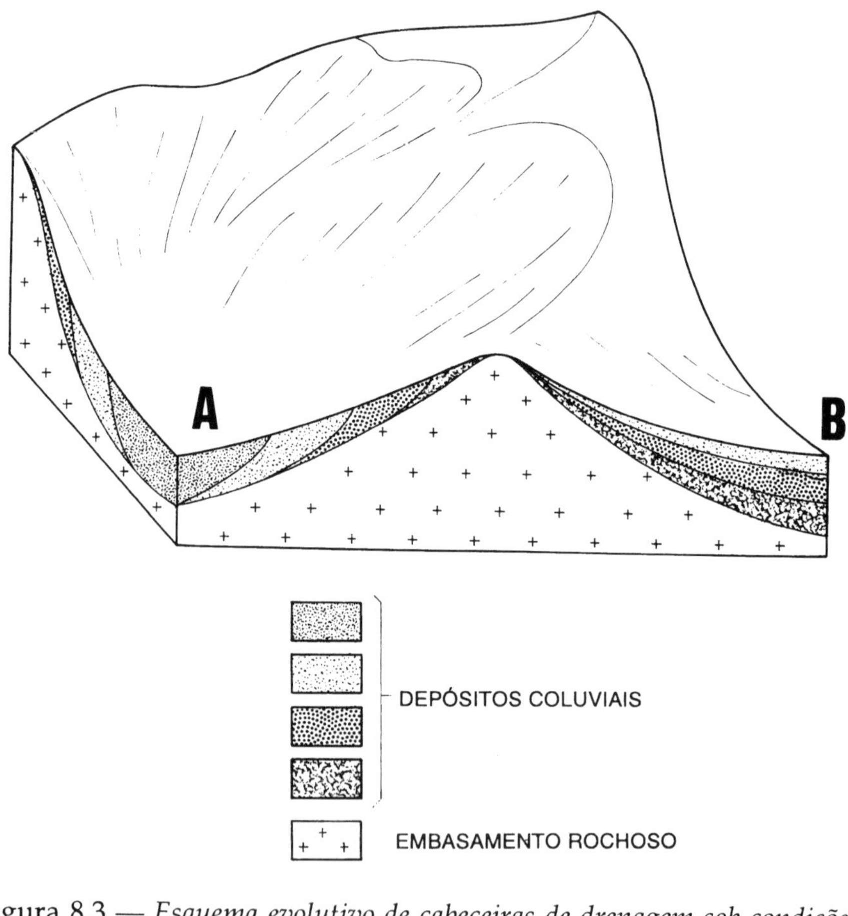

Figura 8.3 — *Esquema evolutivo de cabeceiras de drenagem sob condições diferenciadas de dinâmica do nível de base, observadas a partir das características dos contatos da seqüência deposicional. A — camadas descontínuas com contato erosivo; B — camadas contínuas e superpostas.*

2.4. *Dinâmica Fluvial e Elaboração de Níveis de Terraço*

A Figura 8.4 ilustra as diferentes fases da dinâmica de um canal fluvial e da elaboração de feições geomorfológicas associadas (terraços). De 1 a 5 são representados o escalonamento de diferentes níveis de terraços, cuja observação da estrutura subsuperficial permite uma análise de sua dinâmica de evolução. Identifique as fases de elaboração de terraços de erosão e/ou terraços de acumulação (Schumm, 1977).

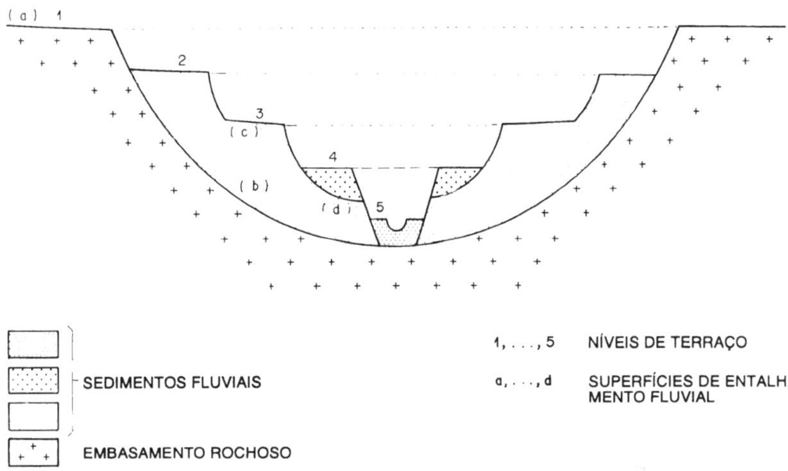

Figura 8.4 — *Reprodução de feições e da estrutura subsuperficial de terraços escalonados. Os números de 1 a 5 representam níveis de terraços e as letras a, b, c e d representam as superfícies de entalhamento fluvial.*

2.5. *Unidades Morfo-estratigráficas*

Através da análise do perfil esquemático (Figura 8.5) é possível verificar níveis topográficos concordantes, porém associados a substratos diferentes e unidades discordantes topograficamente sob o mesmo substrato. De acordo com a classificação morfoestratigráfica proposta por Meis e Moura (1984), identifique as superfícies associadas a unidades morfoestratigráficas com a sigla UM, e aquelas que têm apenas signicado estratigráfico, ou seja, a deposição das camadas não foi responsável pela feição geomorfológica, com a sigla UE.

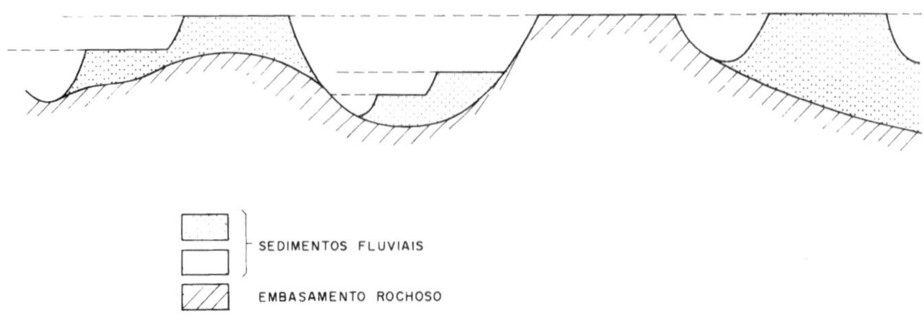

Figura 8.5 — *Perfil esquemático de níveis topográficos associados a eventos de erosão e/ou sedimentação fluvial.*

2.6. Reconstituição Estratigráfica de Depósitos Quaternários

Os perfis estratigráficos detalhados na Figura 8.6, documentam seqüências deposicionais representativas de zona de transição de ambientes de encosta e fluvial. Elabore uma reconstituição estratigráfica, a partir da individualização de pacotes deposicionais litologicamente variáveis, e do reconhecimento de unidades-guias (paleohorizontes A, níveis de preservação de restos orgânicos e níveis de cascalho) — Mendes, 1984; Moura e Mello, 1991; N.A.C.S.N., 1983.

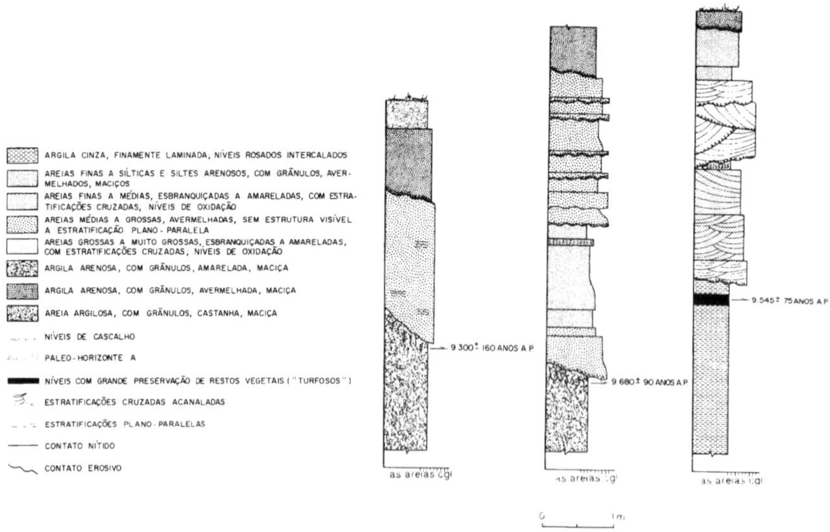

Figura 8.6 — *Perfis estratigráficos de detalhe (A, B e C) reproduzidos no vale do rio Bananal (Bananal, SP) em ambiente de transição de encosta e fundo de vale.*

2.7. *Sedimentos, Solos e Paleossolos*

Através da análise dos gráficos da Figura 8.7, de composição granulométrica e de composição dos elementos químicos (S_iO_2 ; Al_2O_3 ; Fe_2O_3 ; TiO_2 ; MnO_2 ; K_2O) obtidos para um perfil pedo-estra-

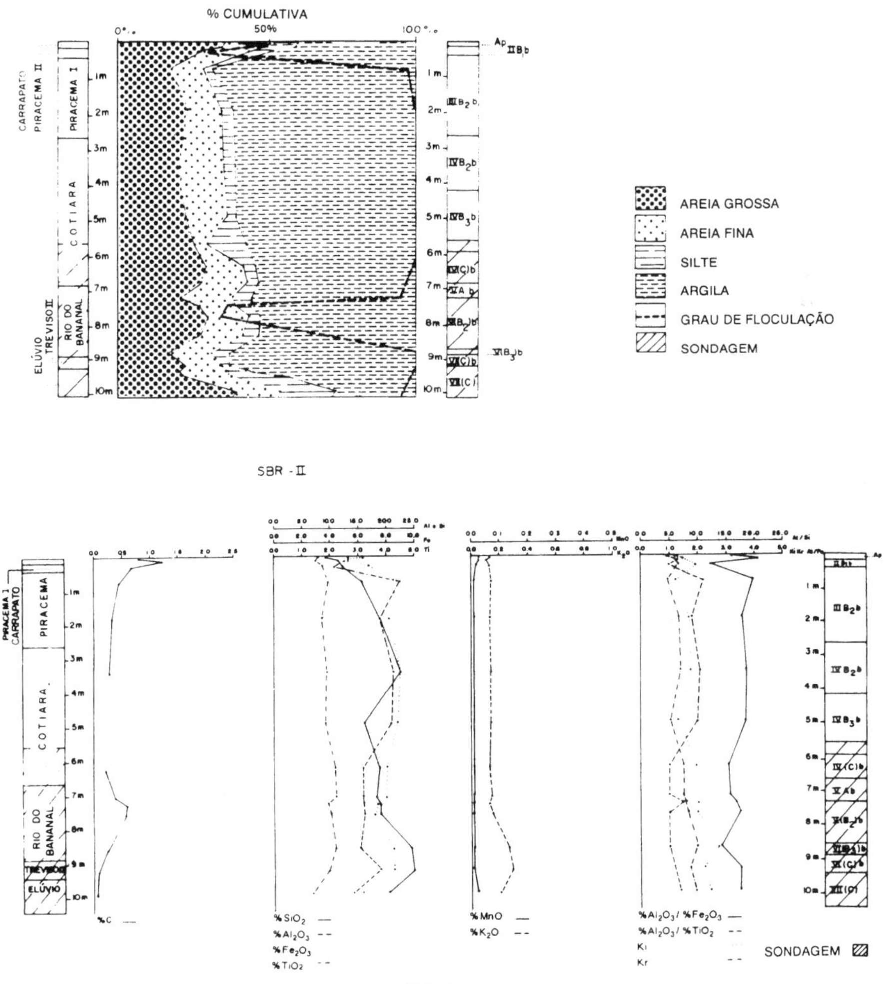

Figura. 8.7 — *Gráfico de distribuição granulométrica e curvas de elementos químicos do perfil de "solo" reproduzido na localidade Bom Retiro (Bananal, SP). Nos gráficos apresentados a coluna da esquerda reproduz as unidades de acordo com a classificação estratigráfica, e a coluna da direita, os horizontes de solo de acordo com a classificação pedológica.*

tigráfico (SBR II), identifique: a) em que unidades estratigráficas as características granulométricas podem sugerir níveis de diferenciação de "solos" e como o grau de floculação acompanha estas características; b) pelo comportamento das curvas dos elementos químicos, correlacione às unidades de "solos" possíveis de serem inferidas (procure destacar os elementos químicos que melhor definem tais variações) — Birkeland, 1984; Finkl, 1980; N.A.C.S.N., 1983.

2.8. *Relações Lito-Alo e Morfoestratigráficas*

Proponha, com base no diagrama estratigráfico representado na Figura 8.8, envolvendo depósitos coluviais e depósitos aluviais intercalados, em domínios de transição entre baixa encosta e vale fluvial, a reconstituição dos eventos evolutivos. Após a apreensão da seqüência estratigráfica, faça a correlação das unidades morfoestratigráficas, litoestratigráficas e aloestratigráficas (Meis e Moura, 1984; Moura e Mello, 1991; Mendes, 1984; N.A.C.S.N., 1983).

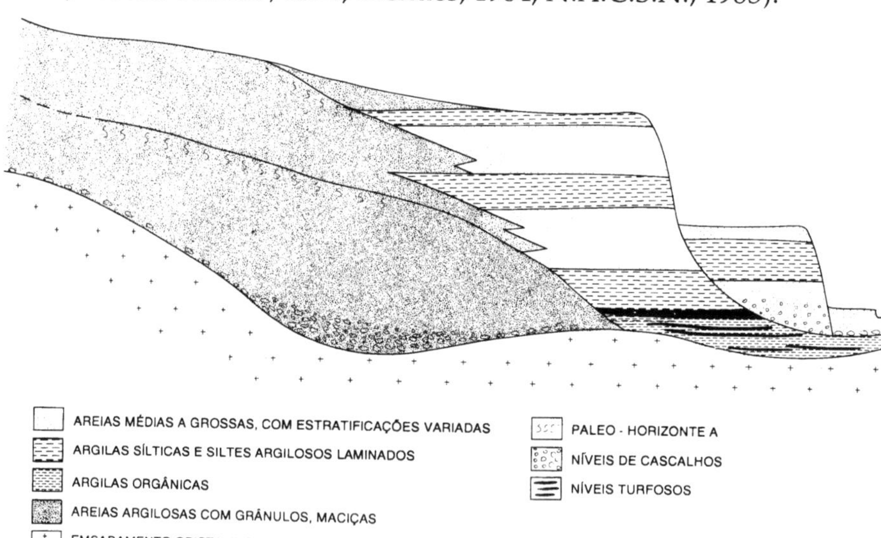

Figura 8.8 — *Perfil esquemático da seqüência deposicional associada a ambientes de articulação encosta-fundo de vale, reproduzindo as relações forma-depósito nos ambientes de encosta e fluvial.*

2.9. *Feições Geomorfológicas Quaternárias*

Com base no mapa apresentado na Figura 8.9, de feições geomorfológicas quaternárias e feições erosivas em ambiente de colinas do

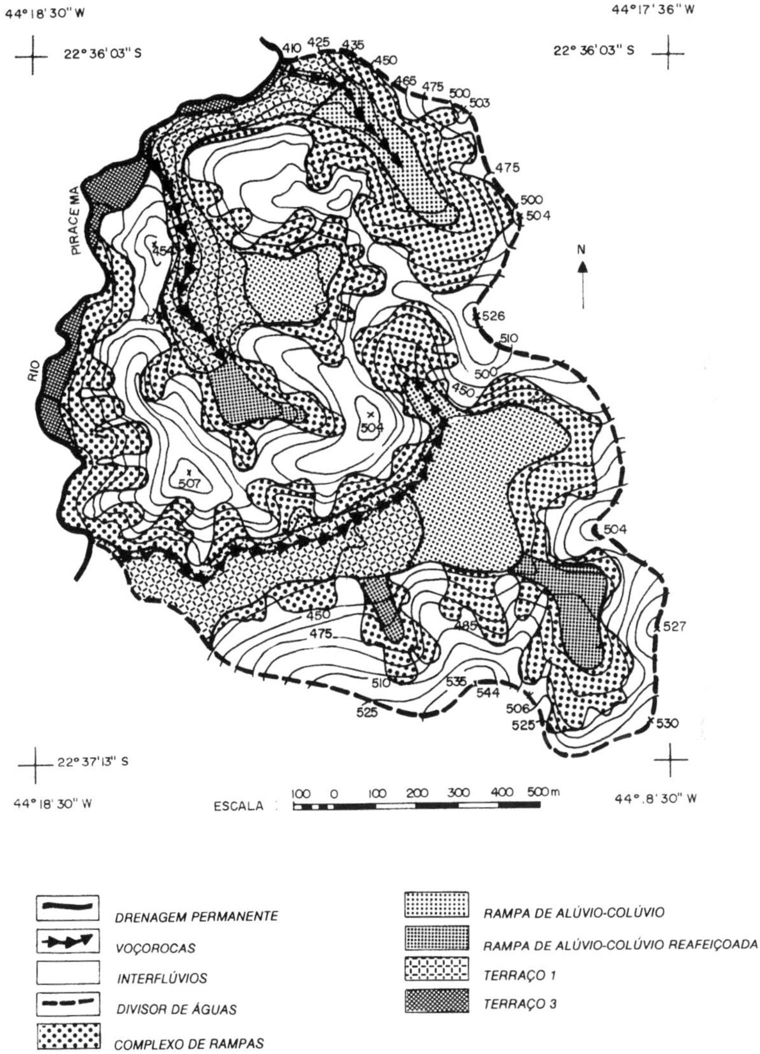

Figura 8.9 — *Mapa de feições geomorfológicas quaternárias em cabeceiras de drenagem em anfiteatros (Moura* et al.*, 1992).*

Sudeste do Brasil, pede-se: a) relacionar a distribuição espacial das feições geomorfológicas ("complexos de rampa"; rampas de alúvio-colúvio; rampas de alúvio-colúvio reafeiçoadas) aos diferentes segmentos geométricos das cabeceiras de drenagem; b) associar o desenvolvimento das voçorocas às feições geomorfológicas mapeadas.

2.10. Padrão de Cabeceira de Drenagem em Anfiteatro

As cabeceiras de drenagem em anfiteatros, desenvolvidas no relevo cristalino do Sudeste do Brasil, foram classificadas de acordo com a sua geometria e a articulação com o nível de base da drenagem atual, tendo como feição morfológica indicadora a reentrância do anfiteatro (*hollow*). Analisando o mapa apresentado na Figura 8.10: a) classifique as cabeceiras e sub-bacias de drenagem de acordo com a tipologia proposta por Moura *et al.* (1991), seguindo o

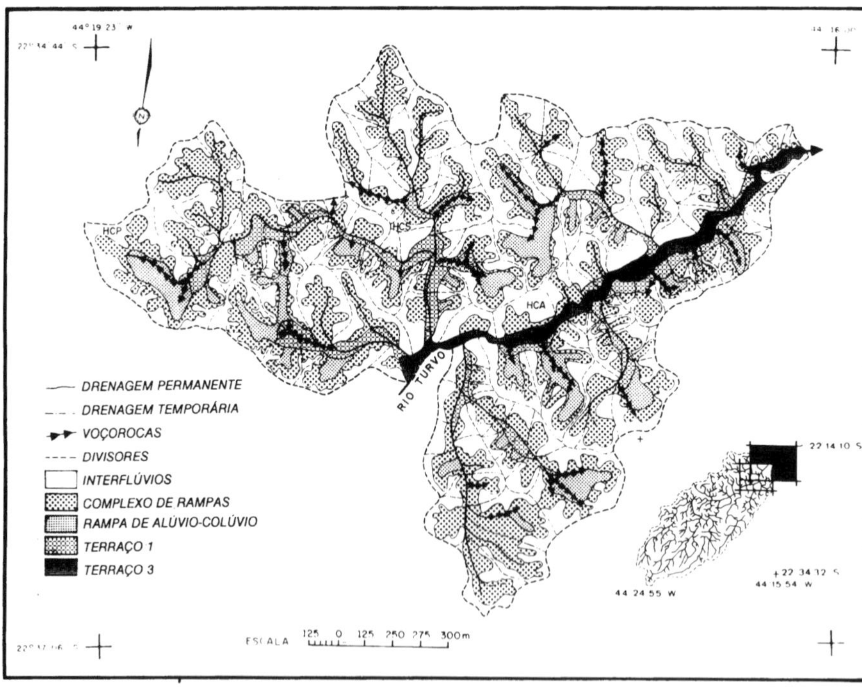

Figura 8.10 — *Mapa de feições geomorfológicas quaternárias em cabeceiras de drenagem em anfiteatros (Moura* et al., *1991).*

exemplo destacado no mapa; b) identifique em que tipo de cabeceira de drenagem encontram-se os maiores índices de ocorrência de voçorocas.

3. Questões de Auto-Avaliação

1. Discuta a necessidade de integração de estudos estratigráficos a análises geomorfológicas, em diferentes abordagens temporais.

2. As variações climáticas quaternárias são destacadas na grande maioria dos esquemas evolutivos propostos para o Quaternário. Quanto a isso, discuta:
   a) a freqüência das variações climáticas identificadas no registro continental e em sedimentos oceânicos;
   b) as causas admitidas para as variações climáticas quaternárias.

3. Quais os principais fundamentos do modelo morfoclimático proposto por Bigarella e colaboradores para o Quaternário brasileiro? Discuta as dificuldades para a sua aplicação.

4. Quais as principais restrições à aplicação dos critérios convencionais de classificação estratigráfica (litoestratigrafia, bioestratigrafia e cronoestratigrafia) ao estudo de depósitos quaternários? Frente a isso, conceitue a Aloestratigrafia, indicando qual a sua principal importância para o estudo de depósitos quaternários.

5. Analise o significado e a evolução do conceito de morfoestratigrafia, destacando a idéia de superfícies deposicionais. Considere, a esse respeito, as feições de rampas de colúvio e terraços fluviais como unidades morfoestratigráficas.

6. Discuta a importância da estratigrafia dos solos para a reconstrução de paleoambientes quaternários.

7. A região Sudeste do Brasil apresenta como feição típica, entre outras, o aspecto de cabeceiras de drenagem entulhadas, associado a uma fraca hierarquização fluvial. Discuta a natureza dessas feições dentro do quadro evolutivo quaternário regional. Estariam essas feições em "equilíbrio" com o quadro climático atual?

8. Discuta o significado das linhas de seixos como indicadores paleoclimáticos em áreas tropicais.

9. Analise o reconhecimento das cabeceiras de drenagem em anfiteatro como unidades fundamentais da evolução geomorfológica, pedológica e sedimentar.

10. Os estudos do Quaternário podem orientar, em diferentes níveis de abordagem, a utilização adequada dos recursos naturais e a atuação sobre o meio ambiente. Discuta algumas destas possíveis aplicações e a relevância dos estudos do Quaternário para tal proposta.

4. *Bibliografia*

BIGARELLA, J. J.; MOUSINHO, M. R. & SILVA, J. X. Considerações a respeito da evolução das vertentes. *B. Paran. Geogr.*, Curitiba, 16/17: 153-97, 1965.

BIRKELAND, P. W. *Soil and Geomorphology*. Nova York, Oxford Univ. Press, 1984, 372 p.

FINKL Jr., C. W. Stratigraphic principles and practices as related to soil mantles. *Catena, Braunschweig*, 7:169-94, 1980.

MEIS, M.R.M & MOURA, J.R.S. Upper Quaternary Sedimentation and Hillslope Evolution: Southeastern Brazilian Plateau. *Am. J. Sci.*, New Haven, 284(3):241-254, 1984.

MENDES, J.C. *Elementos de Estratigrafia*. São Paulo, EDUSP, 566 p.,1984.

MOURA, J.R.S. Geomorfologia do Quaternário. In: *Geomorfologia: Uma Atualização de Bases e Conceitos*. Guerra, A. T. J., Cunha, S.B. (Orgs.), Rio de Janeiro, Ed. Bertrand Brasil, 335-339, 2.ª edição, 1995.

MOURA, J. R. S. & MELLO, C. L. Classificação aloestratigráfica do

Quaternário Superior da região de Bananal (SP/RJ). *R. Bras. Geoc.*, São Paulo, 21(3): 236-54, 1991.

MOURA, J. R .S.; PEIXOTO, M. N. O. & SILVA, T. M. Geometria do Relevo e Estratigrafia do Quaternário como base a tipologia de cabeceiras de drenagem em anfiteatros - médio vale do rio Paraíba do Sul. *R. Bras. Geoc.*, São Paulo, 21(3):255-65, 1991.

MOURA, J.R.S.; PEIXOTO, M.N.O.; SILVA, T.M. & MELLO, C.L. Mapas de feições geomorfológicas e coberturas sedimentares quaternárias: abordagem para o planejamento ambiental em compartimentos de colinas no Planalto Sudeste do Brasil. In: CONGRESSO BRASILEIRO DE GEOLOGIA, 37, São Paulo (SP), *Boletim de Resumos Expandidos*, São Paulo, SBG, v.1, 60-62 p., 1992.

NORTH AMERICAN COMMISSION ON STRATIGRAPHIC NOMENCLATURE - N.A.C.S.N. North American Stratigraphic Code. *Am. Assoc. Petrol. Geol. Bull.*, Tulsa , 67(5): 841-75, 1983.

SCHUMM, S.A. Geomorphic thresholds and complex response of drainage systems. In: MORISAWA, M. ed. *Fluvial Geomorphology*. London, Allen & Unwin, 299-310 p., 1973.

SCHUMM, S.A. Episodic erosion: a modification of the geomorphic cycle. In: MELHORN, W.N. & FLEMAL, R.C. eds. *Theories of landform development*. London, Allen & Unwin, 69-85 p., 1975.

SCHUMM, S.A. *The Fluvial System*. New York, John Wiley & Sons, 338 p., 1977.

CAPÍTULO 9

Mapeamento Geomorfológico

Mauro Sérgio Fernandes Argento
Carla Bernadete Madureira Cruz

1. Introdução

A Cartografia Temática pode ser entendida como um produto que caracteriza a distribuição espacial de fenômenos que são observados na superfície terrestre e, para tal, necessita do conhecimento da essência destes fenômenos que estão sendo representados e do suporte das ciências que os estudam. Os mapas temáticos são ferramentas que servem de apoio à Geomorfologia, na medida em que favorecem a leitura de cartas e a interpretação de fenômenos, e viabilizam a análise em diferentes escalas de tratamento.

Naturalmente, para se atingir tais respostas, faz-se necessário ter conhecimentos básicos sobre a ciência cartográfica, principalmente de algumas técnicas de medições que possibilitam a realização de análises quantitativas e qualitativas dos objetos em questão. Por essa razão, são introduzidos, neste capítulo, exercícios e aplicações concernentes a escalas, caracterização de bacias hidrográficas, estruturação de perfis topográficos, localização de pontos notáveis, suporte operacional de sensoriamento remoto como elemento de apoio à elaboração de mapas temáticos e, por fim, identificação de mapeamentos geomorfológicos em diferentes escalas de detalhamento.

Os mapas geomorfológicos apresentam um grau de complexidade maior que o dos demais mapas temáticos. O solo, a vegetação, a geologia e os recursos hídricos são componentes da natureza mais facilmente representados, por estarem associados a classificações taxonômicas internacionalmente consagradas. Os mapeamentos geomorfológicos devem estar atrelados a escalas cartográficas específicas de determinados fenômenos que se deseja analisar. Desta forma, a utilização de diferentes escalas é fundamental para os estudos das formas de relevo, da caracterização de bacias de drenagem e a constituição do terreno.

Os exercícios constantes deste capítulo servem de base operacional para a criação de mapeamentos temáticos de fenômenos geomorfológicos, que facilitam a comunicabilidade das informações registradas através da representação qualitativa e/ou quantitativa de dados.

2. *Exercícios, Técnicas e Aplicações*

2.1. *Determinação de Escala Numérica*

A escala de uma carta, quando numérica, deve ser expressa na forma fracionária, onde um comprimento D, no terreno, representado na carta por um comprimento menor d, forma a relação $E = d/D$.

Para se converter valores da carta para o terreno, devem-se multiplicar as dimensões lineares por $1/E$; e, ao contrário, para passar do terreno para a carta, devem-se multiplicar as dimensões lineares por E.

É importante o conhecimento da escala de trabalho, apesar de a mesma nem sempre aparecer de forma explícita; neste caso, pode-se determiná-la de forma indireta, a partir do conhecimento de uma distância no terreno. Como exemplo tem-se :

D (terreno) = 2km = 2.000.000mm
d (carta) = 2cm = 20mm
E (escala) = d/D = 20 / 2.000.000 = 1 / 100.000 (que se lê : "um para cem mil")

Considerando o exemplo anterior, determine qual a escala a ser adotada para que se possa representar, com 50cm numa carta, um rio cuja extensão medida no terreno é de 5km (Raisz, 1969; Libault, 1975; Duarte, 1986; Oliveira, 1986).

2.2. *Determinação de Escala Gráfica*

Uma escala gráfica pode ser representada numa carta por diferentes formas de acabamento, devendo ser expressa através de números inteiros, e possuir, à esquerda, uma unidade fracionária (talão). Ela auxilia a obtenção rápida, por comparação, das distâncias no terreno representadas no mapa. São normalmente caracterizadas em metro ou quilômetro, e sua construção gráfica pode ser efetuada através do processo de divisão geométrica de segmentos (DGS).

No caso do exemplo do Exercício 2.1, em que a escala numérica é de 1/100.000, onde cada cm equivale a 1.000m, é fácil a reprodução gráfica desta relação sem a necessidade de se utilizar a DGS, bastando associar cada unidade centimétrica de um segmento à distância correspondente no terreno, representando, sucessivamente, 100, 200, 300m etc. (Figura 9.1)

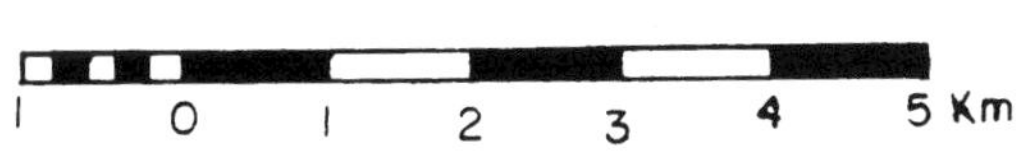

Figura 9.1 — *Escala gráfica 1:100.000.*

Onde: 1cm na carta equivale a 100.000cm ou 1.000m ou 1km no terreno.

Para os casos em que a resolução não seja direta, deve-se utilizar a DGS, como no exemplo a seguir (Figura 9.2) :

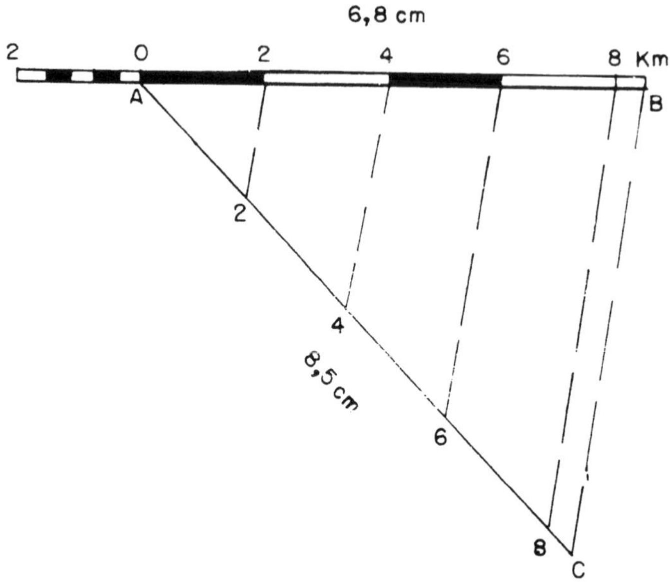

Figura 9.2 — *Método DGS para construção de escala gráfica.*

Em um mapa foi medida uma distância de 6,8cm, entre dois pontos, correspondente no terreno a 8,5km. Construa a escala gráfica.

Método DGS :

a) construir um segmento (AB) de comprimento igual ao medido na carta, para ser a base da escala gráfica;

b) a partir da origem do segmento AB, traçar outro segmento AC formando um ângulo agudo (inferior a 90°);

c) o segmento AC terá comprimento em cm correspondente ao número de unidades da medida no terreno, em km (8,5), ou a algum valor proporcional (ex.: 2 x 8,5 = 17);

d) sobre o segmento AC, marcar as posições referentes às distâncias a serem ressaltadas na escala gráfica, considerando seus valores quilométricos (quando, na verdade, se encontram em cm);

e) ligar, entre si, os segmentos AB e AC pelos seus pontos extremos B e C;

f) com um par de esquadros, traçar paralelas a BC, passando pelas posições escolhidas sobre o eixo AC, para determinar esses valores na escala que está sendo construída no segmento base AB;

g) para a criação do talão, representar, à esquerda, a primeira divisão do segmento AB e subdividi-la em partes com o DGS.

Como sugestão de exercícios, você pode construir uma escala gráfica para a carta do Exercício 2.1, com divisões centimétricas, alcançando pelo menos uma distância de 500m, ou construir uma escala gráfica para o caso em que se mediu, no mapa, uma distância de 9,3cm entre a cabeceira e a foz do mesmo rio, sabendo-se que no terreno esta distância corresponde a 5,2km (Raisz, 1969; Libault, 1975; Duarte, 1986; Oliveira, 1986).

2.3. Delimitação de Bacia Hidrográfica

Os mapas topográficos ou de detalhes oferecem muitas possibilidades de aplicações em estudos geomorfológicos. A delimitação de bacias hidrográficas é um exemplo, entre muitos, que podem ser explorados.

Uma bacia hidrográfica é o "conjunto de terras drenadas por um rio principal e seus afluentes" (Guerra, 1993), cuja delimitação é dada pelas linhas divisoras de água que demarcam seu contorno. Estas linhas são definidas pela conformação das curvas de nível existentes na carta topográfica, e ligam os pontos mais elevados da região em torno da drenagem considerada.

Delimite o trecho da bacia hidrográfica localizada nas quadrículas compreendidas pelas coordenadas 648000 e 652000E e 7450000 e 7454000N, identificadas na carta topográfica apresentada na Figura 9.3 (Christofoletti, 1983).

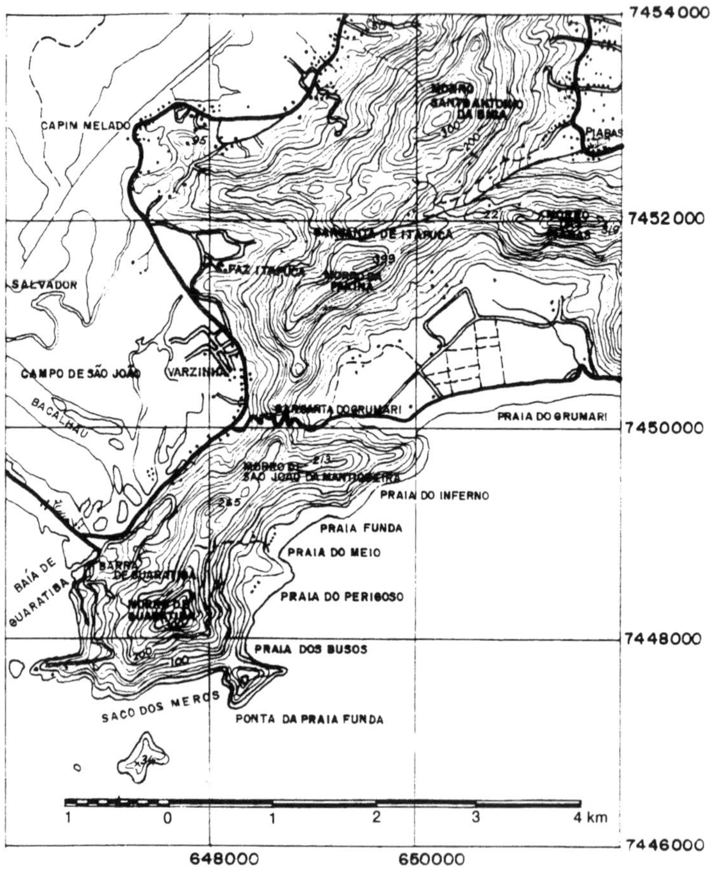

FONTE: CARTA DSG SANTA CRUZ - FOLHAS SF.23-Z-A-VI-4 • SF23-Z-C-III-2 MI-2744/4 • MI-2773/2

Figura 9.3 — *Mapa topográfico para delimitação de bacia hidrográfica.*

2.4. Hierarquização de Canais de Drenagem

Uma das formas de descrição de uma bacia é a da hierarquização de seus canais de drenagem, ou seja, a definição do número de ordem dos mesmos. A ordem oferece maior significado hidrológico do que a toponímia que acompanha o canal na carta (exemplo: numa mesma escala e num mesmo tipo de ambiente, um rio de 1.ª ordem terá sempre menor volume que um rio de 2.ª, menor número de tributários, menor descarga recebida, e assim por diante).

Hierarquize a rede de drenagem apresentada na Figura 9.4, segundo a ordenação proposta por Strahler (você poderá ainda consultar o Capítulo 3 (Coelho Netto, 1995) e o Capítulo 5 (Cunha, 1995) do livro texto *Geomorfologia: Uma Atualização de Bases e Conceitos* (Guerra e Cunha, 1995).

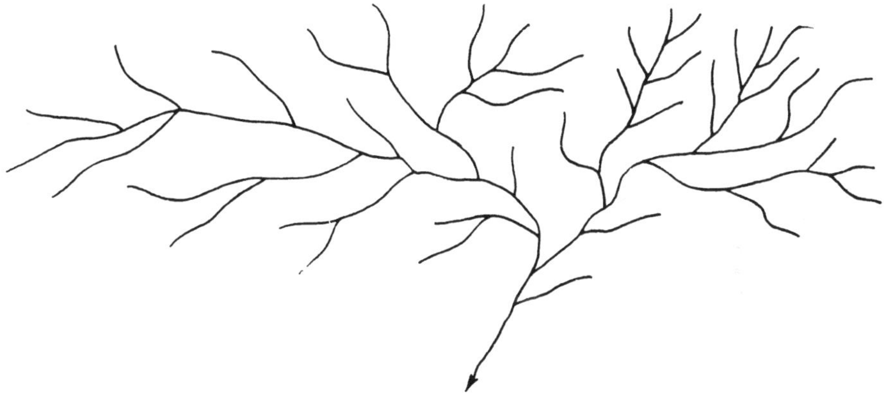

Figura 9.4 — *Rede de drenagem para hirarquização.*

2.5. Estabelecimento de Perfil Topográfico

Como a drenagem, o relevo também permite interpretações quanto às condições ambientais. Embora em um mapa a forma do relevo se apresente como uma figura estática, ele representa também um produto da dinâmica do ambiente.

Atenção particular deve ser dada às encostas, representadas nos mapas por curvas de nível, cujo gradiente poderá fornecer, por exemplo, informações sobre características geológicas, sedimentológicas e da intensidade do escoamento de águas superficiais.

Uma boa análise pode ser obtida através de uma perspectiva de perfil associada a de uma planta (visão de topo). O reconhecimento correto dos aspectos apresentados, tanto em planta como em perfil, possibilita a identificação dos tipos de encostas existentes (Raisz, 1969; Libault, 1975; Duarte, 1986; Oliveira, 1986).

Construa o perfil topográfico do segmento AB definido em planta (Figura 9.5).

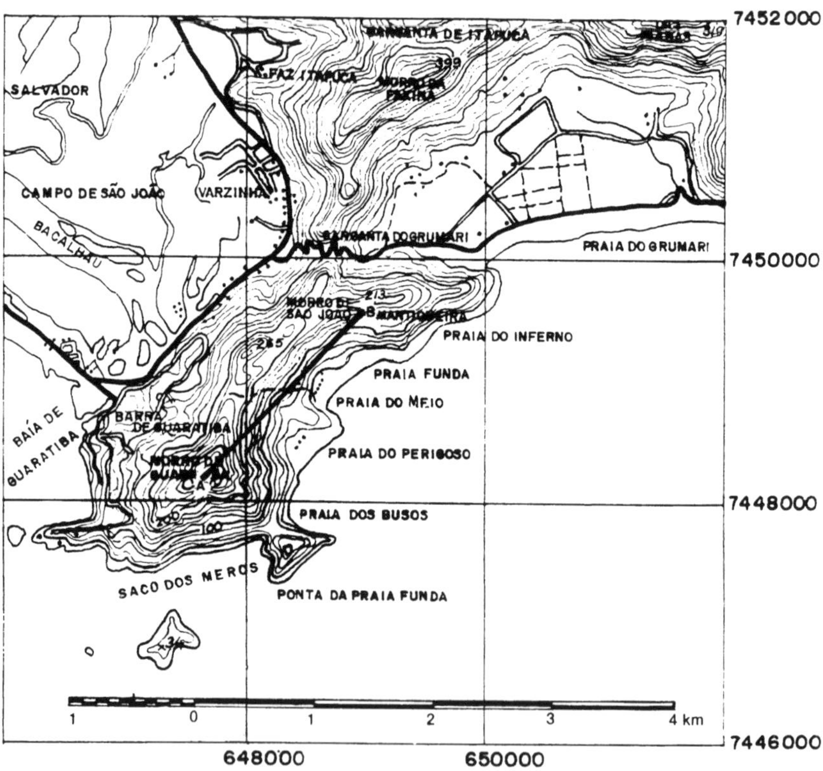

FONTE: CARTA DSG SANTA CRUZ - FOLHAS SF.23-Z-A-VI-4 • SF23-Z-C-III-2
MI-2744/4 • MI-2773/2

Figura 9.5 — *Mapa topográfico contendo os eixos para construção do bloco diagrama.*

Passos para a elaboração do perfil :

a) observar o segmento AB, marcado na carta topográfica, e passá-lo para um papel vegetal, de preferência milimetrado, enquadrando sobre o eixo das abcissas de um gráfico cartesiano (normalmente, na mesma escala da carta ➞ E_h);

b) a partir do ponto A, marcar sobre o papel cada interseção do segmento AB com as curvas de nível existentes na carta para o eixo horizontal do perfil (abcissas), anotando sua cota altimétrica, até completar o segmento (ponto B);

c) escolher uma escala vertical (E_v) para ser usada na ordenada do gráfico, considerando a amplitude do relevo a ser representado e o resultado que se quer obter com o perfil. Normalmente a escala vertical é exagerada de 5 a 10 vezes em relação à escala horizontal (E_h), principalmente no caso de mapas de média e pequena escala;

d) alçar cada ponto assinalado no papel até atingir sua posição, determinada no eixo vertical;

e) unir os pontos produzindo o perfil, observando :
- no caso de pontos sucessivos de mesmo valor, observar se o relevo é plano, ascendente ou descendente (considerar a existência de rios, pontos cotados e outras referências). Neste caso, não poderá ser ultrapassado o valor de uma eqüidistância (distância vertical entre curvas);
- suavizar as linhas de ligação, evitando, com isso, a existência de retas.

2.6. Determinação de Bloco Diagrama

Outra forma de representação do relevo é o bloco diagrama, cuja elaboração obedece a regras de perspectiva que produzem um efeito tridimensional. O bloco é elaborado com perfis topográficos seqüencialmente dispostos, postulando um ponto de fuga, para o qual orienta-se também a construção de sua base.

Construa um bloco diagrama para a área definida pelos cortes AB e CD apresentados na Figura 9.6, compreendidos pelas quadrículas de coordenadas 646000 e 650000E e 7448000 e 7450000N, fazendo sua respectiva interpretação (Raisz, 1969; Libault, 1975; Duarte, 1986; Oliveira, 1986).

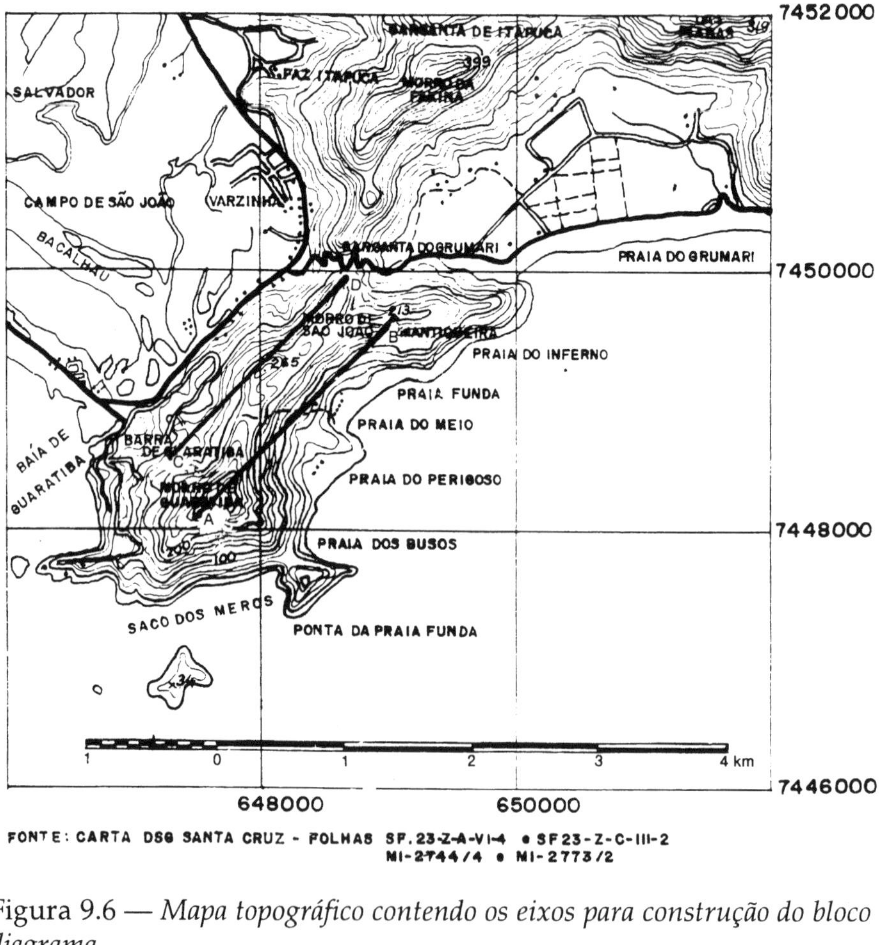

FONTE: CARTA DSG SANTA CRUZ - FOLHAS SF.23-Z-A-VI-4 • SF23-Z-C-III-2 MI-2744/4 • MI-2773/2

Figura 9.6 — *Mapa topográfico contendo os eixos para construção do bloco diagrama.*

Passos para a elaboração do bloco diagrama :

a) construir os perfis dos segmentos AB e CD segundo a forma indicada no Exercício 2.5;

b) com auxílio de papel vegetal, desenhar os perfis topográficos afastados entre si pela distância horizontal observada na carta (no caso, a distância correspondente ao afastamento entre os segmentos AB e CD), deslocados obliquamente, de forma a oferecer uma vista em perspectiva. Para isso, trace uma reta a partir do início da primeira base num ângulo agudo, superior a 45°, até a linha de base do segundo perfil, definindo em seu cruzamento o início deste último.

c) para melhor visualização em 3D, faz-se uso de técnicas de sombreamento na união dos perfis, levando-se em consideração as informações topográficas que possam existir na área, tais como, picos, rios etc.

Um exemplo de bloco diagrama pode ser observado na Figura 9.7.

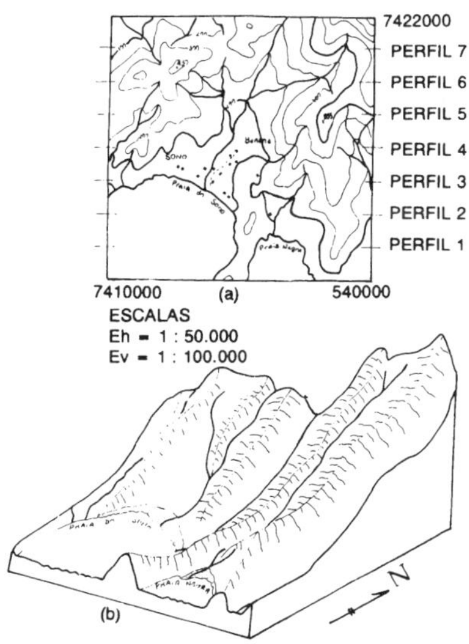

Figura 9.7 — *Construção de um bloco diagrama; (a) carta topográfica SF.23-Z-Cj-4 – Juatinga, 1:50.000; (b) bloco diagrama construído a partir de 7 perfis transversais (quanto maior for o número de perfis, maior o nível de detalhamento obtido).*

2.7. *Determinação das Coordenadas de um Ponto na Carta*

A localização exata (ou muitas vezes, aproximada) de áreas ou fenômenos geomorfológicos no terreno e no mapa é de extremo valor em trabalhos de pesquisa que envolvam dados espaciais (georreferenciados). A associação destas duas posições (mapa e terreno) é feita com muita freqüência, e serve para a identificação de pontos, linhas ou áreas de estudo.

Para a determinação das coordenadas de um ponto na carta, usa-se a regra de três simples, considerando-se como base as linhas do quadriculado (coordenadas conhecidas) envolventes ao ponto (Figura 9.8). Extraia as coordenadas planas (métricas) do ponto B, extremo final da linha de perfil do Exercício 2.6 (Figura 9.6), considerando, como exemplo, o desenvolvimento para o ponto A da mesma figura (Raisz, 1969; Libault, 1975; Duarte, 1986; Oliveira, 1986).

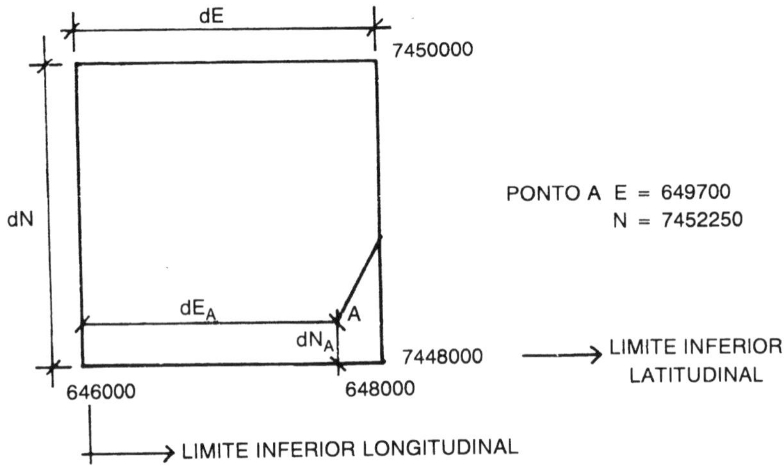

Figura 9.8 — *Localização do ponto A.*

Método (exemplo aplicado ao ponto A):

a) medem-se as distâncias dE_A e dN_A com relação aos limites inferiores, latitudinal e longitudinal respectivos :

$dE_A = 34mm$

$dN_A = 5mm$

b) calcula-se, em coordenadas de mundo (da carta), a distância no terreno equivalente ao intervalo entre as quadrículas :

d_E (carta) = 40mm D_E (terreno) = 2km

d_N (carta) = 40mm D_N (terreno) = 2km

c) constroem-se as regras de três para o cálculo das coordenadas métricas do ponto A (E_A e N_A):

40mm – 2.000m : x = 1700m

34mm – x

somando-se à coordenada limite longitudinal (648.000m), tem-se :

E_A = 649.700m

40mm – 2.000m : y = 250m

5mm – y

somando-se à coordenada limite latitudinal (7.452.000m), tem-se:

N_A = 7.452.250m

No caso de coordenadas geográficas, segue-se a mesma técnica de cálculo, levando-se em consideração o tratamento de grau, minuto e segundo. Deve-se, neste caso, passar tudo para décimos de grau, e calcular o comprimento de um grau.

3. *Questões de Auto-Avaliação*

3.1. A observação dos canais de drenagem numa carta topográfica facilita a visualização do relevo, por indicarem as posições mais baixas do terreno, e por auxiliarem na interpretação das condições ambientais, tais como os aspectos geológicos do terreno (litologias e estruturas) ou os locais submetidos a processos erosivos ou deposicionais.

Que tipos de análise podem ser feitos a partir de uma abordagem quantitativa das bacias de drenagem, e qual a importância deste estudo analítico nas pesquisas ambientais? (Libault, 1975; Christofoletti, 1983; Argento, 1995).

3.2. Qual a importância da cartografia temática na representação de eventos ambientais? (Robinson, *et al.* 1992; Tyner, 1992).

3.3. As imagens de sensoriamento remoto representam, atualmente, uma das mais eficazes formas viáveis de monitoramento ambiental, em escalas locais e globais, por causa da rapidez, eficiência, periodicidade e visão sinóptica que as caracterizam.

Discorra sobre esta afirmativa, considerando as áreas mais beneficiadas por esta tecnologia (Lillesand, 1979; Crosta, 1992; Moraes Novo, 1992, Robinson, *et al.* 1992).

3.4. Considerando o critério proposto (Argento,1995) para formação de legendas em macro, meso e microescalas de detalhamento que atendam ao mapeamento geomorfológico de âmbito regional, municipal e local, respectivamente, selecionou-se uma área de trabalho que servisse de ensaio para um exercício de interpretação geomorfológica, condizente a cada escala apresentada.

As interpretações, direcionadas pelas legendas propostas, devem atender à análise a primeiro nível, em função das formas resultantes.

3.4.1. Identifique, na escala aproximada de 1/100.000, as áreas correspondentes à legenda apresentada para a Figura 9.9 (Mapeamento em macroescala de detalhamento).

3.4.2. Identifique, na escala aproximada de 1/50.000, as áreas correspondentes à legenda apresentada para a Figura 9.10 (Mapeamento em mesoescala de detalhamento).

3.4.3. Identifique, na escala aproximada de 1/25.000, as áreas correspondentes à legenda apresentada para a Figura 9.11 (Mapeamento em microescala de detalhamento).

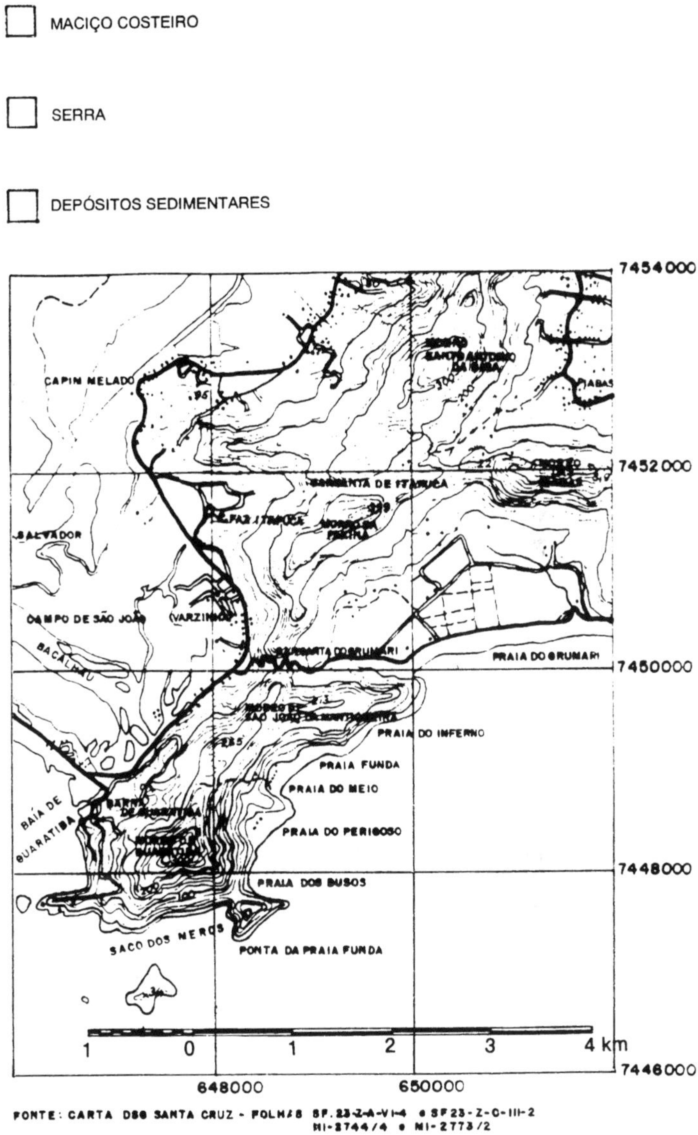

Figura 9.9 — *Mapeamento em mesoescala de detalhamento.*

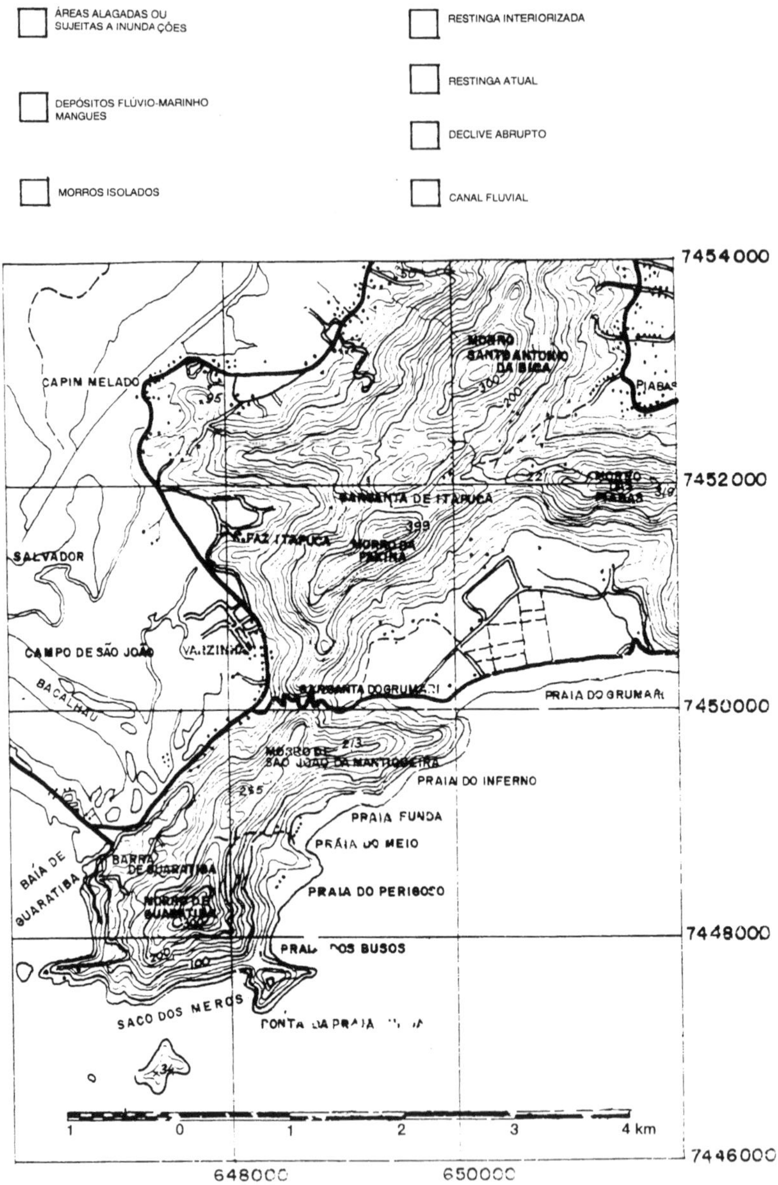

FONTE: CARTA DSG SANTA CRUZ - FOLHAS SF.23 ...

Figura 9.10 — *Mapeamento em mesoescala de detalhamento.*

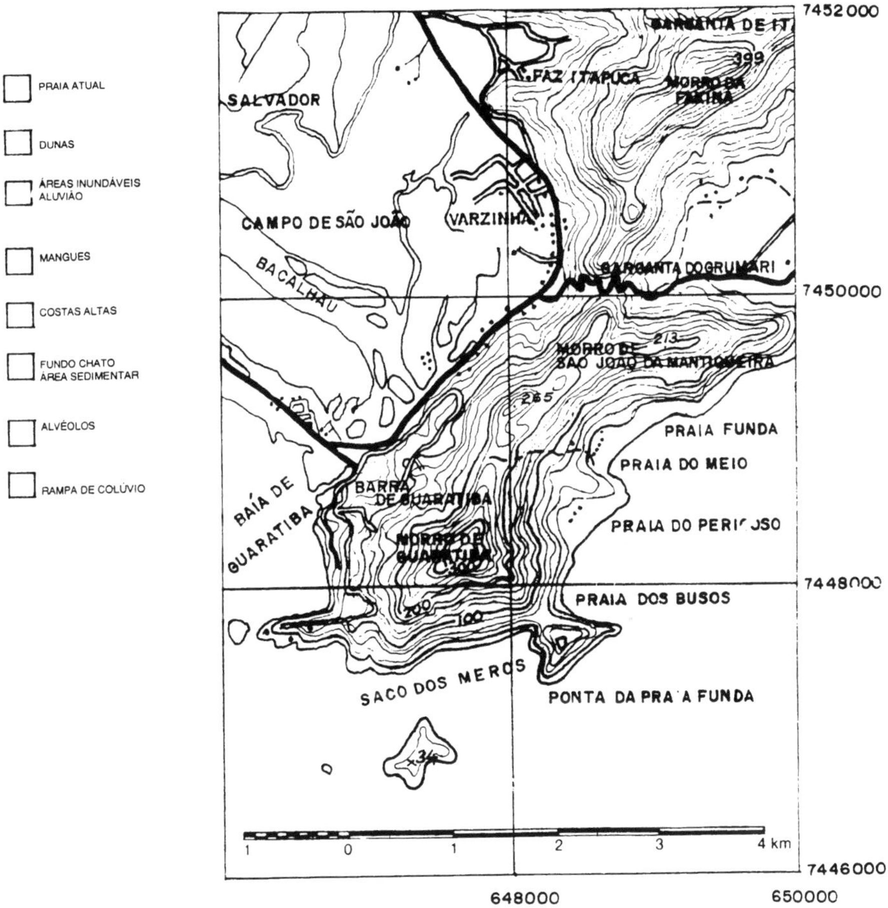

FONTE: CARTA DSG SANTA CRUZ - FOLHAS SF.23-Z-A-VI-4 • SF23-Z-C-III-2
MI-2744/4 • MI-2773/2

Figura 9.11 — *Mapeamento em microescala de detalhamento.*

4. *Bibliografia*

Ab SABER, A. N. Problemas do Mapeamento Geomorfológico no Brasil. Conferência Nacional de Geografia e Cartografia. Comissão G. Instituto Brasileiro de Geografia e Estatística, Rio de Janeiro, 28 p., 1968.

ARGENTO, M. S. F. Mapeamento Geomorfológico, In : *Geomorfologia : Uma Atualização de Bases e Conceitos* (Orgs.) GUERRA, A. J. T. e CUNHA, S. B. Bertrand Brasil, 2.ª edição, Rio de Janeiro: 365-391, 1995.

CHRISTOFOLETTI, A. Mapeamentos Geomorfológicos no Brasil. *Geociências*, Rio Claro, São Paulo, V. 2:1-6, 1983.

COELHO NETTO, A. L. Hidrologia de Encosta na Interface com a Geomorfologia, (Orgs.) GUERRA, A. J. T. e CUNHA, S. B. In *Geomorfologia: Uma Atualização de Bases e Conceitos.* Bertrand Brasil: 2.ª edição, Rio de Janeiro, 93-148, 1995.

CROSTA, A. P. Processamento Digital de Imagens de Sensoriamento Remoto. IG/UNICAMP, Campinas, São Paulo, 170 p., 1992.

CUNHA, S. B. Geomorfologia Fluvial, (Orgs.) GUERRA, A. J. T. e CUNHA, S. B. In *Geomorfologia: Uma Atualização de Bases e Conceitos.* Bertrand Brasil, 2.ª edição, Rio de Janeiro: 211-252, 1995

DONE, S. S. R. Mapas Geomorfológicos e suas legendas — Uma Contribuição para Estudos Analíticos. *Notícia Geomorfológica,* Campinas, São Paulo, V. 21 (41):85-110, 1981.

DUARTE, P. A. Cartografia Básica. Universidade Federal de Santa Catarina, Florianópolis, 151 p., 1986.

GUERRA, A. T. *Dicionário Geológico-Geomorfológico.* Instituto Brasileiro de Geografia e Estatística, Rio de Janeiro, 446 p., 1993.

LIBAULT, A. *Geocartografia.* Companhia Editora Nacional, Editora da Universidade de São Paulo, 389 p., 1975.

LILLESAND, T. M. e KIEFER, R. W. *Remote Sensing and Image Interpretation.* John Wiley & Sons, New York, 611 p., 1979.

MORAES NOVO, E. M. L. *Sensoriamento Remoto: Princípios e Aplicações.* Ed. Edgard Blücher Ltda., 308 p., 1992.

OLIVEIRA, C. *Curso de Cartografia Moderna.* Ed. IBGE, Rio de Janeiro, 175 p., 1986.

RAISZ, E. *Cartografia Geral.* McGraw-Hill Book Company Inc., 441 p., 1969.

ROBINSON, A. H., SALE, R., MORRISON, J. e MUEHRCKE, P. C. *Elements of Cartography.* John Wiley & Sons, New York, 544 p., 1992.

TYNER, J. *Introduction to Thematic Cartography.* Prentice-Hall. Englewood Cliffs, N. J., 299 p., 1992.

CAPÍTULO 10

Geomorfologia e Geoprocessamento

Jorge Xavier da Silva
Luís Fernando Barbosa de Almeida
Luiz Mendes de Carvalho

1. *Introdução*

Associado a este texto, o leitor terá acesso, no endereço eletrônico da Bertrand Brasil (www.bertrandbrasil.com.br/geomorfologia. zip), a um *download* que permite adquirir uma versão simplificada do *software* de Sistema Geográfico de Informação (**SGI**) — **SAGA/UFRJ**, desenvolvido pela equipe do Laboratório de Geoprocessamento (**LAGEOP**), do Departamento de Geografia, do Instituto de Geociências, do Centro de Ciências Matemáticas e da Natureza, da Universidade Federal do Rio de Janeiro, e uma parte da base de dados, montada pelo Prof. Eduardo Gomes dos Santos, da Universidade do Rio de Janeiro (**UNIRIO**), para a região de Cabo Frio, no Estado do Rio de Janeiro, focalizando a localidade de Búzios.

1.1. Conteúdo resultante do **download**

Atenção:

◊ Faça imediatamente uma cópia de segurança dos arquivos.
◊ O programa funcionará no módulo *MSDOS* do *Windows*.
◊ Os autores e a editora não assumem qualquer responsabilidade por erros, enganos ou falsas representações que possam resultar do uso deste programa.

O conteúdo resultante do *download* é:

a) Uma pasta contendo os seguintes programas:
entrada.exe
integra.exe
sadpcvga.exe

b) Uma pasta (CFRIO) com os arquivos *raster*, disponíveis da base de dados de Cabo Frio, que serão utilizados nos exercícios:

declivid.rst — mapa de declividades;
geologia.rst — mapa geológico;
geomorfo.rst — mapa geomorfológico;
riscdesm.rst — mapa resultado de avaliação de riscos de desmoronamentos/deslizamentos;
riscench.rst — mapa resultado de avaliação de riscos de enchentes;
uso93.rst — mapa de uso do solo referente ao ano de 1993.

1.2. Especificações do Equipamento

Este programa pode ser instalado em qualquer microcomputador IBM-PC compatível, 386 ou superior, com no mínimo 1 Mbyte de memória principal, disco rígido com 2 Mbytes livres, monitor de vídeo padrão VGA e drive de disquete de 3 1/2" HD. Esta configuração é a mínima sugerida para se poder executar o **SAGA/UFRJ** sem conhecimentos prévios de informática. O desempenho do programa é otimizado, consideravelmente, com configurações melhores (CPU mais rápida, maiores capacidades de memória principal e da placa de vídeo etc.).

1.3. Apresentação do SAGA/UFRJ

O **SAGA/UFRJ** é um Sistema Geográfico de Informação (**SGI**), desenvolvido pelo **LAGEOP**, visando aplicações ambientais em equipamentos de baixo custo. É composto por três módulos básicos: o **MONTAGEM**, o **TRAÇADOR VETORIAL** e o módulo de **ANÁLISE AMBIENTAL**, utilizando estrutura de armazenamento *raster* (matricial), e que funcionam sob ambiente **DOS** em computadores compatíveis com **IBM-PC**. O **SAGA/UFRJ** também possui um módulo de ligação entre Bancos de Dados (convencional e geográfico), o **SAGA-BD**.

O **MONTAGEM** é o módulo responsável pela primeira etapa de entrada de dados no **SAGA/UFRJ**. Aceita, como entrada, arquivos (no formato padrão TIFF) contendo um mapa, no qual será feito um tratamento gráfico para composição de um mosaico preto & branco. Os arquivos resultantes do **MONTAGEM**, no formato TIFF, podem ser exportados para utilização em outros **SGIs** comerciais.

O **TRAÇADOR VETORIAL** (**TRAÇAVET**) parte de um módulo georreferenciado (utilizando coordenadas métricas UTM) criado pelo **MONTAGEM**, onde o usuário faz o reconhecimento das feições nele existentes para posterior uso. O **TRAÇADOR** utiliza um processo interativo entre o usuário e o computador. Este processo une a capacidade repetitiva e a rapidez do computador aos fatores de reconhecimento visual e tomada de decisões, em situações ambíguas, do usuário. Cada mapa totalmente identificado fica, então, armazenado para utilização. A base de Cabo Frio fornecida neste disquete é um produto de saída do **TRAÇAVET**.

O outro módulo é o de **ANÁLISE AMBIENTAL**. Este módulo visa satisfazer uma necessidade atual, principalmente daqueles que lidam rotineiramente com a área ambiental, qual seja: a possibilidade de analisar dados georreferenciados e convencionais, fornecendo como resultado mapas e relatórios que irão apoiar o processo de tomada de decisão. O módulo de **ANÁLISE AMBIENTAL** possui três funções básicas: **assinatura, monitoria** e **avaliação ambientais**. A **assinatura** é usada para definir as características e a **planimetria** de área(s) delimitada(s) pelo usuário. A **monitoria** é o acompanhamento da evolução de características e fenômenos ambientais através da comparação de mapeamentos sucessivos no tempo. Este processo permite definir e calcular as áreas alteradas e o destino dado a elas. A **avaliação** é o processo de superposição de mapas, através de um esquema de pesos e notas, para a geração de estimativas de riscos e potenciais, sob a forma de um novo mapa. Inumeráveis combinações de dados podem ser realizadas por este esquema. O módulo de **ANÁLISE AMBIENTAL** pode ser considerado o cerne do sistema **SAGA/UFRJ**, responsável pela sua extraordinária e versátil capacidade de atuar nos mais diversos ramos da pesquisa ambiental, tendo sido testado com sucesso em mais de 50 bases de dados de usuários de todo o Brasil.

O módulo **SAGA/BD** permite pesquisa em um Banco de Dados Convencional (**BDC**), cujo resultado será localizado no mapa pertencente ao Banco de Dados Geográfico (**BDG**) e vice-versa. O **SAGA-BD**, por suas características peculiares de interligação com *softwares* gerenciadores de **BD** comerciais, não é fornecido diretamente dentro do **SAGA/UFRJ**, mas somente após a definição das interfaces necessárias. Portanto, o *software* necessário poderá ser fornecido sem ônus, havendo, no entanto, que se considerar os gastos específicos relativos à montagem do **BD**.

O programa distribuído com este livro permite somente a utilização do programa de **Avaliação Ambiental**, do módulo de **ANÁLI-**

SE AMBIENTAL, com saída só em tela. As outras funções estão desabilitadas. O programa integral está disponível, sem ônus (desde que para fins não comerciais), mediante um Contrato de Cessão. O endereço para maiores informações ou para esclarecer quaisquer dúvidas na operação do programa fornecido é:

Laboratório de Geoprocessamento — LAGEOP
UFRJ / CCMN / IGEO / GEOGRAFIA, bloco I sala 1
Avenida Brigadeiro Trompowsky, s / nº
Campus da Ilha do Fundão
Rio de Janeiro (RJ), CEP 21949-900
Telefones: (021) 2270-7773 ou 99978249
Fax: (021) 2598-9474
Endereço eletrônico: *http://www.lageop.igeo.ufrj.br*
Correio eletrônico: *lageop@igeo.ufrj.br*

2. *Avaliações sugeridas como exercícios no SAGA/UFRJ*

Os exercícios de geoprocessamento propostos neste livro se baseiam na metodologia proposta no trabalho de Xavier da Silva *et al.* (1993), apresentado e publicado na IV Conferência Latino-americana sobre Sistemas de Informação Geográfica e 2º Simpósio Brasileiro de Geoprocessamento, realizados na EPUSP (São Paulo) e disponível para consulta ou cópia no Laboratório de Geoprocessamento. Nesse trabalho o leitor encontrará a conceituação teórica do que seja uma **Avaliação Ambiental** e que consiste em se fazer estimativas sobre possíveis ocorrências, segundo diversas intensidades, definindo-se a extensão dessas estimativas e suas relações de proximidade e conexão (em outras palavras, prever o que ocorrerá, em que intensidade, em que extensão e próximo a quê). Essas estimativas pressupõem um conhecimento da área a ser analisada, conhecimento este que pode advir principalmente da etapa de levantamento dos dados ambientais e/ou, também, dos conhecimentos sistemáticos e taxonômicos específicos do usuário. Podem ser citados, como objetos de avaliações, áreas problemáticas (quanto a potenciais e riscos específicos), potenciais conflitantes, incongruências de uso, impactos ambientais etc.

Estes exercícios permitem que o leitor faça estimativas de riscos (enchentes e desmoronamentos/deslizamentos) utilizando a base já mencionada (parte do município de Cabo Frio). Para este tipo de análise são sugeridos pesos e notas para que o leitor possa ter familiaridade com a operação do **SAGA/UFRJ** e os mapas resultantes que podem ser exibidos. Pesos e notas diferentes podem ser testados pelo leitor, possibilitando a comparação dos resultados de diferentes estimativas de riscos (a sugerida e a nova, feita pelo leitor).

2.1. Operação do Módulo de Análise Ambiental

A seguir é apresentada a operação de parte do módulo **ANÁLISE AMBIENTAL**, em particular do programa **Avaliação Ambiental**.

Localiza-se o programa **integra.exe** (utilizando algum recurso de busca como, por exemplo, o *Windows Explorer*) e clica-se duas vezes com o botão esquerdo do *mouse*. Abrirá, na tela do computador, uma janela apresentando a tela principal do **Integrador de Programas**. Com as setas de movimentação (↑ ou ↓), desloca-se a barra até a opção **Análise Ambiental**, teclando-se <**ENTER**>. Tal procedimento dará acesso ao menu principal do módulo de **ANÁLISE AMBIENTAL**. Conforme já exposto, no caso específico do programa distribuído neste livro, as assinaturas e monitorias estão desabilitadas.

São apresentados três tipos de exercícios. O primeiro permitirá que o usuário se familiarize com os procedimentos para executar uma **AVALIAÇÃO AMBIENTAL**, por isso será dirigido. O segundo permitirá ao usuário treinar outra avaliação, à luz de algumas diretrizes. No terceiro, o usuário terá plena liberdade para fazer sua(s) própria(s) avaliação(ões).

2.1.1. Visualização de Mapa

Em qualquer etapa da rotina operacional descrita a seguir, apertando-se simultaneamente as teclas <**CTRL**> <**PAUSE/BREAK**> retorna-se ao menu principal do **INTEGRADOR DE PROGRAMAS**, onde o usuário pode recomeçar o processo.

A opção (4) do menu principal do módulo de **Análise Ambiental** permite visualizar, em tela, cada um dos mapas constantes da base de dados fornecida no diretório **CFRIO** do disquete. Para isso, deve-se pressionar a tecla <**4**>.

Faça agora

Escolha do mapa que será visualizado em tela:

Para o usuário escolher o mapa que será visualizado (extensão **.rst**), após aparecer sobre a janela da parte inferior da tela a indicação **DIR A:***.* ou **DIR B:***.*, o usuário deverá procurar, na parte inferior da tela, com o auxílio das teclas de movimentação (← ou ↑ ou → ou ↓) a indicação **CFRIO**. Colocar o cursor (mancha cinza) sobre ela e pressionar a tecla <**ENTER**>. Aparecerá, então, uma lista com os arquivos constantes da base fornecida. Desloca-se o cursor, com as teclas de movimentação, até o arquivo do mapa desejado e pressiona-se <**ENTER**>.

Os leitores não familiarizados com a informática podem ignorar a observação a seguir:

Observação: caso o(s) arquivo(s) desejado(s) não esteja(m) no diretório atual, o usuário poderá retornar ao diretório principal escolhendo **(..\\)** ou pressionando <**TAB**>. Neste último caso, o sistema abrirá uma pequena janela, na parte inferior da tela, cujos campos devem ser preenchidos e que facilitará a procura (unidade, diretório, nome do arquivo e extensão). Utilizando as setas de movimentação, para mudar de campo, preencher os campos Drive (A:, B:, C: etc.), Rota (diretório), Nome (nome do arquivo) e Extensão (extensão do arquivo). Pressiona-se <**ENTER**>, uma ou mais vezes, até essa pequena janela desaparecer. Dentro de um mesmo diretório, as teclas <**Page Up**> e <**Page Down**> mostram as várias janelas de arquivos se eles não couberem numa só janela.

Faça agora

Após a escolha do arquivo, será apresentado um histograma mostrando todas as categorias presentes no mapa escolhido e um menu de operação. Para cada categoria é apresentada, entre outras informações, sua legenda e sua freqüência (a quantidade de pixels, isto é, de pontos que compõem essa categoria no mapa em questão). O menu contém as seguintes opções: **Visualiza, Imprime, Altera Atributos, Tabela, Outros** e **Sai**.

O mapa pode ser visualizado desde que se tenha alterado as cores ou colocado as cores-padrão. Aconselhamos ao usuário utilizar, neste momento, as cores-padrão. Posteriormente será explicado (Item 2.2c) como se procede para colorir as barras do histograma sem o uso de cores-padrão.

Faça agora

Para entrar com as cores-padrão, deve-se mover o cursor, com o auxílio das teclas de movimentação (→ ou ←), até a palavra **Outros** e pressionar <**ENTER**>. Depois move-se o cursor até a palavra **Cores-padrão** e, novamente, pressiona-se <**ENTER**>. As colunas do histograma serão coloridas obedecendo um padrão, que se repetirá quando o limite das 16 cores disponíveis (padrão VGA) for ultrapassado.

Faça agora

Com o cursor sobre a opção **Visualiza**, pressiona-se <**ENTER**>. Aparecerá, então, na tela, o mapa escolhido, em cores, e com um pequeno cursor representado por um ponto branco piscante no centro da tela. Em todos os mapas o cursor (ponto branco piscante) aparece entre as letras **M** e **A** da palavra **MANGUINHOS**. Com o auxílio das teclas de movimentação (← ou ↑ ou → ou ↓) move-se o cursor sobre o mapa, sendo indicada a legenda, para cada ponto, na parte inferior esquerda da moldura do mapa.

Faça agora

Inicialmente este cursor avança um pixel por vez (mensagem **Passo 1** na parte inferior esquerda da tela). Pressionando-se uma vez a tecla <+>, a mensagem muda para **Passo 2**, fazendo o cursor avançar de 2 em 2 pixels. Pressionando-se uma vez mais a tecla <+>, a mensagem muda para **Passo 4** e assim por diante até mudar para o **Passo 2048** (sempre múltiplos de 2). A tecla **<–>** opera no sentido inverso até o passo inicial (**Passo 1**). Deve-se notar que, à medida que o cursor avança, duas indicações na parte inferior esquerda da tela são alteradas: uma se refere às coordenadas UTM (métricas) e a outra, entre parênteses, às coordenadas (**X**, **Y**) de tela (a origem deste último sistema é o canto superior esquerdo da tela).

Faça agora

A tecla **<Z>** (z maiúscula) ativa o aumento do tamanho do pixel na tela (zoom). Inicialmente o sistema está em modo **Zoom x1** (sem aumento), indicado na parte inferior esquerda da tela. Pressionando-se a tecla **<Z>** uma vez, muda-se para o modo **Zoom x2** (aumento de 2 vezes), e, assim por diante, até o modo máximo **Zoom x16.** A tecla **<z>** (z minúscula) atua de modo inverso.

Faça agora

Aconselhamos que o usuário treine a visualização de mapas com os outros mapas da base fornecida, colorindo-os com cores-padrão. Deve ser ressaltado que só se pode visualizar um mapa de cada vez. Desejando-se visualizar outro mapa é necessário abandonar o anterior.

Pressionando a tecla **<ESC>** duas vezes, o sistema retornará ao menu principal do módulo de **Análise Ambiental**. Para visualizar outros mapas basta repetir os procedimentos descritos no início deste item.

2.2. *Exercício Dirigido*

Este exercício permite fazer uma estimativa de riscos de enchentes para parte do município de Cabo Frio. Aconselhamos ao leitor fazer uma análise crítica dos resultados obtidos.

Em qualquer etapa da rotina operacional descrita a seguir, apertando-se simultaneamente as teclas **<CTRL> <PAUSE/BREAK>** retorna-se ao menu principal do **Integrador de Programas**, onde o usuário pode recomeçar o processo.

Seleciona-se a **opção 2** (digitando-se **<2>**). Aparecerá um segundo menu com as opções dos tipos de avaliações a serem realizadas: **Avaliação sem relatório, Avaliação com relatório, Avaliação estendida sem relatório** e **Avaliação estendida com relatório**.

Avaliação com ou sem relatório significa que serão, ou não, impressas todas as possibilidades de associação entre as categorias resultantes da análise. No caso específico deste exercício, as opções com relatório foram desabilitadas.

Avaliação estendida, ou não, representa a utilização de intervalos de maior ou menor detalhe na classificação (notas de 0 a 10 para a não estendida, e de 0 a 100 para a estendida). Nestes exercícios serão utilizadas, apenas, avaliações não estendidas (opção **1**).

Ao selecionar as opções **1** ou **3**, do segundo menu, digitando-se o número escolhido, aparecerá uma tela solicitando dados para o cabeçalho do arquivo resultante da análise. Os campos devem ser preenchidos, seguidos de <**ENTER**> ou utilizando-se as setas (← ou ↑ ou → ou ↓). O nome do arquivo e o título devem lembrar o fenômeno que será avaliado.

Faça agora seguindo o exemplo abaixo

Escolha a opção 1 do segundo menu (**Avaliação sem relatório**) e preencha os campos de acordo com o orientação a seguir:

Arquivo:	enchente.rst*
Título:	Riscos de Enchentes/Cabo Frio (RJ)
Autor:	Lab. de Geoprocessamento
Data:	Dia/mês/ano**
Fim:	Tecla-se **<S>** para finalizar o preenchimento do campo e depois <**ENTER**>

Terminado o preenchimento dos campos, devem-se selecionar os arquivos a serem usados na avaliação, conforme descrito a seguir.

a) **Escolha dos mapas que participarão da análise.**

O usuário deve escolher os mapas que participarão da análise (aqueles que possuem a extensão **.rst**).

Faça agora

Para escolher os mapas procede-se da mesma forma que para a visualização dos mapas, isto é, desloca-se o cursor até o mapa deseja-

* Para nomear um arquivo deve-se seguir a regra de no máximo oito caracteres antes do ponto e três caracteres depois do ponto.

** O sistema já entrará com a data correta, não é necessário fornecê-la.

do e tecla-se <**ENTER**> repetindo a operação quantas vezes forem necessárias, até que todos os mapas estejam carregados. A diferença básica entre a visualização dos mapas e a avaliação ambiental, nesta etapa inicial, é que se escolherá todos os mapas que constarão da análise e não se visualizará nenhum. Terminada a escolha dos mapas, pressiona-se <**ESC**>. Na tela aparecerão os arquivos correspondentes aos mapas.

No caso destes exercícios, o usuário deve seguir a ordem dos mapas sugerida em cada avaliação, que, neste primeiro exercício, é a seguinte:

Arquivo: **geomorfo.rst**
Arquivo: **uso93.rst**
Arquivo: **declivid.rst**
Arquivo: **geologia.rst**

O módulo de **ANÁLISE AMBIENTAL** comporta um número máximo de doze mapas por vez, devendo ser exatamente da mesma área, ou seja, ter o mesmo georreferenciamento. Caso contrário, o sistema apresenta uma mensagem de erro e retorna ao menu principal, não podendo o arquivo ser selecionado. Nestes exercícios se utilizam apenas quatro mapas disponíveis do inventário ambiental executado para Cabo Frio (RJ).

b) **Atribuição de pesos e notas sugeridos.**

Nesta etapa serão atribuídos os pesos a cada arquivo (mapa) componente da análise. Os pesos devem ser distribuídos de forma que o somatório final seja 100 (%), caso contrário aparecerá a seguinte mensagem de erro "**a soma dos percentuais é maior ou menor que 100**", devendo, então, os pesos serem revistos.

Faça agora

O usuário deve digitar, ao lado do nome de cada arquivo, os pesos indicados abaixo, sem o símbolo %, seguido de **<ENTER>**.

Arquivo: **geomorfo.rst**	Peso:	40%
Arquivo: **uso93.rst**	Peso:	15%
Arquivo: **declivid.rst**	Peso:	30%
Arquivo: **geologia.rst**	Peso:	15%

Ao final, tecla-se **<S>** para finalizar, seguido de **<ENTER>**. Na tela seguinte deve ser digitada a opção **<N>** seguida de **<ENTER>**.

Faça agora

Nesta etapa, serão digitadas notas, indicadas abaixo, seguidas de **<ENTER>** para as categorias do mapa de Geomorfologia.

TABELA 1: **Geomorfologia –**	**Notas**
Terraços Marinhos	8
Terraço / Rampa Alúvio-Coluvionar	8
Cordões Praiais	0
Terraços Marinho-Coluvionares	8
Lagunas Assoreadas ou em Assoreamento	10
Planície Aluvionar	10
Falésias Fósseis	0
Praia Atual	0
Colinas Estruturais Isoladas	0
Colinas Estruturais Dissecadas	0
Topos / Costões Rochosos	0
Ilhas Estruturais	0
Linha de Costa	45
Oceano Atlântico	46
Toponímia	86

Ao término da atribuição das notas pressiona-se <**ESC**> para atribuir-se notas aos mapas seguintes.

Digite, agora, as notas para os mapas subseqüentes (TABELA 2 à TABELA 4)

TABELA 2: Uso Atual –	**Notas**
Empreendimentos Imobiliários	9
Áreas Urbanas	9
Baixa Intensidade de Ocupação	8
Uso Misto	9
Lavoura	6
Áreas de Atividades Agropecuárias	9
Campos	9
Áreas sem Vegetação	2
Matas	7
Pântano	10
Toponímia	86
Estradas Pavimentadas	87
Estradas Não Pavimentadas	102
Hidrografia	116
Linha de Costa	45
Oceano Atlântico	46

TABELA 3 : **Declividade –**	**Notas**
Menor que 5%	10
5 à 12,5%	8
12,5 à 25%	4
25 à 50%	2
50 à 100%	0
Maiores que 100%	0
Linha de Costa	45
Oceano Atlântico	46
Toponímia	86

TABELA 4: **Geologia –**	**Notas**
Pré-Cambriano Búzios	0
Praia Atual	0
Planície de Inundação	10
Restingas	10
Pré-Cambriano Região dos Lagos	0
Formação Barreiras	7
Ocorrência de Quartzo	18
Brita	30
Linha de Costa	45
Oceano Atlântico	46
Toponímia	86

Ao final, tecle <**ESC**>. Atribuídas as notas a todos os mapas que fazem parte da análise, o sistema realizará a avaliação, mostrando, na tela, um histograma. O resultado será um mapa que expressará no histograma, da esquerda para a direita, na escala ordinal, desde a avaliação nula para o fenômeno analisado (nota 0) até a máxima avaliação (10 para a escala não estendida e 100 para a escala estendida), mais as categorias que foram bloqueadas.

c) **Atribuição de legendas**

O histograma representativo das categorias resultantes é exibido, na tela, e sobre ele serão criadas as legendas. Nesta etapa, os resultados da avaliação não estendida (categòrias de 0 a 10) ainda não possuem legenda, o que não ocorre para as categorias de bloqueio (toponímia, linha de costa, oceano Atlântico, hidrografia, estradas pavimentas e não, brita e ocorrência de quartzo), que já estão legendadas. Assim, deve ser criada uma legenda para cada uma das categorias resultantes, e/ou, alternativamente, para o agrupamento (agregação) de categorias, conforme sugerido na Tabela 5.

TABELA 5: **Legendas, Agregações e Cores Sugeridas para o Mapa Resultante da Avaliação de Riscos de Enchentes**

Resultados da Avaliação	Legenda	Cores Sugeridas
0	Risco Nulo	Branco
1 2 3	Baixo Risco	Cinza Claro
4 5 6 7	Médio Risco	Cinza Escuro
8 9	Alto Risco	Lilás Escuro
10	Altíssimo Risco	Vermelho Claro
18	Ocorrência de Quartzo	Preto
30	Brita	Preto
45	Linha de Costa	Branco
46	Oceano Atlântico	Azul Celeste
86	Toponímia	Azul + Claro
87	Estradas Pavimentadas	Vermelho Claro
102	Estradas Não Pavimentadas	Vermelho Claro
116	Hidrografia	Azul Celeste

[cinza] Categorias resultantes que devem ser legendadas, agregadas e coloridas pelo usuário

[branco] Categorias bloqueadas, já legendadas

Faça agora

Para legendar, desloca-se o cursor, com as setas (← ou →) até a opção **Altera Atributos**, tecla-se <**ENTER**> e, em seguida, desloca-se o cursor até **Legenda** e tecla-se <**ENTER**>.

No histograma o cursor aparecerá como uma seta para cima, localizado abaixo da primeira coluna (coluna de categoria 0, indicada no canto esquerdo da tela como **Cat. 0**). Marca-se esta coluna com <**ENTER**>. Aparecerá sobre a coluna marcada uma pequena seta (para baixo). Tecla-se <**E**> para continuar a execução da operação.

Faça agora

Após isto, deve-se manter pressionada a seta de movimentação (→) até aparecer a mensagem: "**Nova legenda**. **Tecle** <CR>". Pressiona-se a tecla <**ENTER**>. Seguindo a Tabela 5, digita-se o nome da legenda referente ao resultado zero (categoria 0), isto é, Risco Nulo, e pressiona-se <**ENTER**> para confirmar.

A seguir, para desmarcar a coluna já legendada, tecla-se <**DEL**>. Para legendar cada categoria é necessário mover o cursor para a direita com a tecla (→) até encontrar a coluna referente à categoria procurada (categoria de 0 à 10, no caso específico deste exercício).

Faça agora

Utilizando a Tabela 5, o usuário deverá legendar as demais categorias ou agrupamentos de categorias, repetindo este processo. Apenas deve-se lembrar que:

- as categorias bloqueadas (neste exercício, as notas maiores que 10), já vêm com suas respectivas legendas;

- se mais de uma categoria for marcada ao mesmo tempo, estas categorias receberão a mesma legenda, sendo esta a forma de se fazer agrupamentos. Na Tabela 5, por exemplo, para colocar a legenda **Baixo Risco**, para as categorias 1, 2 e 3, ande com a seta (→) para direita apertando <**Enter**> embaixo das colunas 1, 2 e 3.

Faça agora

Após legendar todas categorias, para voltar às opções iniciais, pressiona-se a tecla <**ESC**> duas vezes.

d) **Atribuição de cores.**

Terminada a criação da legenda, o mapa pode ser visualizado, desde que se tenha colorido cada classe ou, como já foi visto anteriormente, colocado as cores-padrão (Item 2.1.1).

Faça agora

Para entrar com as cores padrão deve-se mover o cursor, com o auxílio das teclas de movimentação (← ou →), até a palavra **Outros** e pressionar <**Enter**>. Depois, move-se o cursor até a palavra **Cores Padrão** e, novamente, pressiona-se <**Enter**>.

A seguir, para colorir cada classe ou agregações de classes no histograma, segue-se o mesmo procedimento utilizado na atribuição de legendas (Item 2.2c), sendo que, após a opção **altera atributo**, escolhe-se a opção **cor**. O usuário deve utilizar as cores sugeridas na Tabela 5 marcando as categorias com a tecla <**ENTER**>. Em seguida pressione a tecla <**E**>.

Movendo-se as setas (← ou →) aparecerão, num pequeno quadrado, no canto inferior esquerdo da tela, as cores disponíveis. Escolhe-se a cor desejada e pressiona-se <**ENTER**>. Após isto, pressiona-se a tecla <**DEL**> para desmarcar a categoria ou agregação de categorias recém-coloridas. Prossegue-se colorindo as demais categorias, repetindo o procedimento descrito neste item.

Faça agora

Ao terminar a atribuição de cores a todas as categorias, pressiona-se a tecla <**ESC**> duas vezes, e depois a tecla <**ENTER**>.

No monitor aparecerá o mapa colorido (no caso de monitores coloridos) resultante da avaliação realizada para uma área do município de Cabo Frio (estimativa de riscos de enchentes). Utilizando o cursor (ponto branco piscante), o usuário poderá inspecionar o mapa, seguindo os procedimentos descritos no item visualização de mapa (Item 2.1.1), ou fotografá-lo, usando-se câmera apoiada (tripé), com velocidades inferiores a 1/4 de segundo e aberturas de diafragma compatíveis com esta velocidade.

Faça agora

Pressionando-se a tecla <**ESC**> duas vezes, o sistema pergunta se o usuário deseja **salvar** ou não a avaliação. Faça a escolha e aperte <**ENTER**>. Se, por acaso, alguma categoria não foi legendada, o programa alertará para tal situação, dando opção de retorno e complementação da mesma, antes de sair.

O usuário familiarizado com a informática poderá salvar o mapa final em qualquer unidade (*drive*) ou diretório, bastando para isso indicar, no campo **Arquivo**, no início do exercício, o local escolhido para gravação. Por exemplo, no caso de escolher a raiz do disco rígido C: o usuário deverá digitar, no campo **Arquivo**, **C:\enchente.rst.**

2.3. Exercício com Orientação

Treine esta próxima avaliação, seguindo os procedimentos do exercício dirigido (Item 2.2) e utilizando as diretrizes que se seguem.

- **Avaliação dos Riscos de Desmoronamentos/Deslizamentos na Região de Cabo Frio — RJ**

Arquivo: **geomorfo.rst**	Peso: 40%
Arquivo: **uso93.rst**	Peso: 20%
Arquivo: **declivid.rst**	Peso: 20%
Arquivo: **geologia.rst**	Peso: 20%

TABELA 6: **Geomorfologia –**	**Notas**
Terraços Marinhos	0
Terraço / Rampa Alúvio-Coluvionar	2
Cordões Praiais	0
Terraços Marinho-Coluvionares	0
Lagunas Assoreadas ou em Assoreamento	0
Planície Aluvionar	0
Falésias Fósseis	10
Praia Atual	0
Colinas Estruturais Isoladas	8
Colinas Estruturais Dissecadas	10
Topos / Costões Rochosos	9
Ilhas Estruturais	10
Linha de Costa	45
Oceano Atlântico	46
Toponímia	86

TABELA 7: **Uso Atual – 1993**	**Notas**
Empreendimentos Imobiliários	8
Áreas Urbanas	10
Baixa Intensidade de Ocupação	3
Uso Misto	6
Lavoura	5
Áreas de Atividades Agropecuárias	8
Campos	5
Áreas sem Vegetação	10
Matas	9
Pântano	0
Toponímia	86
Estradas Pavimentadas	87
Estradas Não Pavimentadas	102
Hidrografia	116
Linha de Costa	45
Oceano Atlântico	46

TABELA 8: **Declividades –**	**Notas**
Menor que 5%	0
5 à 12,5%	2
12,5 à 25%	5
25 à 50%	7
50 à 100%	9
Maiores que 100%	10
Linha de Costa	45
Oceano Atlântico	46
Toponímia	86

TABELA 9: **Geologia –**	**Notas**
Pré-Cambriano Búzios	10
Praia Atual	0
Planície de Inundação	0
Restingas	0
Pré-Cambriano Região dos Lagos	10
Formação Barreiras	8
Ocorrência de Quartzo	18
Brita	30
Linha de Costa	45
Oceano Atlântico	46
Toponímia	86

TABELA 10: Legendas, Agregações e Cores Sugeridas para o Mapa Resultante da Avaliação de Riscos de Desmoronamentos/Deslizamentos

<table>
<tr><th>Resultados da Avaliação</th><th>Legenda</th><th>Cores Sugeridas</th></tr>
<tr><td>0</td><td>Risco Nulo</td><td>Branco</td></tr>
<tr><td>1
2
3</td><td>Baixo Risco</td><td>Cinza Claro</td></tr>
<tr><td>4
5
6
7</td><td>Médio Risco</td><td>Cinza Escuro</td></tr>
<tr><td>8
9</td><td>Alto Risco</td><td>Lilás Escuro</td></tr>
<tr><td>10</td><td>Altíssimo Risco</td><td>Vermelho Claro</td></tr>
<tr><td>18</td><td>Ocorrência de Quartzo</td><td>Preto</td></tr>
<tr><td>30</td><td>Brita</td><td>Preto</td></tr>
<tr><td>45</td><td>Linha de Costa</td><td>Branco</td></tr>
<tr><td>46</td><td>Oceano Atlântico</td><td>Azul Celeste</td></tr>
<tr><td>86</td><td>Toponímia</td><td>Azul + Claro</td></tr>
<tr><td>87</td><td>Estradas Pavimentadas</td><td>Vermelho Claro</td></tr>
<tr><td>102</td><td>Estradas Não Pavimentadas</td><td>Vermelho Claro</td></tr>
<tr><td>116</td><td>Hidrografia</td><td>Azul Celeste</td></tr>
</table>

(área sombreada) Categorias resultantes que devem ser legendadas, agregadas e coloridas pelo usuário

(área em branco) Categorias bloqueadas já legendadas

2.4. Exercício Livre

Nos exercícios anteriores os resultados de cada uma das avaliações foram agrupados (agregados) conforme indicado, e foram sugeridas classes e cores para cada legenda. Neste exercício o leitor deve se sentir à vontade, à luz de sua própria experiência, para avaliar, com pesos e notas diferentes do que foi proposto anteriormente e, ao final, comparar os resultados. Além disso, com esta ferramenta (**SAGA/UFRJ**) à mão e a base de dados disponíveis, sugerimos ao leitor atribuir outros pesos e notas, visando outros tipos de avaliações (como, por exemplo, risco de erosão). Ao final de cada avaliação, os resultados serão agrupados ou não, legendados e coloridos conforme o critério do responsável pela análise, que neste caso é o próprio leitor.

Os pesos e notas merecem algumas considerações básicas, e o leitor, seguindo essas orientações, verificará que as avaliações refletem conhecimentos sobre cada tema específico, os quais interferem diretamente nos resultados obtidos.

Para a atribuição dos pesos de cada mapa o leitor deve ter em mente a seguinte indagação: Qual a importância percentual deste mapa, em relação aos outros mapas, para a ocorrência do fenômeno em estudo? Por exemplo: Qual a importância percentual do mapa de geomorfologia para a ocorrência de enchentes? Em particular, no exercício de avaliação de riscos de enchentes foi sugerida a importância percentual de 40 % para o mapa de geomorfologia. Raciocínio idêntico foi aplicado aos outros mapas.

Para a atribuição das notas a cada classe (categorias da legenda) de cada mapa, deve-se considerar a seguinte indagação: Qual a importância desta classe, em relação ao fenômeno em estudo, numa escala de 0 a 10 (ou na escala estendida, mais detalhada, de 0 a 100)? Por exemplo: Qual a importância da classe Terraços Marinho-Coluvionares (constante da legenda do mapa de geomorfologia) para a ocorrência de enchentes? Identicamente, foi aplicado o mesmo raciocínio para todas as legendas dos mapas envolvidos na avaliação.

Deve ser ressaltado que o **SAGA/UFRJ** armazena os mapas com as respectivas legendas, sem as cores, sendo necessário colori-los a cada visualização em tela.

Observações:

- o **SAGA/UFRJ** aceita, no máximo, 126 legendas por mapa. Assim, no caso da avaliação não estendida, os valores 11 a 126 são utilizados para as categorias que devem aparecer no mapa resultante, mas não participam da análise (classes bloqueadas). Identicamente, na avaliação estendida, os valores 101 a 126 é que são utilizados para as categorias bloqueadas.
- a nota de bloqueio maior prevalece sobre a menor;
- se em vários mapas que possuam uma categoria em comum, por exemplo, área urbana, forem dadas notas de avaliação, mas em um dos mapas for dada uma nota de bloqueio, esta prevalecerá sobre as demais.

3. *Considerações Finais*

Através destes exercícios, o leitor pode constatar a capacidade de análise ambiental e geomorfológica, que se torna disponível ao serem utilizadas técnicas de geoprocessamento.

Deve ser ressaltado que, num projeto real de geoprocessamento, aproximadamente 50% do tempo total do projeto são gastos na coleta, confecção (quando necessária) e entrada dos mapas para a forma digital. Em particular, deve ser dada atenção especial à fase inicial, **pré-processamento**, que envolve o planejamento inicial, a coleta, a confecção e a preparação dos mapas para entrada no sistema. Sugerimos, para este fim, a leitura adicional dos trabalhos Carvalho Filho *et al.* (1995) e Carvalho Filho (1995).

4. *Questões de Auto-Avaliação*

São apresentadas, a seguir, questões adicionais para auto-avaliação, referentes ao capítulo 10 do livro *Geomorfologia: Uma Atualização de Bases e Conceitos*, Guerra e Cunha (1995).

1) Qual o valor do Geoprocessamento como apoio à classificação de eventos de interesse geomorfológico?

2) O Geoprocessamento é aplicável apenas em pesquisas geomorfológicas?

3) Defina as entidades geomorfológicas a seguir, considerando os elementos de forma, composição e origem; e os processos geradores e modificadores das mesmas:

- Depósito de tálus
- Colinas residuais cristalinas

4) Explique a importância da definição da resolução, na relação entre a Geomorfologia e o Geoprocessamento.

5) Explique a adoção de classificações idiográficas, ou de classificações nomotéticas, na relação entre a Geomorfologia e o Geoprocessamento.

6) Como a ligação entre a base geocodificada e o banco de dados convencional pode auxiliar a pesquisa geomorfológica?

7) Em Geoprocessamento, é possível utilizar, na escala de 1:50.000, a resolução de 25m x 25m para estudos ambientais? Por quê?

8) Comente cada uma das estruturas de armazenamento, a seguir, e o seu uso para a análise geomorfológica:

- estrutura de dados segundo planos de informação
- estrutura de dados orientada a objetos

9) Seria exeqüível e eficiente produzir as operações de avaliação exemplificadas nos exercícios, utilizando apenas calculadoras eletrônicas, em um processo semi-automático? Por quê?

10) Justifica-se aplicar técnicas de processamento eletrônico de dados à pesquisa ambiental? Por quê?

5. *Bibliografia*

CARVALHO FILHO, L.M. Pré-Processamento: Conexão entre Aquisição e Geoprocessamento dos Dados, com Vista à Entrada de Dados em SGIs. Tese de Mestrado. Programa de Pós-Graduação em Geografia, UFRJ: 76 p., 1995.

CARVALHO FILHO, L.M., XAVIER-DA-SILVA, J. e ALMEIDA, L.F.B. Methodology for Data Preprocessing Aiming the GIS Input. Joint European Conference and Exhibition on Geographical Information, vol. 1: 15-23, 1995.

GUERRA, A. J. T. & CUNHA, S. B. (Orgs.) *Geomorfologia: Uma Atualização de Bases e Conceitos*. Editora Bertrand Brasil. Rio de Janeiro, 472 p.

XAVIER DA SILVA, J. Geoprocessamento e Análise Ambiental. *Revista Brasileira de Geografia*, IBGE, Rio de Janeiro, 54(3); 47-61, 1992.

XAVIER DA SILVA, J. Geomorfologia e Geoprocessamento. In *Geomorfologia: Uma Atualização de Bases e Conceitos*. Org. Guerra, A.J.T. e Cunha, S.B., Rio de Janeiro, 2.ª edição, Editora Bertrand Brasil, pp. 393-414, 1995.

XAVIER DA SILVA, J.; CARVALHO FILHO, L.M. Sistemas de Informação Geográfica: Uma Proposta Metodológica. IV Conferência Latino-americana sobre Sistemas de Informação Geográfica e 2º Simpósio Brasileiro de Geoprocessamento, São Paulo: 607-627, 1993.

6. Agradecimentos

Agradecemos a participação dos seguintes profissionais:

- Geólogo Eduardo Gomes dos Santos, Professor da Universidade do Rio de Janeiro (UNIRIO); pela gentil cessão da base de dados utilizada como exercício.
- Geógrafo Oswaldo Elias Abdo e do Programador Osmar Moreira de Oliveira; membros da equipe do Laboratório de Geoprocessamento (LAGEOP/UFRJ) pela ajuda na montagem destes exercícios e na revisão deste texto.
- Profa. Dra. Sandra Baptista da Cunha, do Departamento de Geografia da UFRJ, pela revisão final.
- Bolsistas do CNPq David Araújo Cipriano e André Luiz Uchoa da Fonseca, pela ajuda na preparação dos arquivos.

CAPÍTULO 11

APLICABILIDADE DO CONHECIMENTO GEOMORFOLÓGICO NOS PROJETOS DE PLANEJAMENTO

Jurandyr Luciano Sanches Ross
Isabel Cristina Moroz

1. *Introdução*

A aplicabilidade da Geomorfologia nos Projetos de Planejamento, face aos objetivos, são utilizados de modos diferenciados (Christofoletti, 1995). Assim sendo, a Geomorfologia desempenha papel importante no planejamento do uso da terra para agricultura, pecuária, urbanização, planejamento ambiental, pesquisas sobre recursos minerais, recuperação de áreas degradadas, no planejamento regional, nas obras de engenharia de grande porte como hidrelétricas, rodovias, ferrovias, entre outras. A Geomorfologia é também aplicada nos EIA-RIMAs — Estudos de Impacto Ambiental, que são obrigatórios pela legislação federal, quando se trata de grandes projetos de engenharia de qualquer natureza.

Os exercícios propostos referem-se a alguns exemplos de aplicação que servem apenas como treinamento.

A concepção que embasa estes exemplos é a abordagem da análise integrada das variáveis ou componentes da natureza, tendo como suporte a teoria dos sistemas. Sendo a Geomorfologia uma das disciplinas das Ciências da Terra ou Geociências, seu entendimento e aplicabilidade jamais poderão ser feitos sem a contribuição das demais disciplinas afins. Deste modo, não é possível entender-se e aplicar os conhecimentos geomorfológicos sem que se conheça o básico de Climatologia, Pedologia, Geologia e até mesmo sobre o uso da terra e os tipos de manejos agro-silvestres. É sob o enfoque de que na natureza nada pode ser entendido de modo estático e desarticulado do todo, que os exercícios aqui apresentados devem ser executados.

2 . *Exercícios, Técnicas e Aplicações*

2.1. Conflito: Urbanização e Relevo

A partir da Figura 11.1, que mostra trechos do litoral do Estado de São Paulo — município de Bertioga, faça as seguintes atividades:

a) Reproduzir esta figura em papel vegetal;
b) Fazer cópia xerográfica do desenho;
c) Colorir as áreas urbanas e faixas do sistema viário;
d) Analisar quais são os prováveis problemas com a urbanização, nas diferentes unidades de relevo indicadas na legenda;
e) Quais são as áreas mais inadequadas para o assentamento urbano? Por quê?

2.2. Relevo: Urbanização e Planejamento Territorial

A partir da Figura 11.2, que mostra um trecho do litoral do Estado de São Paulo — município de Bertioga, desenvolva as seguintes atividades:

a) Reproduzir esta figura em papel vegetal;
b) Fazer cópia xerográfica do desenho;

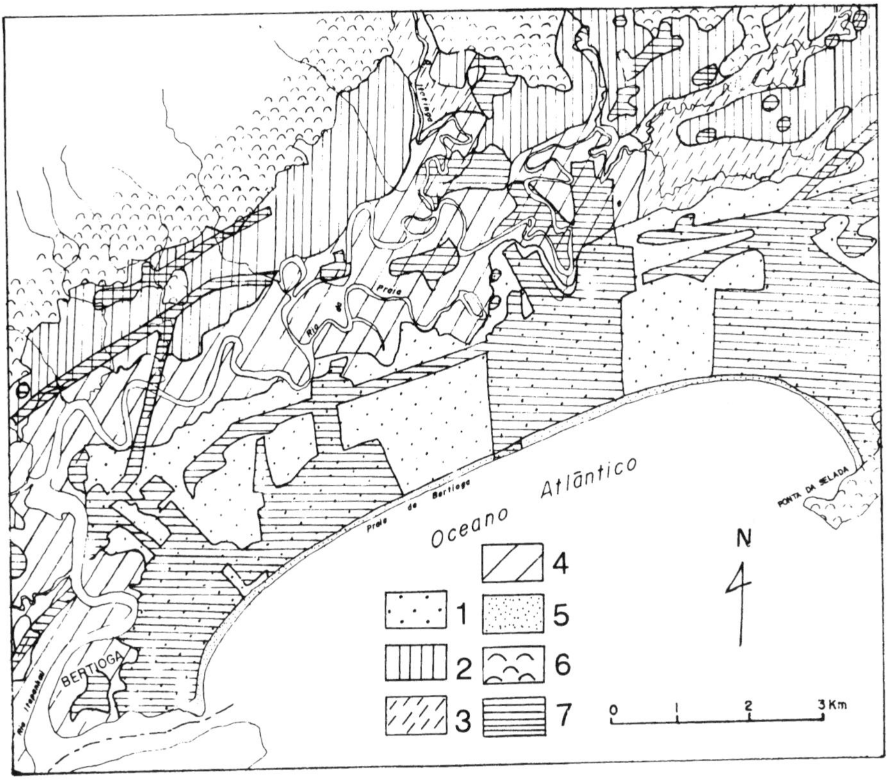

Figura 11.1 — *Relevo e Urbanização de Bertioga – SP. (1) planície de restinga, (2) planície marinha e fluvial, (3) planície fluvial, (4) margem, (5) praia, (6) morros isolados e escarpa, (7) área urbana e sistema viário (Ross, 1990).*

c) Indicar qual unidade de relevo é menos adequada à urbanização e por quê;

d) Indicar quais são as áreas mais difíceis para implantar-se núcleos urbanos e por quê;

e) Quais são os problemas prováveis nas planícies fluviais se forem urbanizadas?

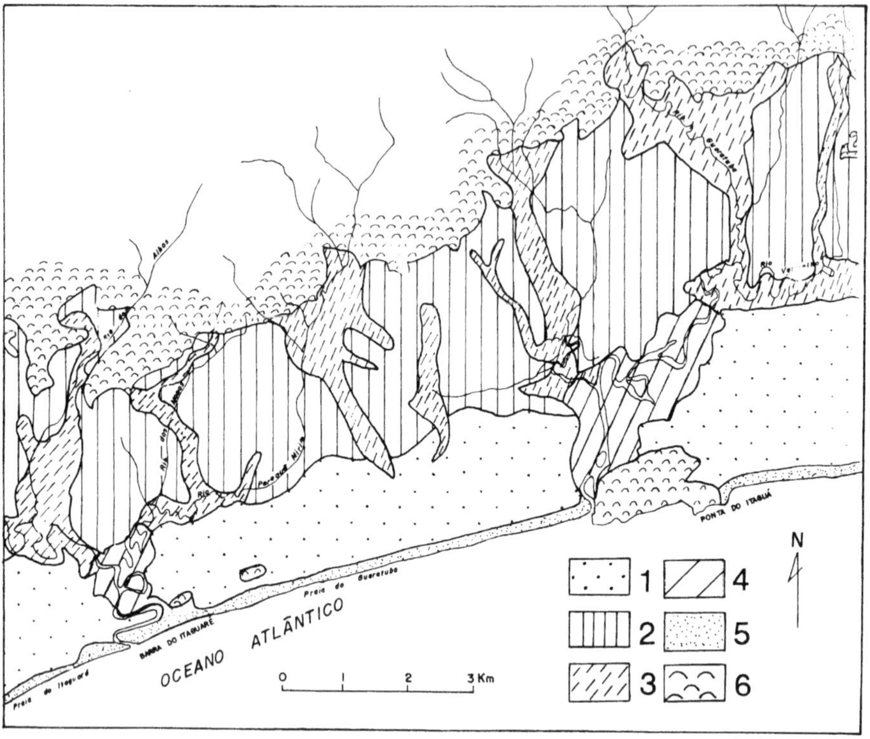

Figura 11.2 — *Relevo de Bertioga – SP. (1) Planície de restinga, (2) planície marinha e fluvial, (3) planície fluvial, (4) mangue, (5) praia, (6) morros isolados e escarpa (Ross, 1990).*

2.3. *Relevo: Planejamento do Uso da Terra*

A partir da observação da Figura 11.3, responda as seguintes questões:

a) Identifique as diferentes formas de relevo e explique suas gêneses prováveis.
b) Em quais unidades de relevo jamais deve-se construir áreas urbanas e por quê?
c) Pensando na utilização dessa área para atividades produtivas do setor agro-silvo-pastoril, como poderiam ser mais adequadamente aproveitadas tais formas de relevo?
d) Fazer um mapa esquemático dessas formas de relevo e indicar as áreas de aproveitamentos diferenciados para as atividades agro-silvo-pastoris.

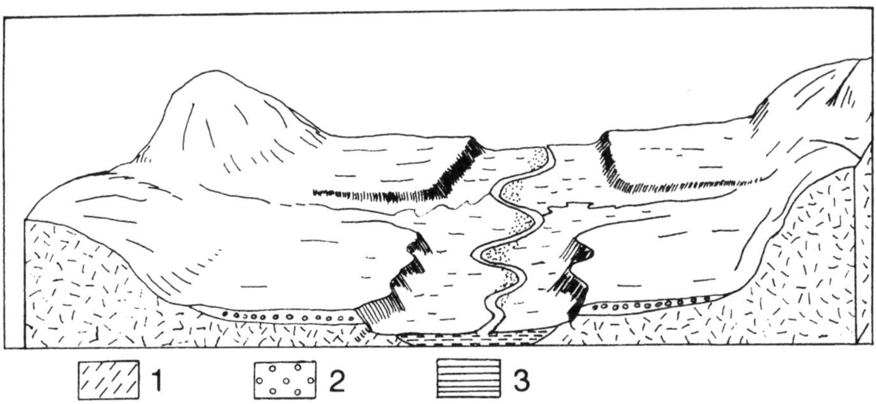

Figura 11.3 — *Vale com Relevos em Planícies e Terraços Fluviais. (1) morros em rochas cristalinas, (2) terraço fluvial com sedimentos consolidados, (3) planície fluvial com sedimentos inconsolidados. (Adaptado de Ab' Saber, 1975).*

2.4. *Usos Potenciais na Relação Relevo/Subsolo*

A partir das Figuras 11.4 e 11.5, execute as seguintes atividades:

a) Identifique e explique, a partir da carta topográfica, as áreas potencialmente mais frágeis aos processos erosivos pluviais.
b) Produza um mapa-síntese, estabelecendo a relação relevo-geologia, e indique as áreas com diferentes potenciais de uso (agrícola, pecuária, mineração, preservação permanente), e justifique.

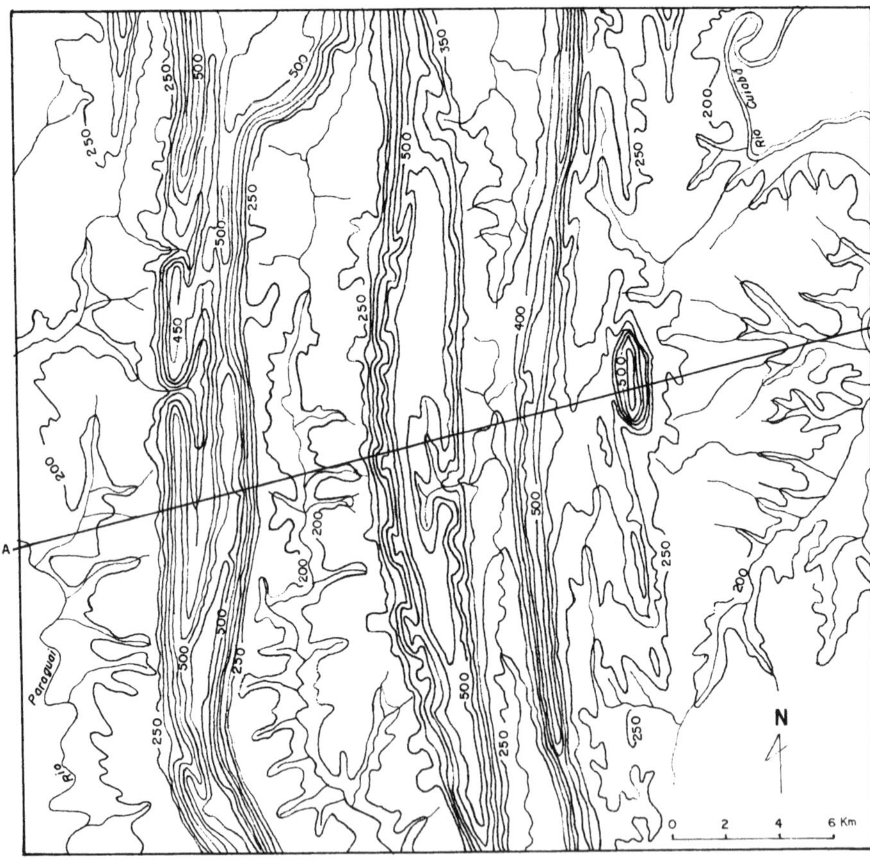

Figura 11.4 — *Mapa Topográfico de Parte da Folha SD-21-Z-A-V. (Ross, 1987).*

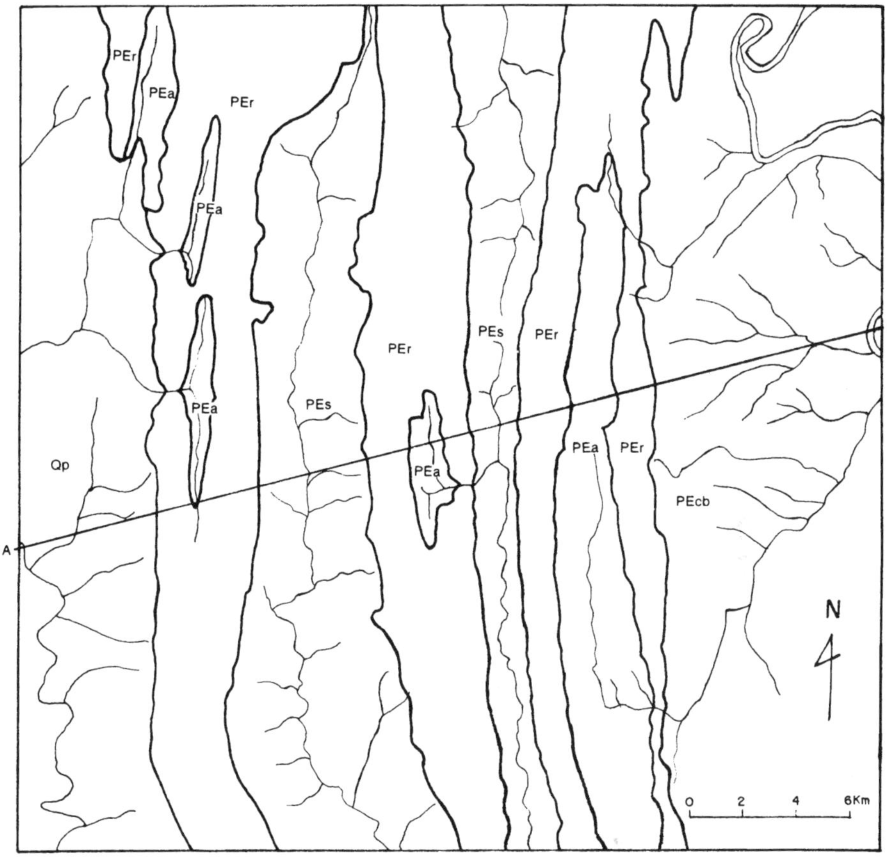

Figura 11.5 — *Mapa Geológico Simplificado de parte da Folha SD-21-Z-A-V. (Qp) Detritos arenosos pleistocênicos, (PEs) folhelhos e siltitos do pré-cambriano, (PEr) arenitos de granulação fina/pré-cambriano, (PEa) calcário/pré-cambriano, (PEcb) filitos e metaconglomerados/pré-cambriano (Ross, 1987).*

2.5. *Agricultura e Relevo*

Na Figura 11.6, tomando-se o relevo como um referencial para sugerir atividades agrícolas mecanizadas, responda:

a) Que unidades de relevo são as menos indicadas? Por quê?
b) Quais são as unidades potencialmente mais favoráveis? Justifique.

c) O que se deveria recomendar para as áreas como as Serras do Alto Paraguai? Por quê?

d) Qual seria a melhor recomendação de uso para a Planície do Pantanal?

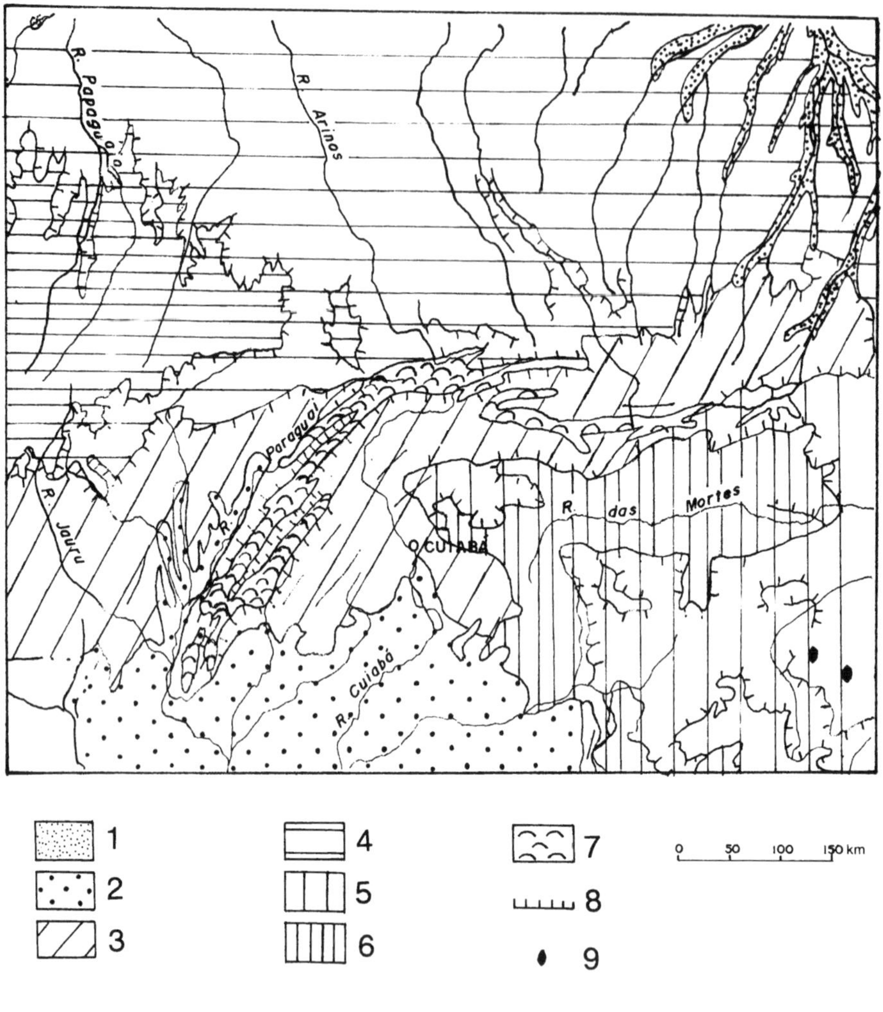

Figura 11.6 — *Unidades de Relevo de parte do Estado de Mato Grosso. (1) Planície fluvial, (2) Planície do Pantanal, (3) depressão do Alto Paraguai, (4) planalto do Parecis, (5) chapada do Parecis, (6) Planalto dos Guimarães, (7) serra do do Alto-Paraguai, (8) escarpa, (9) morro Testemunho (FIBGE, 1993).*

2.6. *Sistema Viário e Urbanização no Médio Vale do Paraíba do Sul*

Considerando na Figura 11.7 e nas Tabelas 11.1 e 11.2 que as macro-unidades e o conjunto de formas identificadas com letras-sím-

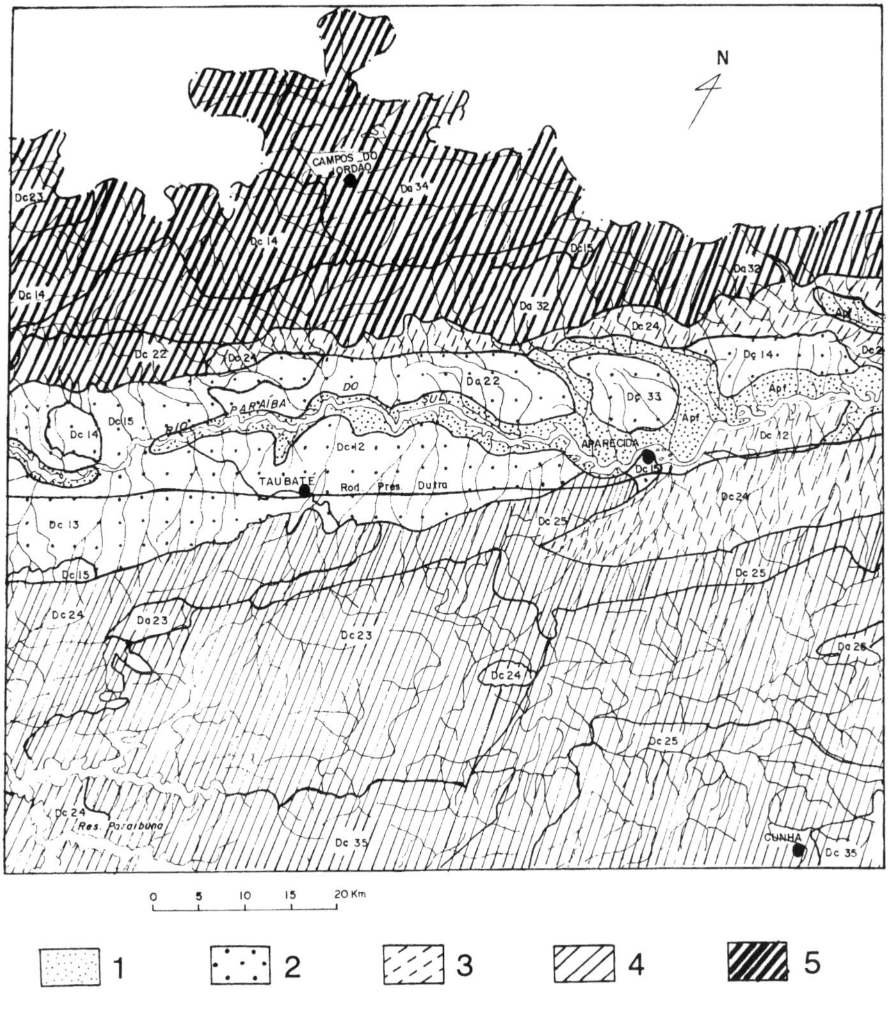

Figura 11.7 — *Mapa do relevo do médio e alto vale do Paraíba do Sul. (1) Planície do rio Paraíba, (2) depressão do médio vale do Paraíba, (3) planalto do médio vale do Paraíba, (4) planalto do Paraitinga/Paraibuna, (5) Planalto e serra da Mantiqueira (Ross e Moroz, 1994).*

TABELA 11.1. Padrões de formas semelhantes

Relevos de Agradação: Apf – Planície Fluvial
Relevos de Denudação: – Da – Formas com Topos Aguçados – Dc – Formas com Topos Convexos – Dt – Formas com Topos Tabulares – Dp – Formas com Superfícies Planas

TABELA 11.2. Índices de dissecação do relevo. Dados morfométricos dos padrões de formas semelhantes. O primeiro dígito (dezena) indica o grau de entalhamento dos vales, e o segundo dígito (unidade) indica a dimensão interfluvial média. Ex. Dc. 23 — Formas de topos convexos com entalhamento (2), ou seja, variando de 20 a 40 m, e dimensão interfluvial (3), ou seja, variando de 750 a 1.750 m.

Dimensão Interfluvial Média (Classes) / Graus de Entalhamento dos Vales (classes)	Muito Baixa (1) >3750m >15mm	Baixa (2) 3750 a 375m 3 a 15mm	Média (3) 750 a 1750m 3 a 5mm	Alta (4) 250 750m 1 a 3mm	Muito Alta (5) <250m 1mm
Muito Fraco (1) (< de 20m)	11	12	13	14	15
Fraco (2) (20 a 40m)	21	22	23	24	25
Médio (3) (40 a 80m)	31	32	33	34	35
Forte (4) (80 a 160m)	41	42	43	44	45
Muito Forte (5) (> 160m)	51	52	53	54	55

bolos e dígitos arábicos, que representam a depressão do médio Paraíba e a planície fluvial do rio Paraíba do Sul, constituem-se por terrenos de formação sedimentar (terciário-quaternário), enquanto as demais macro-unidades têm como embasamento rochas cristalinas e cristalofilianas, pergunta-se:

a) Por que razão a rodovia Presidente Dutra foi construída, neste trecho, nos terrenos da Depressão do Médio Paraíba do Sul?
b) Por que cidades como Taubaté, São José dos Campos e outras, do médio vale, não foram construídas na planície fluvial do rio Paraíba do Sul, que se constitui por terrenos planos?

2.7. Relevo e Zoneamento do Meio Físico

Considerando a Figura 11.7 e os tipos de formas de relevo do planalto Atlântico e da depressão do médio Paraíba (Tabelas 11.1 e 11.2), desenvolva as seguintes atividades:

a) Elabore a ordenação territorial da região, com vistas a um zoneamento do meio físico, tendo como principal indicador a dissecação do relevo.
b) Projete para as diferentes zonas identificadas, usos da terra, que sejam mais compatíveis com as potencialidades indicadas pela dissecação do relevo.

2.8. Relevo e Fragilidade do Meio Físico

Utilizando-se as informações contidas na Figura 11.7 e Tabelas 11.1 e 11.2, elabore as seguintes atividades:

a) Elabore uma carta de fragilidade do terreno quanto aos processos erosivos e inundações, estabelecendo níveis diferenciados de riscos, tomando como referencial as formas do relevo, indicadas pelas letras-símbolos e algarismos arábicos (Dc24, Da33 etc.).

b) Indique quais áreas são mais suceptíveis a escorregamentos, tomando-se como referencial os padrões de dissecação das formas do relevo e as características litológicas de cada macro-unidade geomorfológica.

2.9. Relevo e Ambientes Naturais no Rio Grande do Sul

Seguindo as informações da Figura 11.8, que abrange grande parte do território do Estado do Rio Grande do Sul, responda:

a) Que unidades de relevo do Rio Grande do Sul são favoráveis à prática da rizicultura irrigada? Por quê?
b) Por que a faixa litorânea S-SE do Estado do Rio Grande do Sul se coloca como um Sistema Ambiental de significativo interesse ecológico?
c) Considerando as características geomorfológicas do Estado do Rio Grande do Sul, indique que unidades do relevo são mais adequadas a:
   - Preservação Ambiental
   - Cultivo Irrigado
   - Agricultura Mecanizada de Culturas Temporárias
   - Pastagens
   - Florestamentos e Reflorestamentos

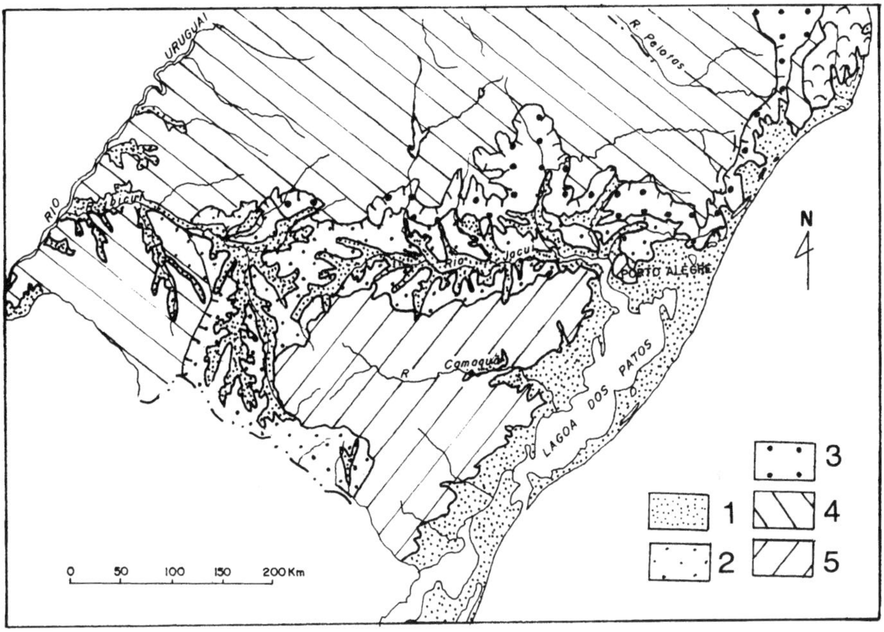

Figura 11.8 — *Unidades do relevo do Estado do Rio Grande do Sul. (1) Planície marinha, flúvio-marinha e/ou flúvio-lacustre, (2) depressão periférica da bacia do Paraná, (3) patamar da bacia do Paraná, (4) planalto da campanha gaúcha, (5) planalto sul-riograndense (FIBGE, 1993).*

2.10. Macro-formas do Relevo da Amazônia Oriental

A Figura 11.9 refere-se a um trecho da Amazônia Oriental. Utilizando as informações do mapa e do perfil, elabore as seguintes atividades:

a) Indique as seções fluviais mais favoráveis à implantação de usinas hidrelétricas nos rios afluentes do Amazonas, e justifique as escolhas.

b) Fazer um mapa-croqui selecionando os diferentes ambientes naturais face às características gerais de relevo.

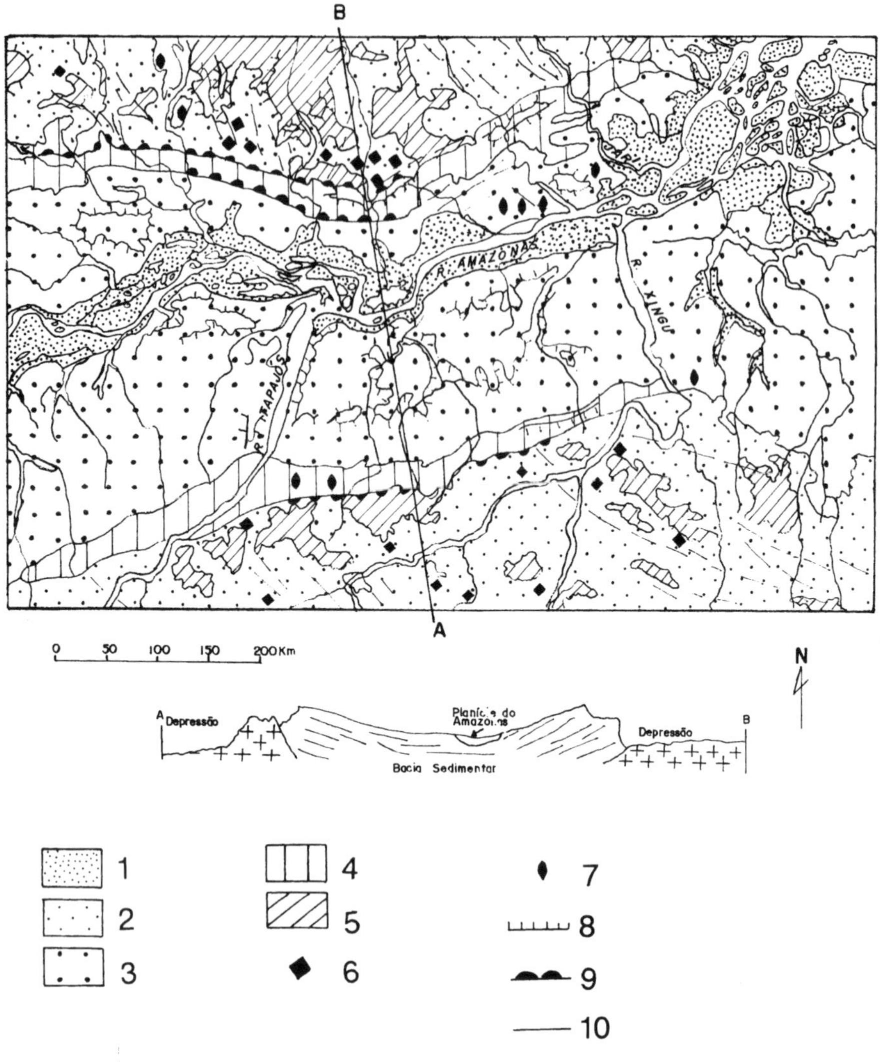

Figura 11.9 — *Relevo de Parte da Amazônia Oriental. (1) Planícies fluviais, marinhas e/ou flúvio-marinhas, (2) depressões da Amazônia Setentrional e Meridional, (3) planalto da bacia sedimentar amazônica oriental, (4) planaltos marginais do Amazonas, (5) planaltos residuais da Amazônia norte e sul, (6) pontão, inselberg, (7) morro testemunho, (8) escarpa, (9) cuesta, (10) linha de cumeada (adaptado FIBGE, 1993).*

2.11. Fragilidade Potencial e Morfodinâmica na Serra do Mar em Cubatão-SP

As Figuras 11.10, 11.11, 11.12, 11.13, 11.14 e 11.15 mostram, respectivamente, a morfologia, as declividades, a pluviosidade, a geologia, a cobertura vegetal e as hipsometrias da bacia hidrográfica do rio Mogi, na escarpa da Serra do Mar em Cubatão - SP. A partir desses dados elabore as seguintes atividades:

a) Cruzando as informações temáticas, fazer uma carta síntese, classificando as fragilidades potenciais da bacia do rio Mogi quanto aos aspectos de movimentos de massa e inundações.
b) Construa uma carta síntese das Unidades Ambientais ou Unidades Ecodinâmicas, segundo a concepção de Tricart (1977), adaptada por Ross (1990).

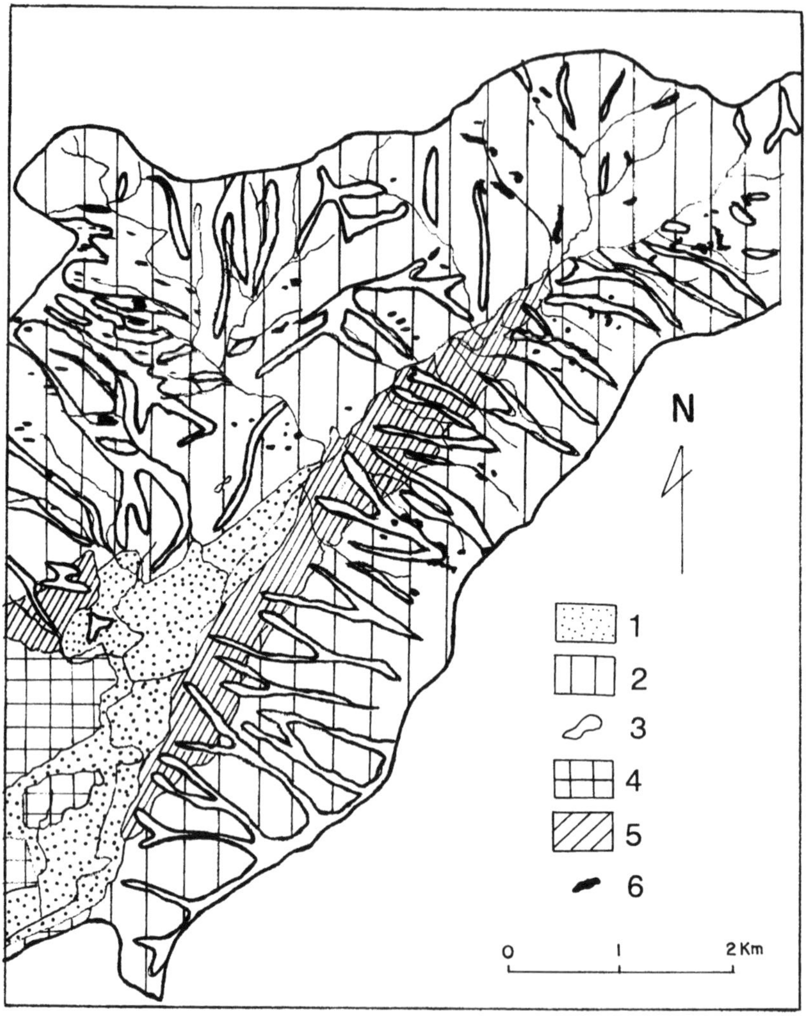

Figura 11.10 — *Morfologia da Bacia do Rio Mogi — Cubatão/SP. (1) Planície fluvial e terraços, (2) vertentes retilíneas, (3) topos convexos, (4) relevos alterados, (5) rampa de colúvio, (6) cicatriz e escorregamento (CETESB, 1991), modificado por CASTRO (1993).*

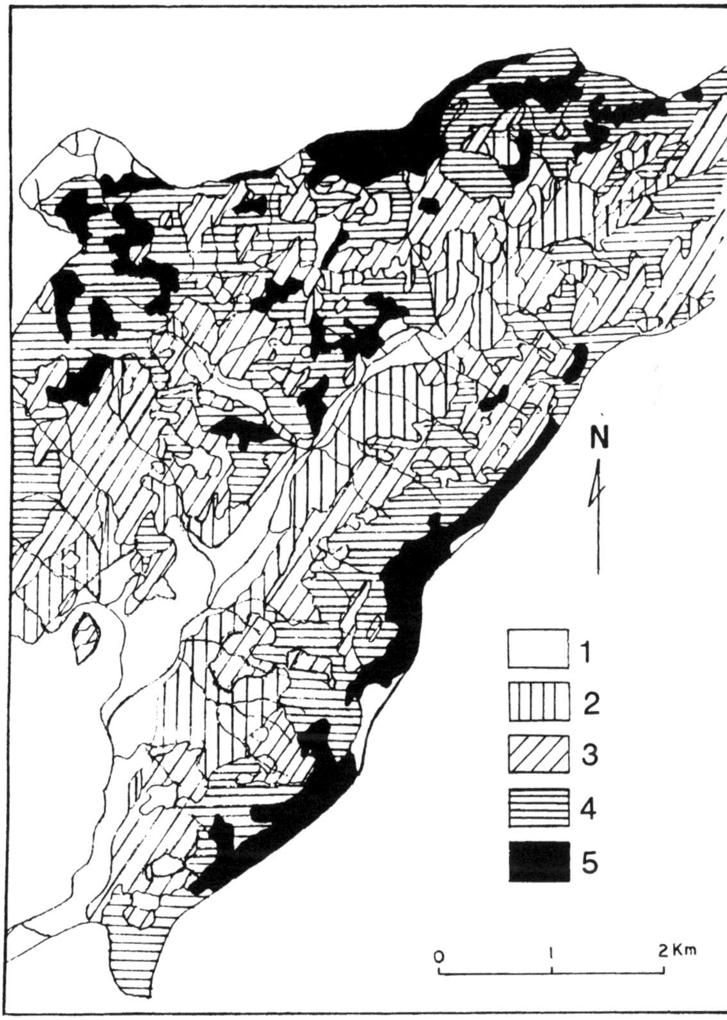

Figura 11.11 — *Declividades da Bacia do Rio Mogi — Cubatão/SP. (1) <5°, (2) 5°–15°, (3) 15°–25°, (4) 25°–35°, (5) > 35° (CETESB, 1991), modificado por CASTRO (1993).*

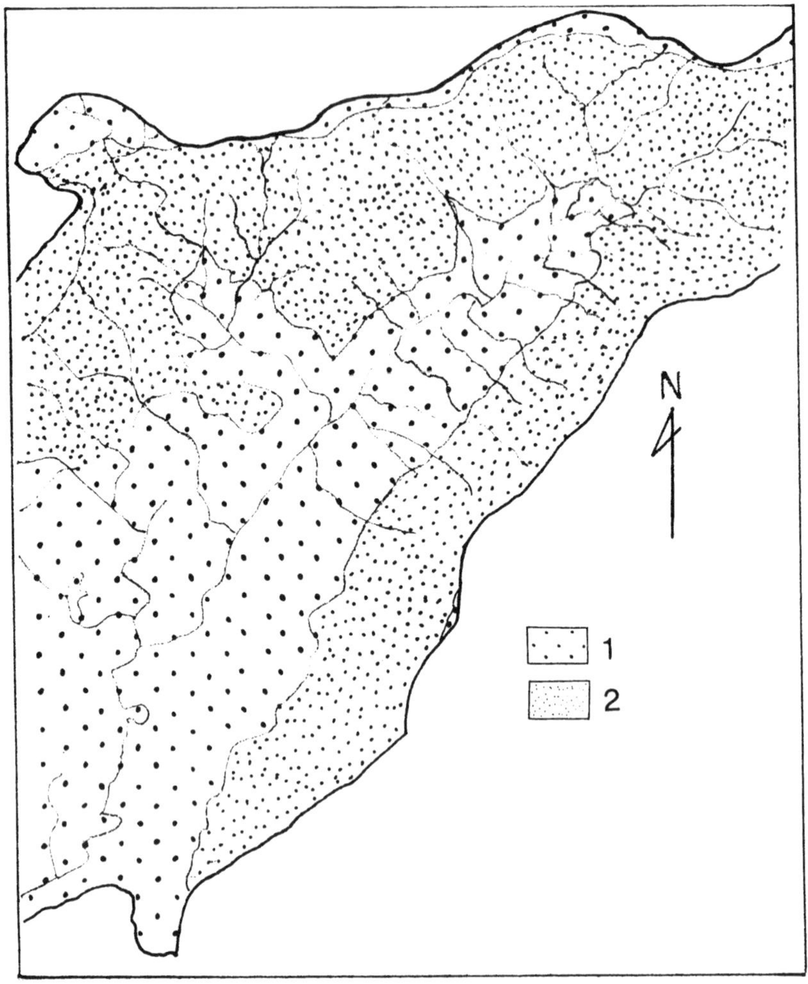

Figura 11.12 — *Pluviometria da Bacia do Rio Mogi — Cubatão/SP. Média em mm/ano (1) 2.000 – 2.500, (2) acima de 2.500 (CETESB, 1991), modificado por CASTRO (1993).*

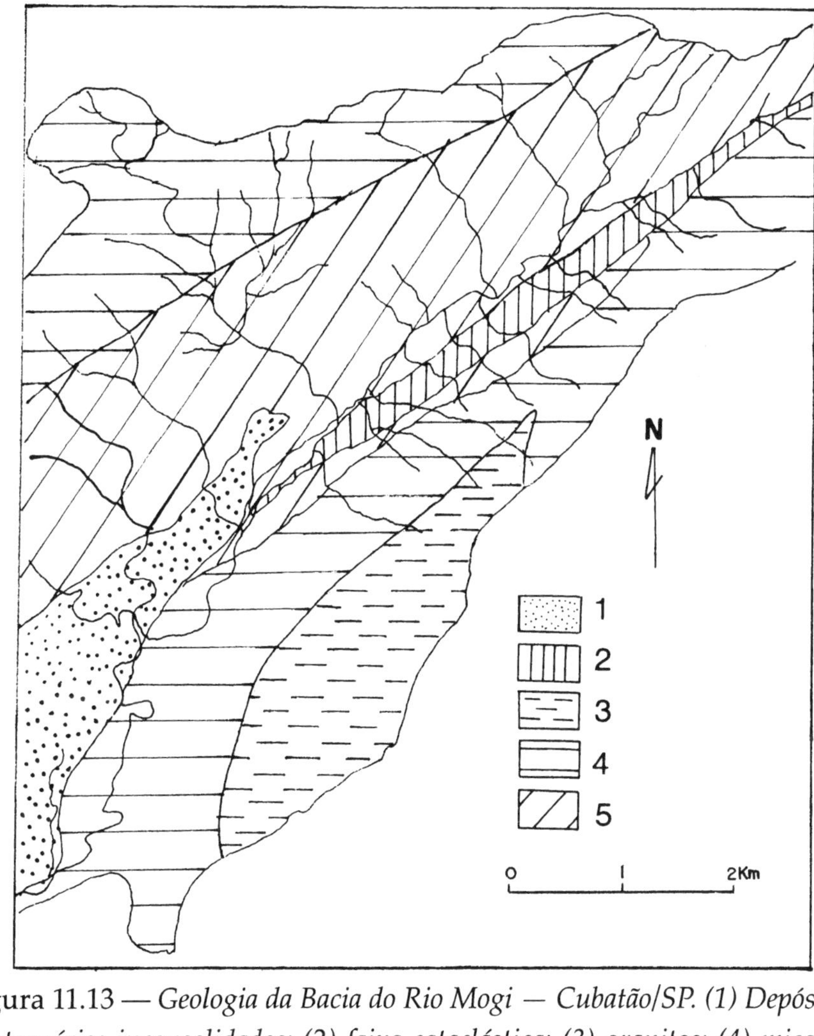

Figura 11.13 — *Geologia da Bacia do Rio Mogi — Cubatão/SP. (1) Depósitos quaternários inconsolidados; (2) faixa cataclástica; (3) granitos; (4) micaxistos; (5) migmatitos (CETESB, 1991), modificado por CASTRO (1993).*

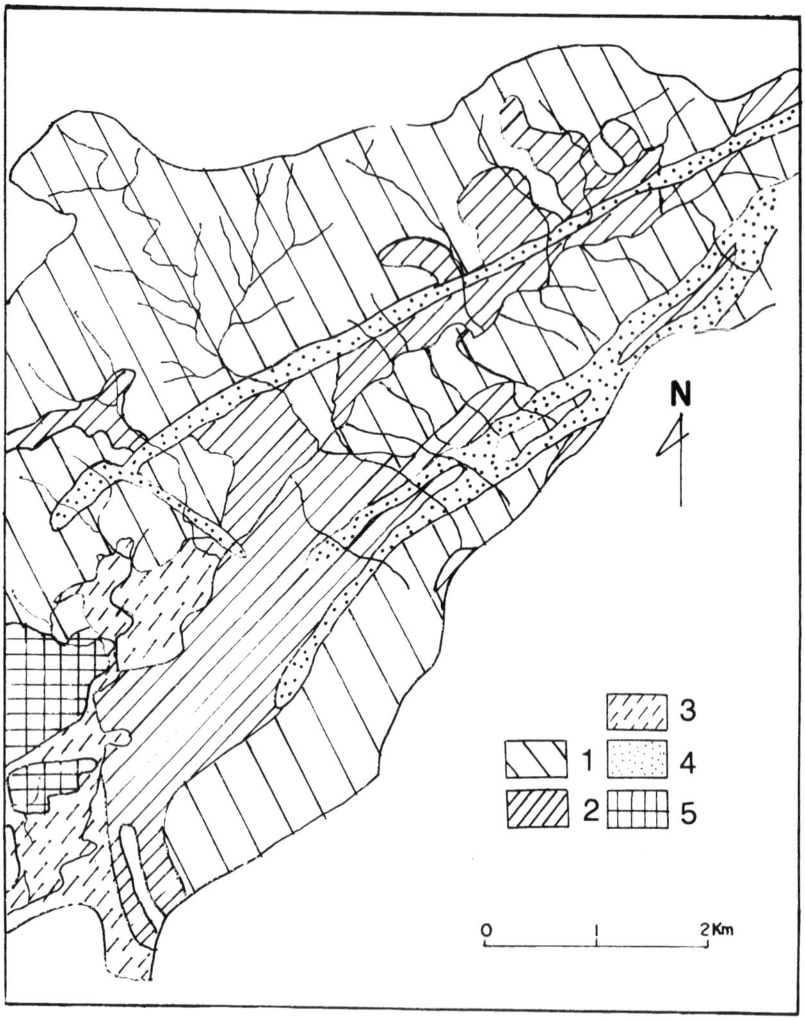

Figura 11.14 — *Cobertura vegetal e uso da terra da Bacia do Rio Mogi — Cubatão/SP. (1) Mata, (2) capoeira, (3) campo, (4) área de manutenção, (5) área industrial (CETESB, 1991), modificado por CASTRO (1993).*

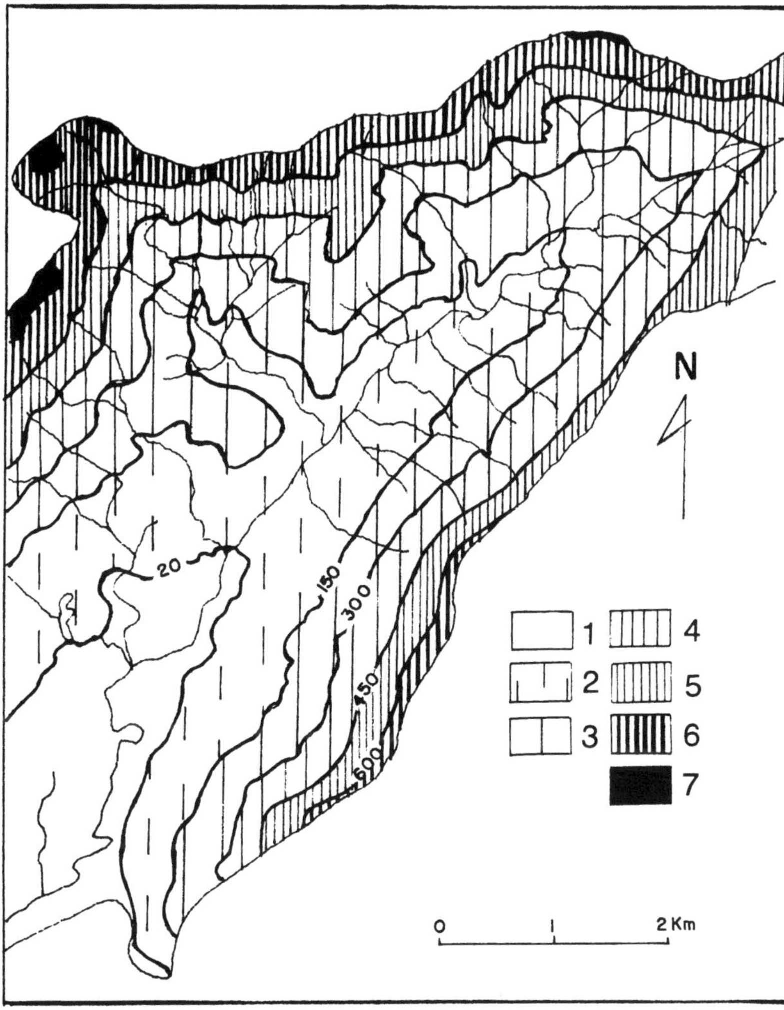

Figura 11.15 — *Hipsometria da Bacia do Rio Mogi — Cubatão/SP. (1) <20m; (2) 20 – 150m, (3) 150 – 300m, (4) 300 – 450m, (5) 450 – 600m, (6) 600 – 750m, (7) >750m (CETESB, 1991), modificado por CASTRO (1993).*

3. *Questões de Auto-Avaliação*

1 - Considerando a superfície da Terra, a baixa atmosfera e as massas líquidas como parte de um complexo sistema ambiental, discorra sobre o papel do relevo nesse contexto.

2 - Quais são as variáveis mais significativas a serem trabalhadas, em um diagnóstico sobre controle de inundações em bacias hidrográficas em processo de urbanização?

3 - Que papel pode desempenhar uma cobertura florestal tropical no processo de estabilização de vertentes atingidas por movimentos de massa?

4 - Considerando que as coberturas vegetais atuam favoravelmente no controle dos processos erosivos, que tipologias de espécies vegetais seriam mais recomendáveis para conter rapidamente processos erosivos laminares e lineares em terrenos muito degradados pela ação antrópica?

5 - Qual a concepção de Unidades Ecodinâmicas postulada por Tricart (1977). Explicar através de exemplos.

6 - Por que os relevos esculpidos em rochas metamórficas como micaxistos, filitos e migmatitos, que são relativamente resistentes, ao gerar o manto de alteração em ambientes tropicais úmidos, mostram-se com freqüência muito frágeis às intervenções antrópicas?

7 - Quais são os problemas mais freqüentes para a urbanização nos terrenos de sedimentação recente da faixa litorânea?

8 - Que tipos de impactos ambientais são mais freqüentes ao se construir uma rodovia em regiões montanhosas como, por exemplo, na escarpa da Serra do Mar?

9 - Se você fosse incumbido de executar um estudo do meio físico para implantar um núcleo de colonização agrícola no semi-árido do Nordeste, tecnicamente como iria proceder? Explicar o objeto a ser estudado, os procedimentos e etapas de execução.

10 - Se você fosse incumbido de encontrar soluções técnicas para melhorar a qualidade ambiental e diminuir os riscos nas áreas de morros ocupados por população de baixa renda, que medidas corretivas e preventivas poderiam ser adotadas?

4. *Bibliografia*

AB'SABER, A. N. Formas do Relevo — Texto Básico, São Paulo, FUNBEC, 81 p., 1975.

FIBGE - Fundação Instituto Brasileiro de Geografia e Estatística — Mapa de Unidades do Relevo do Brasil. Rio de Janeiro, 1993.

CASSETTI, W. *Ambiente a Apropriação do Relevo* — São Paulo, Editora Contexto, 1991, 147 p.

CASTRO, J. F. M. — Aplicação de um Sistema de Informação Geográfica na Temática da Morfodinâmica: o Exemplo do Estudo da Bacia do Rio Mogi — Cubatão-SP. — Dissertação de Mestrado apresentada ao Depto. de Geografia da FFLCH - USP — São Paulo, 1993, 161 p.

CHRISTOFOLETTI, A. Aplicabilidade do Conhecimento Geomorfológico nos Projetos de Planejamento, in *Geomorfologia: Uma Atualização de Bases e Conceito* (Orgs.) GUERRA, A. T. CUNHA, e S. B., Rio de Janeiro, Bertrand Brasil, 2ª edição, pp. 415-441, 1995.

CHRISTOFOLETTI, A. Condicionantes Geomorfológicos e Hidrológicos aos Programas de Desenvolvimento, in *Análise Ambiental: Uma Visão Interdisciplinar* (TAUK, S. M. - org.), São Paulo, Editora UNESP, pp. 82-84, 1991.

COOKE, R. U. & DOORNKAMP, J. C. *Geomorphology in Environmental Management: A New Introduction*, 2nd Edition, Oxford, Claridon Press, 410 p., 1990.

CRUZ, O. A Serra do Mar e o Litoral na Área de Caraguatatuba. São Paulo, Inst. de Geografia, USP, 191 p., 1974.

DREW, D. Processos Interativos Homem-Meio Ambiente. São Paulo, Bertrand Brasil, 206 p., 1986.

GREGORY, K. J. A Natureza da Geografia Física. Rio de Janeiro, Bertrand Brasil, 367 p., 1992.

HOOKE, J. M. Geomorphology in Environmental Planning. Chichester, John Wiley & Sons, 274 p., 1988.

MOROZ, I. C., CANIL, K. & ROSS, J. L. S. Problemas Ambientais nas Áreas de Proteção aos Mananciais da Região Metropolitana de São Paulo, São Paulo, in *Rev. do Depto. de Geografia*, n.º 7, FFLCH - USP, pp. 35-48, 1994.

ROSS, J. L. S. & MOROZ, I. C. Mapa Geomorfológico do Estado de São Paulo. São Paulo, Laboratório de Geomorfologia/ FFLCH/ USP, 1994 (inédito).

ROSS, J. L. S. Análise Empírica da Fragilidade dos Ambientais Naturais e Antropizados. São Paulo, in *Rev. do Depto. de Geografia*, n.º 8, FFLCH - USP, pp. 63-74, 1994.

ROSS, J. L. S. *Geomorfologia, Ambiente e Planejamento*. São Paulo, Editora Contexto, 85 p., 1990.

ROSS, J. L. S. Estudo e Cartografia Goemorfológica da Província Serrana de Mato Grosso. Tese de Doutorado, São Paulo, Depto. de Geografia/ FFLCH/USP, 323 p., 1987.

ROSS, J. L. S. Mapa de Unidades do Relevo de Bertioga/SP, São Paulo, Laboratório de Geomorfologia, FLCH-USP, 1991 (inédito).

CETESB Carta Morfodinâmica da Serra do Mar na Região de Cubatão-SP. São Paulo, 35 p., 1991.

STRAHLER, A. N. *Geografia Física*. Barcelona, Ediciones Omega S/A, 767 p., 1975.

TRICART, J. *Ecodinâmica*, Rio de Janeiro, FIBGE/SUPREN, 97 p., 1977.

VERSTAPPEN, H. Th. *Applied Geomorphology*, Amsterdam, Elsevier, 1983.

ÍNDICE REMISSIVO

A

B

C

D

F

G

N

O

P

Q

R

S

T

Este livro foi impresso no
Sistema Digital Instant Duplex da Divisão Gráfica da
DISTRIBUIDORA RECORD DE SERVIÇOS DE IMPRENSA S.A.
Rua Argentina, 171 - Rio de Janeiro/RJ - Tel.: 2585-2000